ham operation series

CW Operation for Radio Amateurs

実践 ハムの
モールス通信

今日から始めるCWオペレーション

JE1SPY **芦川栄晃**［著］ *Sakaaki Ashikawa*

CQ出版社

はじめに

　20世紀末はモールス通信＝CW (Continuous Wave) にとって，大きな節目でした．1999年，GMDSS (Global Maritime Distress and Safety System：世界的な遭難安全システム) への移行に伴い，CWは業務通信から引退し，アマチュア無線がその主役となりました．2000年以降は世界的に無線従事者試験の見直しも行われ，ハムの資格試験からもCW義務が免除されました．

　それでは，これでCWの使命は，もはや終わったのでしょうか？　いえ，むしろCWは業務通信の一方式として，確実性，信頼性の価値評価から，趣味として愛される市民権を強めました．技術，技能，文化，スポーツ，芸術など多彩な視点から見直し・再評価がなされています．CWを取り巻くこうした大きな変化を受け，習得方法，運用方法もそれに適した検討がなされるのが望ましいはずです．

　CWはアマチュア無線の中の数ある変調方式の一つですが，歴史の長さとともに，特別の位置付けとこだわりで，独自の世界を築いています．

- マルコーニ以来の通信の原点をみずから実践できる．
- 簡単な小電力設備で全地球，あるいは宇宙を含めた通信が楽しめる．
- 共通コードで，民族，言語，国家，政治，宗教，文化，貧富の違いに関係なく，同じ趣味の共通価値観で世界が結ばれる．
- 楽器や将棋のように奥が深く，才能と技の自己研鑽が無限．
- 簡単で実用的な自作テーマが豊富で，電子技術やソフトウェア・トレーニングの材料に最適．
- 脳トレーニングなど生理的，精神的な人間工学，医学面などの研究．

などなど，魅力を上げればきりがありません．

　運用面からはQSLカードのコレクション，DXCCなどアワードハント，ラバースタンプQSO，コンテスト，HST (高速電信)，和文ラグ

はじめに

チュー，欧文ラグチュー，無線機・アンテナの選択，電波伝搬実験の評価QSOなど，さまざまです．

一方，技術面では，キー（電鍵，パドル），無線機のコレクションや自作，CW関連周辺機器やアンテナの自作・実験，電波伝搬研究の実験．ソフトウェア面は，パソコンのソフトウェア開発，機器組み込みマイコン・ファームウェア開発，ネットワーク構築，Webアプリケーション開発．さらに広くは，無線局運用のエンジニアリング，電波行政への参画，国際規格への提言など，実に多岐に渡ります．

21世紀に入り，CWを取り巻く環境が大きく変わる中，ハムのCW実践運用専門書を新たにご提供し，皆様のご期待にお応えしたいと考えました．本書は，ハムが主役の新しい価値観でCWを再評価しようというものです．オペレーションを中心にこれらを横断的視点で検討し，新試験制度での最新ハム事情でいかにしてCW技量を磨けば，実践的な運用を楽しめるか？を中心にご紹介しています．前述の各アイテムごとについてのさらなる研究は，CQ出版社の専門書シリーズや，アマチュア無線の専門誌「CQ ham radio」などを参考とされてください．

CWは人から人へ伝授する巧みの技です．願がわくば，それを通じてOM諸氏から世代を超えて，ハムや，無線技術のすばらしさを広く伝えていただければと願っています．「理動」という言葉はありませんが「感動」という言葉はあります．読者のCW活動が周囲へのモチベーションとなり，多くの方がこの道に入門されれば，これに勝る幸せはありません．CWで日々のハムライフをますます充実させ，一生の伴侶として，世界中の仲間とともに心豊かな人生を過ごされることを祈願いたします．

2008年
サイクル24スタートの夏

JE1SPY　芦川 栄晃

目次

第1章 モールス通信 最新情報 ── 13

1-1 モールス関係書籍を振り返る ── 13
CQ出版社刊行 モールス三部作 …… 13
古典的名著はプロ養成用教本 …… 14

1-2 ハムとCWの意義 ── 15
技術的位置づけ …… 15
ハムがCWに求めるものとは？ …… 16

1-3 CWは奥深く，一生ハム?! ── 18
CWの魅力を探る …… 18
無線技術をみずからトータルに体験できる …… 18
小さな実用無線局の立派な経営者 …… 19
地球，宇宙規模の交信ができる …… 19
文化，芸術としての再評価 …… 20
スポーツとして楽しむ …… 20
万国共通 …… 20
脳と健康作用 …… 21
ハムの手でCWに新たな出発を …… 22

1-4 環境変化を生き抜くサバイバル戦略 ── 22

1-5 個人が主役となったCWの運用スタイル3分極化 ── 22

1-6 アパマン・ハム ── 23
グローバル化と非定住化 …… 23

1-7 移動運用 ── 24

HF機のコンパクト化 …… 25
インターフェア …… 26
電磁界シミュレータのパーソナル化 …… 26

1-8　ビッグガン固定局の活躍 ──────────────── 26
自宅安定派 …… 26
セカンド・シャック …… 27
海外シャック …… 28
ハムが開く電離層伝搬の最新研究 …… 28
DXCC …… 29

1-9　CWハムバンドの変遷 ──────────────── 29
WRCとRR …… 29

1-10　CWバンドを俯瞰する ──────────────── 30
135kHz …… 30
500kHz …… 32
1.8/1.9MHz（160メータバンド）…… 32
3.5/3.8MHz（75/80メータバンド）…… 35
4.63MHz …… 37
5MHz …… 37
7MHz …… 38
10MHz …… 41
14MHz …… 42
18MHz …… 43
21MHz …… 44
24MHz …… 44
28MHz …… 45

1-11　ローバンドのビーコン ──────────────── 45

1-12　ハムバンド防衛 ──────────────── 48

● COLUMN　カナダの135kHz事情 …… 31
● COLUMN　IBPビーコン …… 46

第2章　試験制度で変わるCWの練習方法 ── 51

2-1　資格試験とCW ──────────────── 51
免許制度とCW人口 …… 52

2-2　初心者の練習方法 ─── 54
従来の練習法 …… 54
旧受験対策はハムのQSOには不適だった …… 55
新試験制度での練習法 …… 55
キーボードによるタイプの送受信から入門 …… 56

2-3　ビギナーの実践QSO入門一方法 ─── 57
まず欧文モールス符号を覚えQRV！ …… 57
アワードサービス局を呼びレポート交換 …… 57
自信がついたらCQを出しラバースタンプQSO …… 58
アワード・ハントなら昼間の7MHz …… 60
夜間なら3.5MHzか1.9MHz …… 60
18MHz以上でDXを相手にする …… 60
日本を脱出しよう！ …… 61
相互運用協定のない国でもOK …… 62
現代日本人のライフスタイルに適する …… 62
初めての海外からどのように運用する？ …… 63

2-4　どんな送信ツールが良いか？ ─── 63
最初はログソフトとキーボードから …… 63
エレキーで本当のCWの醍醐味を！ …… 64
リズム感に自信が付いたら縦振り電鍵 …… 64
バグキーで味のある符号にチャレンジ …… 64

2-5　講習会・愛好会 ─── 65
巧みは人から人へ …… 65
愛好会へ参加してみよう！ …… 66
ハムと若手エンジニア育成 …… 66
● COLUMN　暗号電報の話 …… 66
● COLUMN　CWでの出会いと実践練習 …… 68

第3章　ラバースタンプQSOの魅力とその先へ ─ 69

3-1　ラバースタンプQSOのメリット ─── 69
簡単に始められ実用的 …… 69
安心してQSOできる …… 70

3-2　QSLカードとアワード収集 ─── 71
アワード・ハント基本型 …… 71

パイルアップで呼び合う型 …… 71
タイミングの奥技いろいろ …… 73
一歩先を読む …… 74
相手の心理を先読みする …… 74

3-3　CQ中心の初心者サバイバル・ラバースタンプQSO ───── 75
呼ばれたけれどコールサインが取れない …… 75
2局以上から呼ばれてしまった …… 76
コールサインとレポート以外，何もコピーできなかった …… 76
レポートがコピーできなかった …… 77

3-4　リグ，アンテナの効率的実践テスト ──────────── 77
ラバースタンプQSOで簡単にデータ収集できる …… 79

3-5　ラバースタンプQSOからのステップアップ ──────── 79
コンテストでスピードアップ …… 79
初めてのコンテスト参加は呼びに回ろう …… 80
バンドエッジの下から上へ向かって順にワッチして呼んでいく …… 81
呼ぶ前にCQを出している局のコールサインとナンバーをあらかじめコピーしておく …… 82
相手の速度と同じに合わせて一度だけコールしてすぐ受信する …… 82
2〜3度呼んで受信してもらえなかったら次の局へ移る …… 82
保留した局の周波数とコールサインをメモしておく …… 82
上側バンドエッジまで行ったら，メモ用紙の保留した局をもう一度トライ …… 83
以後これを繰り返す …… 83
ここまで行ったらリラックスして全体を見わたしてみましょう …… 84
再び参戦 …… 86
コンテスト初心者サバイバル編 …… 86
自分のコールサインの一部だけ返って来た …… 86
何かをもう一度，と打たれたが何を聞かれたかわからない …… 88
途中でQRMがかぶってきてコピーできなくなった …… 88
呼んでいる局の上で，いきなりほかの局がCQを出し始めた …… 89

3-6　ショート・メッセージの交換 ─────────────── 90
普段のQSOで実用的実験からチャレンジ …… 90
コンディション・チェックに活用してみる …… 91
別れ際の挨拶なら簡単にチャレンジしやすい …… 92

3-7　ラグチューへのアップグレード ───────────── 94
和文ラグチューのほうが入門向き …… 94
和文は時間がかかるけれど… …… 95

息つぎのタイミングを身に付ける …… 95
癖のある符号は速度を割り引いて聞く …… 96
欧文ラグチュー入門 …… 96
コピーしやすい送信方法 …… 97
受信の秘訣 …… 97
音のボキャブラリービルディング …… 98
● COLUMN　ラバースタンプQSO始めの一歩 …… 85
● COLUMN　ラバースタンプQSOの完成を目指そう …… 87
● COLUMN　「間」と感情と縦振り電鍵 …… 88
● COLUMN　初心者脱出/略語講座 …… 93

第4章　スポーツ競技として —————— 99

4-1　コンテスト ———————————————— 99
コンテストの魅力 …… 99
最大の勝因は？ …… 100
最近の潮流 …… 100
CW作戦研究 …… 107

4-2　HST（Hgih Speed Telegraph） ———————— 116
HSTの歴史 …… 116
競技内容の変遷 …… 117
誰でも歓迎！ …… 117
どの程度の実力なのか？ …… 117
いかにして高速受信するか？ …… 118
スポーツとして …… 119
高速CW受信の謎を解く …… 119
高速送信の世界 …… 120
時間軸分解能が上がる …… 121
インセンティブの重要性 …… 122
HSTにチャレンジしよう！ …… 122

4-3　WRTC（Word Radiosport Team Championship） ———— 122
WRTCの歴史 …… 122
参加するには？ …… 123
同じオペレーターが入賞 …… 124
ロケーションだけではない …… 124
言語はハンディか？ …… 125

CW比率がやや上（ベアフットゆえか？）…… 125
　　高速電信が必ずしも有利にはならない …… 125
　　パイルアップの受信能力は有効か？ …… 127
　　どんなリグが使われているか？ …… 130
　　F1レーサーとゴーカート・レーサー …… 130
　　● COLUMN　WRTC2006ブラジル大会の上位3局の設置状況 …… 127

第5章　実践運用ノウハウ ── 131

5-1　リグの進歩が変えたパイルアップ ── 131
　　世界一といわれたJA局のマナーが低下?! …… 131
　　マナー低下よりレベル差の拡大か？ …… 132
　　設備面 …… 132
　　最新リグ vs 在来リグでの運用法比較 …… 133

5-2　パイルアップさばきテクニック ── 135
　　CQとQRZの使い分けと回数 …… 135
　　パワーと速度 …… 135
　　いかに上手に呼ばれるか？ …… 136

5-3　CWの技量を100%引き出すリグの活用ノウハウ ── 140
　　S&P時の効果的なフィルタ選定法 …… 140
　　フル・ブレークイン運用による相手との再同期取り直しとQSO確率アップ …… 142
　　フル・ブレークイン，PLLのロック・タイム …… 143
　　ノッチ・フィルタのCWでの意外な効果的使い方 …… 144
　　CWフィルタの群遅延特性とIFシフトの効用 …… 144
　　APFの効果考察 …… 145
　　ダイヤル・ステップ …… 146
　　AGCを切る …… 147
　　リグとアンテナを複数切り替えながら運用 …… 147

5-4　人の技能によるテクニック ── 147
　　DXクラスターの威力と得失 …… 147
　　人間誤り訂正機能?! …… 148
　　グレーライン・パス時の運用マナー …… 148
　　符号の比率を考える（各比率デューティー） …… 148
　　海外CW運用の魅力 …… 149
　　アパマン・ハムの経験は海外運用で生きる …… 153

| 5-5 | 運用編まとめ | 154 |

- COLUMN　忘れえぬCWシーン　その1 …… 135
- COLUMN　忘れえぬCWシーン　その2 …… 143
- COLUMN　忘れえぬCWシーン　その3 …… 145
- COLUMN　エコーアルファの法則？ …… 146
- COLUMN　騒音性難聴の注意 …… 150
- COLUMN　200WPM競技＠HST2007ベルグラード …… 153

第6章 こだわりのツール選定 ― 155

6-1	リグ編	155
6-2	電鍵・パドル編	162
6-3	アンテナ編	172

- COLUMN　½λノンラジアル同軸モノポール・アンテナ …… 180
- COLUMN　ローバンドDX用アンテナ昼間実験の有効性 …… 182

第7章 CW実践ソフトウェア ― 183

7-1	リアルタイム・ロギング・ソフト	183
7-2	CWトレーニング・シミュレーター	191
7-3	コンディション・シミュレーション・ソフトウェア	196
7-4	コンディション予報サイト	197
7-5	最新ツール	199

- COLUMN　CW入門用ソフトウェア"CTESTWIN" …… 187
- COLUMN　初心者用CW習得ツール …… 189
- COLUMN　CW用USBシリアル・インターフェース …… 193

第8章 CWの未来 ― 201

| 8-1 | 業務から趣味へ | 201 |

プロセスを体験して楽しむ …… 201

嗜好層の住み分け …… 202
CWを核としてハイテクを活用する …… 202

8-2　CWの新しい価値評価 ──────────────── 202
芸術，文化 …… 202
伝統文化・スポーツ科学 …… 205
脳老化防止リハビリ …… 205
人間科学，医学 …… 205
介護施設とハム …… 206

8-3　コンピュータ・インターネットとCW ──────── 206
遠隔制御シャック …… 206
遠隔制御の操作性 …… 206
バンド広帯域CW自動解読モニタ …… 208
SDR（ソフトウェア・ラジオ）…… 208
CW'er実践指向SDR …… 210
ルール化の検討 …… 212
電子QSL …… 213
システム・ソリューション検討 …… 213
ハム普及と人材育成面から …… 213
一人ひとりの行政参加 …… 214
バーチャル世界のQSO ?! …… 214
あとがき …… 214

資料編 ─────────────────────── 215
索 引 ─────────────────────── 220
著者プロフィール ───────────────── 223

第1章
モールス通信 最新情報

本章では，アマチュア無線におけるCWの運用スタイルを時間軸で俯瞰(ふかん)，変遷(へんせん)をたどり，意義を考えます．

読者の皆さんの中には，初めてアマチュア無線の世界に入られた方，あるいは長いブランクの後に最近カムバックされた方もいると思います．先人や現在のCW愛好家がいかにしてモールス通信に価値観を見出し，運用してきたかをたどることで，ご自身が今いるポジションを掴むことができます．また，今後の方向性をイメージすることで，ハムライフに必ずやお役に立つと思います．

1-1 モールス関係書籍を振り返る

1998年にCQ出版社から書籍『モールス通信』が刊行され，早くも10年が経過しました．技術革新著しい無線通信の分野において，近年のように多くの書籍が短いライフ・サイクルで出版される中，現在でもロングセラーとして版を重ねていることは，一重に熱心な愛好家の皆様がモールス通信（CW＝Continuous Wave）を根強く支えている賜物と筆者は考えています．

CQ出版社刊行 モールス三部作

CQ出版社のモールス通信関連書籍の既刊2冊に加え，最新のCWを実践面で掘り下げて紹介し，読者のハムライフに日々お応えできないものか？と考え，本書を刊行させていただきました．

CWに興味をお持ちの読者には，これらモールス三部作のご愛読をお勧めします．

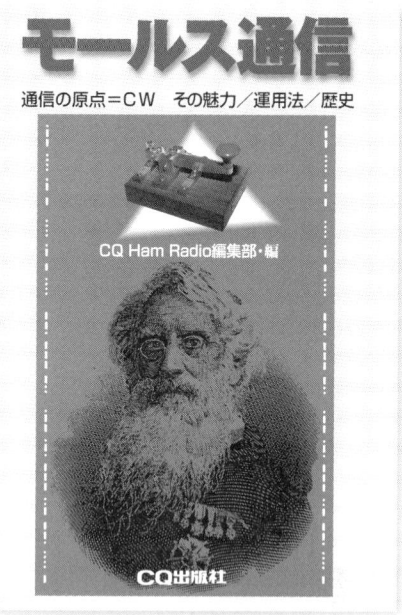

写真1-1　書籍『モールス通信』
CQ ham radio編集部編（CQ出版社）

写真1-2　書籍『モールス・キーと電信の世界』
JA1GZV 魚留 元章著（CQ出版社）

　すなわち，書籍『モールス通信』（写真1-1）で，その全貌を俯瞰なさってから，2005年刊行の『モールス・キーと電信の世界』（写真1-2）で，モールス発祥からの歴史，電鍵と普遍的な練習法について造詣を深められ，そして本書にて，実践的活用を研究されて，ハムライフのよりいっそうの充実に生かしていただければと考えます（図1-1）．

　本書は前二書との重複を極力避け，モールス符号をひととおりマスターしていることを前提にしています．例えば，入門者向けのモールス符号の覚え方，基本的なQSO文例などは前書に譲り，この段階の初心者用には，実践QSOでのトラブル対処法などを紹介することで，前作の隙間を埋めつつ日常QSOのワンランクアップに役立つようにしています．同時に，改定後の国家試験を配慮し，早期に実践QSOへつながる実用的な練習法を提案しています．また，入門者が最小限のレベルで，ラバースタンプQSO，コンテスト，アワード・ハンディングなどが即実行できるように，CWをいろいろな分野から横断的な視線で検討しています．

　一方，各ハードウェア（リグ，アンテナ，エレキーなど付属装置）の詳細について，パッケージ・ソフトウェアのプログラミングやインターフェース条件の詳細は紙面の関係で触れていませんので，『CQ ham radio』誌のバックナンバーやインターネットで研究を深めてください．

古典的名著はプロ養成用教本

　ここで改めてモールス通信の書籍について振り返ってみます．長い歴史の中でも，わが国でモールス通信についての市販専門書は10誌に満たないほどしかありません．前述の2冊以外は昭和31年，電信電話公社，中央電気通信学園の主任教官，加藤芳雄氏著『電気通信術』．昭和34年，電気通信大学，吉田春雄氏著『独習電気通信術』．熊本電

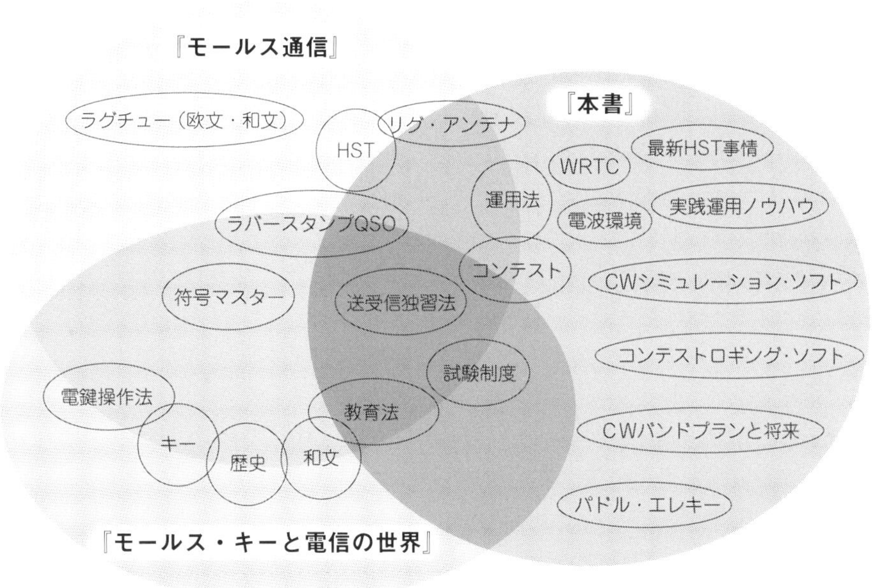

1 モールス通信 最新情報

図1-1 CQ出版社 モールス通信三部作関係図

波高専教授，品川淳三氏『電気通信術』．これらわずかの書籍を，筆者は学生時代に購入し所蔵しているにすぎません（**写真1-3**）．

バイブルともいわれた昭和2年，逓信省電務局編『手送通信術』．無線電信講習所（現電気通信大学）北条孫人氏著『電気通信術』．沢千代吉氏著『電信技能研究』に到っては，いまだその現物に触れる機会すらありません．当時の社会ニーズもあり，これらはいずれもプロ通信士養成用の教本でした．

写真1-3 モールス通信の古典的名著『電気通信術』

1-2 ハムとCWの意義

21世紀の現在，CWを実用に供しているのは全世界規模でハムと，一部の軍用およびその関連通信だけになっています．その目的はまったく異なりますが，いずれも究極は人間の技能に頼る領域が残ったといえます．**図1-2**（次頁）にモールス通信の推移概念図を示します．

技術的位置づけ

通信技術の黎明期に生まれたCWは，当時では最新のハイテク方式でした．その後，技術革新によりさまざまな通信方式，通信機器が生まれ，CW自体は既存のローテク通信方式となっていき

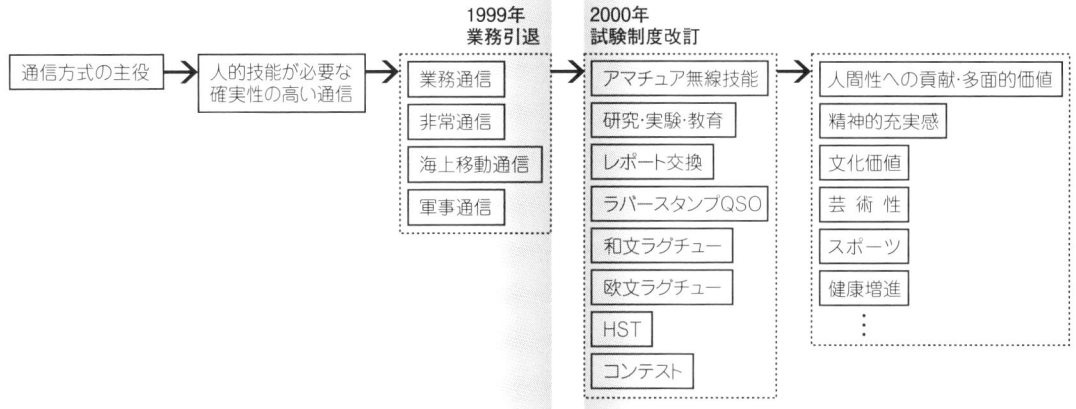

図1-2 モールス通信の推移概念図

ました．しかし，その設備の簡便性，信頼性と人間の技能で支えられる確実性に価値を見出され，長く業務通信で使われ続けました．

このあたりの経緯は『電気通信大学80年史』（http://ssro.ee.uec.ac.jp/lab_tomi/uec/uec80-homepage/shiryou-teikyou.html）などを見ると，最新技術の研究と明治時代のローテクとなったCW実技の狭間で揺れ動く，若きエンジニアたちの心の葛藤が，昭和初期からすでにあったことが赤裸々に伝わってきます．

1999年にGMDSSが導入され，最後まで残っていた海上移動通信業務と非常通信からCWが引退しました．その結果，趣味であるアマチュア無線業務と一部の軍用通信（防衛業務，海上保安業務含む）がCW唯一の実用領域として残りました．

ハムがCWに求めるものとは？

わたしたちアマチュア業務に着目すれば，「個人的無線技術の興味によって行う自己訓練」と定義されています．「通信及び技術的研究の業務」をいいますが，それを通じ最終的に何を求めるかは，時代や環境に応じて変化・多面化していると思います．

自己訓練・技術研究の視点から見ると，先端分野の一つである衛星通信やEMEにも積極的にCWが使われています（**写真1-4**，**写真1-5**）．さらには以下のように，ハムのあらゆる通信にあてはまります．

プロ通信の場合，送る情報の内容に最大の価値

写真1-4 CWは月面反射通信（EME）の世界でも使われている

写真はProject BIG-DISH 2007（8N1EME）の運用風景（2007年春）．当時KDDIが所有していた直径32mの巨大カセグレン・アンテナを使って，アマチュアによるEMEの通信実験が行われた．日本国内をはじめヨーロッパ，アメリカのハムとも月面反射で交信に成功

1 モールス通信 最新情報

写真1-5 Project BIG-DISH 2007で使用されたKDDIの業務用巨大カセグレン・アンテナ（直径32m）．CWの電波が月に向けて発信された

があるため，サービス品質が大切で，これを満たすシステムを構築していきます．一方，アマチュア無線の場合は，個人がポケット・マネーで負担できる設備しかありえません．その範囲内で限界まで低い通信品質を使い，交信にチャレンジします．そのためには最悪の通信品質でも，安価でシンプルな設備で限界にチャレンジできるCWは，ハムにはとても有効な実用方式なのです．

以上は，物理的側面です．人的側面に着目すれば，無線技術への動機付け，それを担う人材の育成などいろいろあるでしょう．

さらにもっと深い心の領域へ踏み込めば，趣味から人がそこに求めるものは，充実した時間であり，心の満足，豊かな人生だと思われます．

情報伝達を最終目的とする業務通信の手段から引退したCWは，それを趣味として行うこと自体が目的となり，わたしたちハムの精神生活を支えてくれるようになりました．これからは，業務として追求した確実性，公的義務などとはまったく異なる価値観・尺度からもCWを再評価する必要があります．

21世紀に入り，上記のように大きくその目的が変わったCWの現在を，読者とともに研究し，さらにその未来を育てていきたいと思います．

1-3　CWは奥深く，一生ハム？！

日本のアマチュア無線再開は，敗戦国の中ではもっとも遅い1952年でした．そのため，筆者がアマチュア無線の世界へ入門した1970年代は，ハム歴20年程度でも大ベテランでした．

当時，コールサインは順次割り当てでしたので，JA，JH，JRまでのプリフィックス局がOMで，筆者のような"JE"はインスタント・ハムなどといわれました．そんな中，CWは上級ハム合格の登竜門だったので，CWを運用できるハムは一種尊敬の目で見られました．

一方，反論もあり，上級ハムは，より高度な無線技術の習得に意義があり，ローテクのCWで差別化することに疑問を投げる考えもありました．これに対しては，国際法での習得義務がCWの必要根拠とされました．今は世界的にその義務がなくなり，モールス通信史では大きな転換点となりました．

詳細は後述するとして，電話級アマチュア無線技士（現在の第4級アマチュア無線技士）の中には，友人との連絡手段としてハムを始め，それに飽きると5年目の免許更新なしで，この世界から去っていく方も相当数に上りました．

一方でCWを運用するアマチュアは，ハムライフを長く楽しまれ，今に及ぶもライフワークとされているOMが非常に多いことに驚かされます．現在，そのような方はハム歴30〜40年以上の方がいまや普通です．

CWの魅力を探る

なぜ，CWを愛好するハムは長続きするのか？一言で言うなら，人の匠（たくみ）に根ざした技能としての奥の深さ，決して完成がない求道的な面白さではないでしょうか？それプラスアルファで，短波帯のCWでは電離層伝搬の偶然性があります．

ハムは一般人では許可されない大出力の電波を空間に輻射できる特権が認められています．これにより体験できる技術探求をミックスして，みずからが実施検証できるエンジニアの遊び心と満足感があるからだと思われます．

このように，実践短波通信＋技能であるCWで，いろいろな偶然性の中で自分自身が腕を上げていく．技術者＋技能者＋遊び心が渾然（こんぜん）となった趣味の世界を創り上げています．

無線技術をみずからトータルに体験できる

近年のプロ通信業務はハイテク化，細分化，管理化され，みずから直接体験する領域と期間は極めて限定されてしまいます．チャレンジブルなことほど，エンジニア・チームをいかに上手に管理コントロールするかにエネルギーが費やされます．個人の領域は専門が細分化され，みずから全体を見る人は契約条件，スペック交渉，コスト，品質，スケジュール管理，組織プロモートなどに忙殺（ぼうさつ）されます．つまり，技術全体をみずからの体験とし

1 モールス通信 最新情報

海外のCW愛好家による
DXペディションのQSLカード

てマスターすることは事実上不可能になっているのです．

そんな中，ある特定の無線通信技術をマスターするのなら，電波を出さずとも，専門文献＋インターネット情報と室内の机上実験での習得が可能です．あるいはテクニシャンを雇って実務を分担させ，その結果だけを吸い上げて活用すれば効率的です．

しかし，趣味であるハムのCWなら，シンプルで基本的技術ですから，自分みずからが頭と手を動かして基本検討，素子選定，回路設計，機器製作，試験評価，アンテナ，電波伝搬，実運用まで全プロセスを体験できます．そのみずからの頭と手から生まれた技術が実用に供せることが非常に意義深いのです．基本技術がフィールドで実用に至るまで，その壁を乗り越える痛みと汗は，実際やってみた人だけが見える領域だからです．

小さな実用無線局の立派な経営者

CWがカバーする領域は必ずしもハイテク分野とは言えませんが，財務，企画プランニング，設計，製造，渉外，法務，工事，免許，運用，品質，保守，管理，サービスなどを自分一人の自己責任で，前述の技術よりもさらに広い分野で無線局全体の運営体験ができます．

本業では組織の歯車の一つとなっているサラリーマンでも，シャックではプロと同じプロセスを一人で取り仕切る個人無線局の立派な経営者・リーダーです．一つひとつは最先端ではなくとも，全プロセスをみずからプロモートできることはたまらなく楽しいことでしょう．

地球，宇宙規模の交信ができる

小さな無線局とアンテナでも，CWなら地球の裏側はおろか，衛星通信やEME（月面反射通信）など宇宙までとも実用的に交信できます（**写真1-6 次頁**）．個人の実力（費用，労力，技術）でも無理のない，簡単な設備による究極の通信品質で実際に役立つ通信ができるのです．

机上の理論だけに止まらず，壮大な実在空間の

極限までを活躍の舞台に，実用通信の領域まで個人が到達できる点にもCWのすばらしさがあります．

文化，芸術としての再評価

別の視点から，技術という側面のほかにも，いわば絵を描いたり，楽器を演奏したり，囲碁将棋を打ったり，弓を引いたり，と同様の一面もあると思います．時間効率と先端技術だけを追求するならCWより高速伝送方式，映像を保存するなら絵画よりデジタル・ムービー，音楽を楽しむならオーケストラよりハイビジョン，ゲームなら囲碁将棋よりゲーム・マシン，武器なら弓よりマシンガンが有利です．これらの伝統的な「技」をローテクなるがゆえに価値を認めないという人はいないでしょう．いわば「文化」という捉え方をされています．現代社会でのCWの存在価値も同様といえましょう．

CWの魅力にはまり，何十年も運用を続けているハムの皆さんは，「無線技術研究の自己訓練」にCWを絡めて自分自身を遊びながら文化的に高める「道」を発見されているのではないでしょうか？

スポーツとして楽しむ

さらに，技能を別の視点から評価すれば，CWをスポーツとして楽しむという側面もあると思います．これが後述するコンテスト，HST，WRTC（写真1-7）といった分野です．これらは後ほど，別章で詳しく研究してみましょう．

万国共通

モールス・コードは全世界共通です．Q符号やCWの略語により言語の壁を越えて意思疎通ができます．しかも，同じトレーニングを重ねてモー

写真1-7　CWコンテストは根強い人気がある

写真はWRTC（コンテストの世界選手権）で優勝したカナダ人オペレーターの二人

1 モールス通信 最新情報

写真1-6a 小さな設備でもCWであればDXとの交信が楽しめる
写真は南極圏に位置する絶海の孤島"ピーター一世島"からのDXペディション(3Y0X)で使われたアンテナ　　　　(Photo by K4UEE)

写真1-6b 3Y0X ピーター一世島からCWで運用を行うK4UEE．とりわけCWでは日本国内でも良好に信号が聞こえ，多数のアパマン・ハムが交信できた
(Photo by K4UEE)

　海外でCWの運用をしていると，地元の局がコールしてきて，シャックへ招待されることもしばしばあります．これが，携帯電話やパソコンで会話できるとか，英語やエスペラント語などの共通言語をしゃべれるというだけでは決して体験できない，CWという共通価値観に築かれたヒューマン・ネットワークです．

　言語，国家，政治，宗教，民族，思想，貧富などを超えて世界規模ですぐに友人になれるのです．

脳と健康作用

　もう少し視点を変えて，人の「脳」から考えてみましょう．最近，右脳，左脳の研究が盛んです．例えば仕事をしているときと，遊びをしているときでは，脳が活性化している領域が異なるといわれています．眉間にしわを寄せて難しい仕事に取り組んでいるときと，ニコニコしながら嬉々として趣味に講じるとき，それぞれ脳のどの部分が活発なのかは，専門家の研究に委ねるとしても，きっと同じ電子・通信分野でもCWによる脳の活性領域は仕事をしているときは異なる，独自の脳部位の活性フィールドが存在するに違いありません．

　言語でも音楽でもない虫の音を，左右いずれの脳で聞くかは，洋の東西，人種で異なると言われているそうです．CWも，入門時は左脳，熟達高速受信は右脳というように，脳の活性領域が異なるのかもしれません．

　高齢化社会で，脳トレーニングのゲームが人気ですが，手を動かしてたくさんの仲間と会話し，それを通じてさまざまな創造的活動へつながるCWは，脳や精神作用に良いはずです．脳に快適

ルス符号をマスターしたという共通の価値観が背景にあり，心を通じ合えます．しかも，電波でリアルタイムに不特定多数の共通価値観の友人に巡り合えます．それに加え，コールサインは国家が発行した身分証明書ですから，インターネットのように匿名性ゆえの相手への不安感がありません．

な作用を与えるCWは心や健康までにも有効足りえると思われます．

ハムの手でCWに新たな出発を

筆者は長年，通信・エレクトロニクス業界に身をおいていますが，技術的なプロ仲間に「CWを趣味としている」と話すと，「そんな古いもの今どき何になる」というコメントがしばしば返ってきます．しかし，本書の読者の皆さんであれば，これとは別の側面からCWを評価しているはずです．

21世紀に入って業務用途を引退したCWが新たな価値観で再評価される時代になりました．人も現役生活を引退し，効率・利益最優先の経済活動を卒業すると，その人生感・価値観が大きく転換します．本書を参考とされ，このことをいろいろな方々に広めていただければと考えます．

1-4 環境変化を生き抜くサバイバル戦略

世界最大のハム人口を抱えるのは，日本とアメリカです．いずれもハムの平均年齢は50歳台以上に突入し，30〜40年間のハム暦が普通となりました．特に日本の少子高齢化は人類がかつて経験したことのない速度で進んでいます．そのほかの理由もありましょうが，日本では単純なライセンス（無線従事者数）でない，活動中のハムの数は減少しています．

一方，アメリカでは一時減少の一途を辿った数が，近年回復基調にあるとのことです．その要因はベビーブーマーのハムが何十年かのブランクを乗り越えてカムバックし，その多くがCWを好んで運用しているそうです．そして現役ハムの多くはCWの愛好者であるという統計データがあります．この客観的なデータと，前述のCW愛好家のハム暦が長いという事実から，CWを普及させること，すなわちハム人口増加（消極的には減少防止）に非常に有効であることがわかります．

このように近年は，ニューカマー，カムバック，ベテランと実にさまざまな方々がそれぞれのレベルでCWを楽しんでいます．長期間にわたりアクティブである場合，あるいは長いブランクを乗り越えて何十年かぶりにハムの世界に戻ってくる場合，またはまったくの初心者も，各人各様ときどきで最適の運用方法があります．まして，最近のように世の中の変化が激しい場合，その術を研究しておくことは，入門者が将来にわたってCWを長く愛好し，生き残るための貴重な知恵だと考えられます．

次項では，このあたりの時代の急変に対応できる運用スタイルのサバイバル戦略を研究してみましょう．

1-5 個人が主役となったCWの運用スタイル3分極化

プロのモールス通信は何事にも最優先ですが，個人の趣味でのCWは，各人の生活環境に大きく左右されます．

ここでは，生活環境からアパマン・ハム，移動運用，ビッグガンと3分極化された運用スタイルの過程を研究してみましょう．

戦後，農業社会からの工業化途上に再開されたアマチュア無線は，田畑に囲まれた自宅の竹竿＋ワイヤ・アンテナに42や807（出力10W程度の手頃な真空管）でスタートしました．

その後に初級制度が生まれ，日本のアマチュア局が急増．若い学生ハムの中には，可能な限りの

ビッグ・ステーションでCW，DX，コンテストを続けることを最優先とする条件で職業を決めるツワモノがいるくらい，アマチュア無線が若者を熱くさせた時代でした．

1-6 アパマン・ハム

以上の過程で工業化に伴う経済発展があり，上記の若いハムたちは続々と東京周辺へ就職しました．その結果，人口の都市集中が著しくなりました．1970年代後半くらいから，地価が高騰し始めた都市部には，生活に便利な立地での集合住宅が増えました．こうして，アマパン・ハムが誕生しました（**写真1-8**，**写真1-9**）．各自が独自の小型アンテナを工夫して狭いベランダに設置することでCWを楽しみ始めました．こうなると上級局でも，インターフェアの問題などでQRP運用しかできない，かつてとは180度異なる状況に急変していきました．

グローバル化と非定住化

21世紀初頭，日本の失われた10年で，地価も下落したので，アパマン・ハムが一戸建てに定住できたかといえば，必ずしもそうはなりませんでした．世の中は違う方向へさらに大きく動いていったのです．企業のリストラ，製造業などへの派遣労働解禁で，仕事，勤務地，住まいも，いつどう変わるかわからない，というハムが激増しました．地価が下落すれば，持ち家は建物が古くなるほど安くなる耐久消費財と同じです．ローンで購入して下落ぶんを自分で被れば，身動きが取れなくなってしまいます．それよりは，そのときどきで生活に最適な物件を借り，土地に縛られない生き方が賢明と考える方が増えました．職業に合わせて都市から都市へ引っ越したり，さらには経済発展の著しいアジア方面などへ海外勤務に付くハムが増えました．

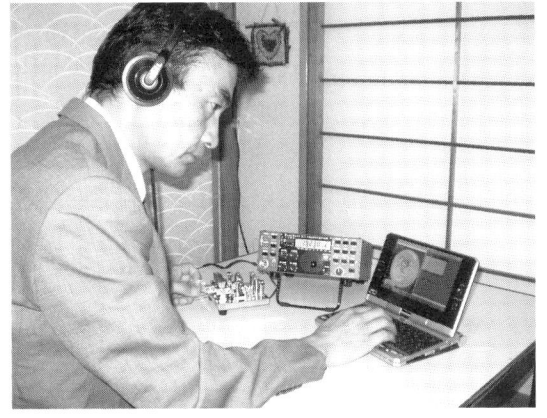

写真1-8 アパマン・ハムのシャック一例
CWはコンパクトHF機でも地球規模の交信が楽しめる

写真1-9 アパマン・ハムが集合住宅のベランダに設置したアンテナ一例 （Photo by JK1FNL）
通称"釣り竿アンテナ"．マッチングは屋外型のオート・アンテナ・チューナを使用し，釣り竿にロング・ワイヤをはわせている．このようなアンテナでも多バンド運用が楽しめる

必然的に，住まいは国内外の集合賃貸住宅，アンテナは簡易コンパクト型，各種インターフェア対策や，人体電波防護指針（**表1-1**・次頁）のため，

表1-1 電波防護基準値の具体例

人体に対する電磁波の影響については医学的には完全に解明できていない．そこで，世界的な指針として基準が示されている．固定局のみが規制対象．アパマン・ハムの場合，狭いベランダにアンテナを接地する場合は，人体からの防護距離を長く確保できないため，出力を下げないと基準値をオーバーしてしまう

(http://www.jarl.or.jp/Japanese/2_Joho/2-2_Regulation/kankyo/dp.pdf より引用)

電波防護のための基準値を満たす最低距離（半波長ダイポール・アンテナ）　　平均電力率 1.0　単位：[m]

	周波数帯 [MHz]	1.9	3.5	7	10	14	18	21	24	28	50
送信出力 [W]	10	0.2	0.2	0.4	0.5	0.8	1.0	1.2	1.3	1.6	1.6
	50	0.4	0.4	0.9	1.2	1.7	2.2	2.6	3.0	3.6	3.6
	100	0.5	0.6	1.2	1.7	2.4	3.1	3.7	4.3	5.1	5.1
	200	0.7	0.9	1.7	2.4	3.5	4.4	5.2	6.0	7.2	7.2
	500	1.1	1.4	2.7	3.9	5.5	6.9	8.2	9.5	11.3	11.4
	1000	1.6	1.9	3.8	5.5	7.7	9.8	11.5	13.5	16.0	16.1

出力は50～100W程度．ハイパワーのライセンスがあっても，密集地でQROに伴うトラブルを起こしては，自分の首を締めQRTへ追い込まれてしまいます．

そんな制限下でもDX通信を楽しみたいという切実なニーズに，CWはうってつけと言えます．さらに，磁界ループ・アンテナ，EHアンテナ，MVアンテナなどの高効率・超小型HFアンテナの実用化が進んだのも大きな追い風となりました（**写真1-10**）．

写真1-10 筆者宅のベランダに設置した160mバンド（1.8/1.9MHz）用のEHアンテナ

全長2m程度のサイズ．ラジアルなしで1.8MHzにQRVできる．ある程度の高さを確保し，周囲に障害物がない設置環境であれば，ローパワーでもDXと十分QSOできる効率が得られる．スペースのない都市部のアパマン・ハムにはお勧め

1-7 移動運用

もう一つの潮流として自宅にはシャックやアンテナを構築せず，移動運用だけを行う方々も現れました．かつて移動運用といえば，V/UHF帯で小型リグとアンテナで高い山頂からの見通し波の優位性を生かす方法でした．

しかし，日本の地価高騰が最高潮に達した1980年代後半から，HF帯での移動運用が当時の20～30歳代の比較的若いハムを中心に，おもに国内コンテストで盛んとなりました．生活圏である都市部近郊で大型アンテナを設置できる一戸建てが高騰しすぎたためです．かといって集合住宅では規則上，十分なアンテナを建設できません．次第にハイレベル化してきた固定ビッグ・ステーションと対等に張り合うため，自宅では十分無線ができないハンディキャップを，移動運用とCWによって打破したわけです．

21世紀に入り，地価は下落鎮静化しましたが，HF帯CWでの移動運用はますます盛んとなる傾向にあります（**写真1-11**）．前述の国内コンテストのみならず，DXコンテストでの移動運用が広がっ

1 モールス通信 最新情報

写真1-11 見晴らしの良い場所からの移動運用は，コンパクト設備でも固定局並みの交信が楽しめる　　(Photo by JG1KTC)

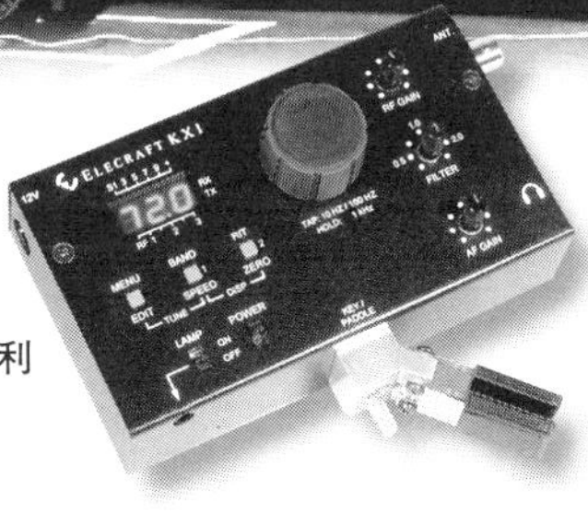

写真1-12 移動運用に便利なコンパクトHF機の一例

ています．

HF機のコンパクト化

　その理由の一つは，上述の生活圏流動化のほかにも，リグの小型軽量化があります．前述の移動ブームを受けて，各メーカーからはすばらしい移動用リグが次々に発売され，DSPの発達に伴い，その性能は固定機と大きな優劣を感じさせません（写真1-12）．

　さらに電子機器のパーソナル化とウォーキング健康ブームも追い風してか，ハンディ・タイプのHFトランシーバも出揃いました．手軽に持ち歩ける簡単HFアンテナ（写真1-13）では，限界の通信品質でも実用通信ができるCW運用が最適です．

写真1-13 手軽に持ち歩けるコンパクトHFアンテナの一例　　(Photo by JE3NJZ)

インターフェア

自宅外におけるシャック普及の二つ目の理由は，住宅密集地でのインターフェア問題もあります．かつてのTVIはテレビのイミュニティ向上や，ケーブル化，UHF再送などにより減少しました．

しかし，ドアフォンや各種ホーム自動制御機器（ガス検知器，人感センサ）など，電波とは無関係の家庭用電子機器は，ICによる微弱信号化と，コスト最優先設計，開発設計者層のスキル変化のため，イミュニティに対してまったくの無防備な製品があります．酷いものはわずか数W出力の電波にも敏感に反応してしまいます．

これらへのインターフェアは電波知識を持たない一般人には理解しがたいものです．電波法とは別次元の感情からみのご近所問題として，ハムが一方的に加害者となる危険性があります．

電磁界シミュレータのパーソナル化

三つ目は，電波伝搬をアンテナとロケーション（地形，土質，周辺物体）を含めてパソコンで簡単にリアルタイム・シミュレーションできるアプリケーション・ソフトウェア・パッケージが発達したことが上げられます．

固定局では，自宅の限定されたロケーションでいかにして良く飛ぶアンテナを実現するかに工夫が注がれました．そのため，近年は20～30m高の自立タワーはあたりまえとなり，都市住宅密集地での保守性も兼ね備えたクランクアップ・タワーも普及して，ハムのアンテナ関係など通信建設専門会社などへ依頼すれば，アンテナ建設はおろか，調整が大変な多バンド多エレメントのキュービカルクワッド・アンテナの調整まで請け負ってくれます．一人の力では難しかった大型アンテナも簡単に実現できます．

その一方，発想の転換で電波の良く飛ぶ土壌や，水際，指向性方向に傾斜した高地など，電波伝搬に有利なロケーションをまず決定し，そこへ自分が出かけて行って最適のアンテナを建て運用する，という選択肢が生まれました．ロケーション，アンテナの両方をそれぞれ最適化でき，しかも組み合わせ効果を最大化設計できるわけです．それを事前に机上でシミュレーションすることで最小限の時間と労力で大きな効果を狙えます．その事前検討結果を実験でみずから検証できるという，エンジニアとしての興味と電波の飛び両方を満足してくれます．

このように技術的興味と実益を兼ね備えたアンテナ＋ロケーションのエンジニアリング手法がアンテナのみならず立地をも選べる移動運用で確立できたことも上げられます．このようにして「電波がどこまで飛ぶか」を実験，評価する限界の通信品質でのQSOを支える重要な役割をCWが担うことで，ハムライフでの存在価値は大きいのです．

1-8　ビッグガン固定局の活躍

一方，上述スタイルとは対照的に，大きなビーム・アンテナ＋kWリニア・アンプの強力な信号でダイナミックに活躍する局もいます．次に大別されると思われます．

自宅安定派

自宅にビッグ・アンテナ＋大出力の設備を構築でき，インターフェアの心配がないか，高い技術力と交渉力で解決されている．さらにそこ

1 モールス通信 最新情報

に安定生活圏がある．

*　　　*　　　*

　バブル期以前に自宅をお持ちで，比較的郊外圏に安定に定住生活していらっしゃる，おもに団塊世代の年代以上の方々に多いようです．

　自宅がシャックですからいつでも安定的に運用できます（写真1-14，写真1-15）．長いDXCCレースもじっくり取り組めます．

　ベテラン・ハムでもあるので，高い技術力で先鋭的なシャックを構築しておられます．

セカンド・シャック

　自宅外で，山の上など電波伝搬，雑音，インターフェアなど総合的に有利な土地を確保しシャックを建設．しかも，その場所に行ってアマチュア無線を運用する時間と行動の自由を持っている．

*　　　*　　　*

　団塊世代より少し若い世代のおもにコンテストとDXの両方を愛好する方に多いようです．特にコンテストは決められた24〜48時間だけシャックに入れば，優勝をも狙えます．きわめて効率の

写真1-14　一戸建てに構築したシャック一例

写真1-16　山の上にセカンド・シャックを建設し，コンテストにアクティブなJH4UYB 岡野正樹さん

写真1-15　一戸建ての庭にタワーを建設し，HFのマルチバンド・アンテナを展開した一例

写真1-17　山の上にオールバンドのアンテナを展開したJH4UYBのアンテナ・ファーム

高い時間対効果が期待できます．苦労して構築したシャックの投資対効果が報われるというものです（**写真1-16**，**写真1-17**）．

海外シャック

日本から比較的渡航しやすく暮らしやすい，アジア，太平洋地域の海外にシャック構築．

　　　　＊　　　　＊　　　　＊

海外勤務などで海外に人脈をお持ちのベテラン・ハムがシャックを構築するパターン，レンタル・シャック（**写真1-18**，**写真1-19**）を借りて，短期の海外旅行でも手軽に運用する方法，あるいは，シンプルなポータブル・リグをスーツケースに詰めて，海外旅行時ついでに運用する3パターンがあります．

いずれの方法も，最高の電波の飛びが期待できますから，DX，コンテスト，アワード，DXCCなど最高峰を狙えます．すばらしい実績を挙げていらっしゃる方々は，近年はこのスタイルでの運用がほとんどとなってきました．そのような方々は例外なくすばらしいCWの腕を持っており，CWなくしては，その成果はありえないはずです．

一方では，このような先鋭的ビッグ・ステーションにより，ローバンドの新たな伝搬パス開拓や，DX界での世界レコードなど，歴史に残るCWでの貴重な新実績が切り開かれていることは心強い限りです．

ハムが開く電離層伝搬の最新研究

特に，今世紀に入ってのトピックスは，自分の信号が数分〜十数時間も遅れて聞こえる，超遅延エコー現象はハムがCW運用で発見し，検証している最先端ともいえるテーマです．

そのほかにも，オーソドックスなF層正規伝搬以外のさまざまな電離層伝搬メカニズムは，プロの研究機関でもまだまだ解明できていない領域があります．これらに対して，全世界に数百万局が広く分布し，いつでも誰かが常時運用しているハムの特徴を生かして，世界規模での電波伝搬実験

写真1-18 グアムのKH2JUがオーナーであるWH2DXのレンタル・シャック．日本人ハムでも利用が可能．詳細はWebサイト参照．http://www.wh2dx.com/j/
（Photp by JE1HJA）

写真1-19 WH2DXのアンテナ・システム．4アマを含む日本のアマチュアの免許があれば相互運用協定によるグアムからの運用が行える
（Photo by JE1HJA）

と研究ができます．ハムとして個人の立場で学会発表なさっているOMもいます．大出力の電波を実際に電離層へ輻射できるハムならではの研究テーマといえます．こういった実伝搬実験のツールとして，特殊な機材が不要で，万国共通の簡単なモールス符号で短時間にレポート交換できるCWは大変有効な方法となっています．

DXCC

さらに，DXCC (DX Century Club) へ注目してみると，CW DXCC (写真1-20) はモード別ですから，MIXEDの部門でオナーロールの方も新たなスタートとなり目標と楽しみが増えました．それでも，ビッグガンの方は長年の活躍で全エンティティーをコンファームされたため，DXペディションのみならず，新しいエンティティーを開拓して，それを世界へサービスする活動をされる方もいます．DXCCはARRLが管理するアワードですから，そのルールを日本のハムが変えることはできませんが，日本人の手によるアクティブな活動はすばらしいことだと思います．

写真1-20　アメリカのアマチュア無線中継連盟 "ARRL" が発行するCW DXCCアワード

このように，大電力の大型アンテナ固定局，シンプルでローパワーのアパマン・ハム，ロケーションが自在な移動運用，海外からの運用と，CWを運用するスタイルは多様化しています．それぞれの特徴を生かして，自分にもっとも合った方法を実行なさってみてください．それぞれに異なる楽しさを発見できるはずです．それがCWを長く楽しく運用できる秘訣にもなります．

1-9　CWハムバンドの変遷

ハムバンドの中身に触れる前に，少し専門的になりますが，どのようにしてハムバンドが決まるかというお話にちょっとお付き合いください．

近年のように世界的にも有限な電波資源を，急速に進歩するハイテク技術同士が利用権を取り合っているような世の中では，入門者の方も，技術行政の仕組みを覗いておくことは非常に重要なことと思います．将来にわたって，CWが活躍するハムバンドを守っていく基本的なことだと考えるからです．

WRCとRR

電波は国境に関係なく，世界中に飛んでいくので，全世界共通のルールを決めておかないと混信で使いものにならなくなってしまいます．

そこで，全世界の無線通信に関する共通の基本的ルールを話し合いで決める組織が，国際電気通信連合 (ITU) の部門の一つである，国際電気通信連合，無線通信部門ITU-R (International Telecommunication Union Radiocommunications Sector) です．旧称はCCIR (Comite Consultatif

Internationale des Radiocommunications，国際無線通信諮問委員会，1993年より呼称変更）といいます．

この組織は数年に一度，世界無線通信主管庁会議／世界無線通信会議（WARC/WRCに1993年より名称変更）を開催し，無線通信規則（RR）を改定します．

RRには法的な拘束力があり，各国の主管庁がその国の事情などを考慮しながら自国の電波法に反映させます．そのため，国によってハムバンドの運用できる周波数帯やモードが微妙に異なったりするわけです．

このRRを受けて日本の総務省も，国内の利害関係者を募ってさまざまな審議会，委員会，公聴会，意見公募などを行ったうえで，電波法，電波法施行運用規則，省令などを決めて，それにより電波利用区分，アマチュアバンドが決定されます．これに従ってCWの運用周波数も決まるわけです．

今後も，これらの動向に注意し，新たなハムバンド解放の情報などをご自分なりに分析してみるとCW運用を楽しむうえで見識や展望が広がると思います．

1-10 CWバンドを俯瞰(ふかん)する

ここで，現在CW運用が行われている実際のハムバンドをワッチし，CW運用の昨今を比較して見てみましょう．それと同時に，将来新たにCW運用ができる可能性のあるバンドも，その動向を簡単に展望してみたいと思います．

CW運用の視点から見た，おもに現在の姿と，バンド拡張の動きが顕著なローバンドを中心に紹介します．必要に応じて，現在から逆にさかのぼった過去の大きな動きに簡単に触れます．

135kHz

日本では許可になっていませんが，イギリス，フランス，ドイツ，カナダ，ロシアではすでに許可がおり，実際に運用しています．QRSSという超低速CWが使われています．2007年10月22日〜11月16日までスイスのジュネーブで開催されたWRC-07にて，ITU-R（無線通信部門）のRR第5条提案どおり135.7〜137.8kHzにアマチュア業務を2次配分として加えることになりました．最大出力1W（EIRP：等価等方輻射電力＝送信機の出力にアンテナ利得を加えたトータル値）．脚注5.4C03にてRegion1の無線航行業務への有害な混信を与えないことが条件とされています．

私たちが日本で運用できる時期は現時点では未定で，総務省の今後の判断次第となります．通信黎明期，アマチュア無線が波長200mより上に追いやられて以来の長波帯の実験復活をぜひ実現したいものです（次頁 Column 参照）．バンド幅からもCWのみ許可されることになるでしょう．電離層を使わない地表波伝搬が主です．隣国が地続きのヨーロッパと違い，日本でのDXは海上伝搬の活用が有効でしょう．いかに効率の良いアンテナを実現するかが大変興味深い研究テーマになりそうで，アマチュア無線家の絶好の実験場です．

● 現状業務

日本での現在の業務使用実態は，

　135kHz：電子タグ（RFID），京葉高速鉄道・東京メトロの誘導無線

イギリス，カナダ，ドイツ，ロシアなどでは135kHzが許可になりハムが運用．WRC-07にてアマチュアが二次業務として追加された．出力1W EIRP以下．
135.7　137.8 (kHz)

1 モールス通信 最新情報

COLUMN カナダの135kHz事情

　筆者が160mバンドで何度もQSOしているVE7SL Steveからカナダの135kHz事情を伝える写真と情報が寄せられたので紹介します。

　彼の135kHzの出力500Wの送信機でも，波長（2200m）に対してアンテナが小さいので効率が低く，EIRP1W程度だそうです．135kHzでは，QRSSという超低速CWが使われています．

　日本でこのバンドを運用する場合，送信アンテナと，電波受信環境がもっともネックとなりそうです．

　通常速度によるCWでの最長DXは，VY1JA～VE7SLの1600kmだそうです！　大自然に懐かれたカナダだからこそ，実用的なQSOが楽しめるのかもしれません．日本でも，一日も早く実験してみたいものです．

135kHzの自作送信機とアンテナ

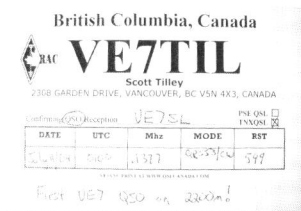

VE7TILのQSLカード（135kHzでVE7SLと交信）

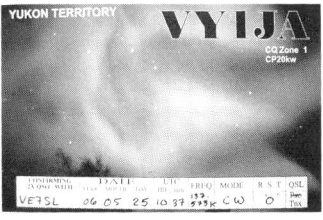

VY1JAのQSLカード（135kHzでVE7SLと交信）

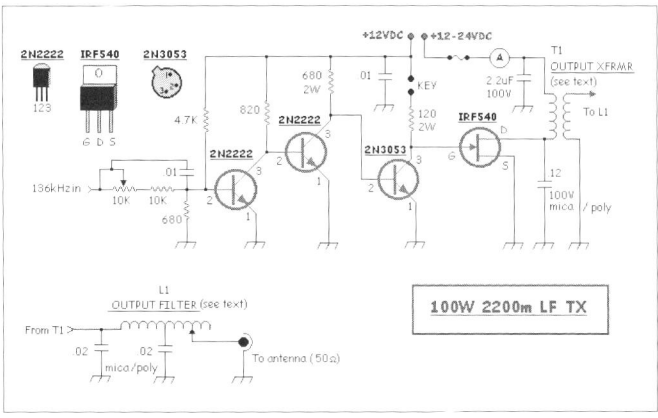

135kHz自作送信機（出力100W）の回路図

143kHz：京成・京急の誘導無線

以上が身近な具体例です．特にRFIDはユビキタス技術として発展期にあります．日本では誘導式無線設備として許可されています．

現在もっとも普及しているのは13.56MHz帯の無線タグで，ISO15693，ISO14443の世界統一規格があります．しかし，135kHz帯は各メーカー独自方式で，Texas Instruments社のタグがかなり世界普及しつつあります．われわれハムとしては，今後の技術動向に注目したいところです．

500kHz

2008年にベルギーで唯一許可されたという情報があります（EIRP 5W以下）．1999年のGMDSS導入前はタイタニック号の遭難以来，全世界共通のCWでの常時ワッチ非常通信周波数となっていました．現在は415～526.5kHzのうちの約15kHzがアマチュアバンドとして検討対象となっています．

WRC-07において，次回WRC-11での二次分配で暫定検討課題として認められました．日本では現在，おもに海上保安庁関係の船舶無線，NAVTEXなどに使われています．かつての全世界共通のCW史上伝統ある周波数ですので，アマチュア無線が栄誉ある背番号を引き継ぎ，復活を体験できればすばらしいことだと思います．

1.8/1.9MHz（160メータバンド）

CWの専用バンドであり，トップバンド，トップバンダーという呼称があるほど，チャレンジブルな面白さがベテラン・ハムの終着点となっています．

近年はリグの高性能化とアンテナ・シミュレーションによるロケーションに最適化されたアンテナ技術の発達で，1.8/1.9MHzの躍進は著しいものがあります．自立タワーが普及したうえ，実用的で電波の飛びも良いスローパーやタワーシャント・アンテナを簡単に自作して，狭いスペースでも容易に運用できるようになったため，このバンドの入門が急増しています．WACを1シーズン程度，DXCC 100エンティティーをわずか数年で完成させる方が増えているほどです．

コンディションとアクティビティーに恵まれれば1day WACも可能となりました（筆者は集合住宅の自宅に設置したベランダ・アンテナとベアフットで160m WAC完成まで約30年間を要しました，hi）．ここ十数年程度でトップバンドの発展は隔世の感があります．

従来はこのバンドの市販アンテナはありませんでしたが，最近，日本では超小型高効率アンテナとしてEHアンテナ（写真1-21）が発売され話題となっています．数年前には従来は受信専用と考えられていた磁界ループ・アンテナ（写真1-22）が改良され，送受兼用アンテナとして発売され，ブームとなりました．特許の関係で製品はありませんがマイクロバート・アンテナ（写真1-23）もあり，これらが21世紀に入ってから登場したこのバンド用アンテナのニューフェイスです．

● 最近のトップバンド

HF帯で近年もっとも躍進が著しいバンドといえます．このバンドにQRVする人口も前述のベテラン人口の急増で，毎年増え，特に日の出時のパイルアップはものすごいものがあります．コンテストの電信部門だけを見ると，国内コンテストの場合，3.5MHz部門の参加者数より多い場合もあり，一昔前では信じられません．

一方，2006年あたりから，おもに中国南西部か

415～526.5kHzのうちの約15kHzがアマチュアバンドとして検討対象．WRC-07において，次回WRC-11での暫定検討課題として認められた．

1 モールス通信 最新情報

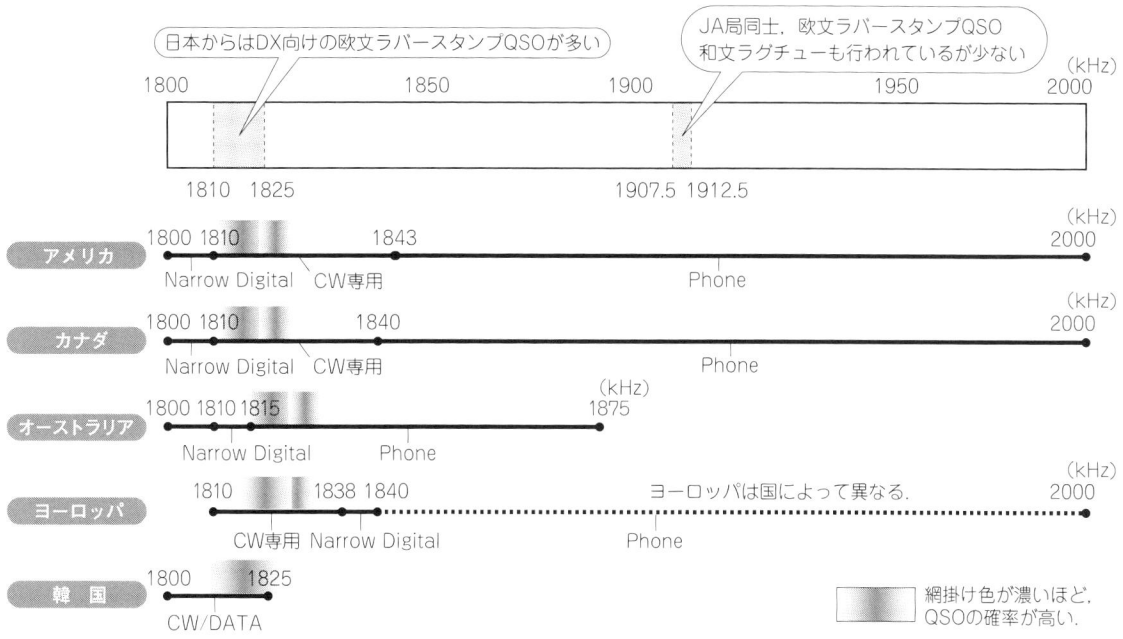

- ヨーロッパの多くは1810〜2000kHzの範囲
- 東欧方面は1830kHz以上しか許可されていない国もあるため,日本からはスプリット運用となる.
- 各国の事情により年々運用周波数帯が変わっているので,最新事情に常に注意を払っておく必要がある.
- 日本でも1.8MHz帯と1.9MHz帯の間の周波数拡大やSSBの許可など,今後の課題として総務省へハムからの要望を継続したい.

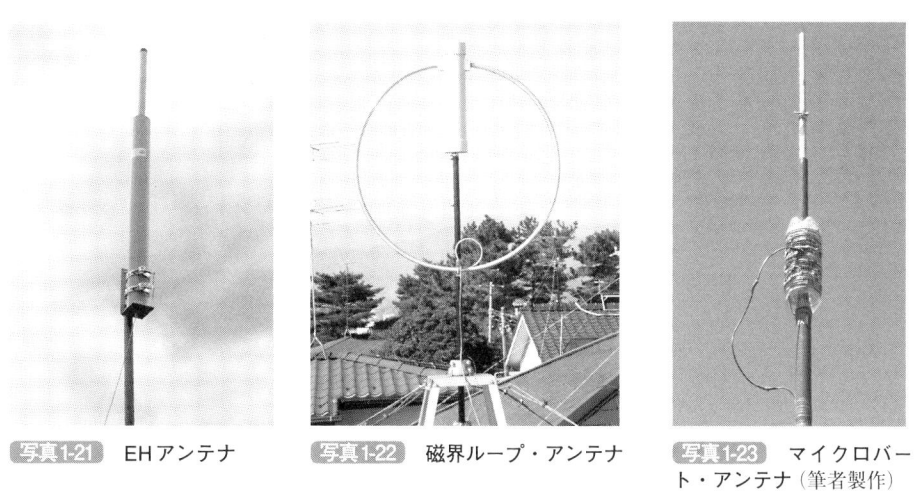

写真1-21 EHアンテナ　　写真1-22 磁界ループ・アンテナ　　写真1-23 マイクロバート・アンテナ（筆者製作）

ら送信されているOTHレーダ波のQRMが世界的にDX通信の障害になっています.紳士のバンドといわれたトップバンドにこれほど酷い国際法違反の侵入電波が長期間継続していることは歴史上もなく,忌々しい事態で,極めて憂いべきことです.

2000年に,海上航法システムである無線標定ロランAが廃止されたことにより,従来の1907.5〜1912.5kHzに加え,JA局のトップバンダーの悲願

だった国際DXウィンドウの一部1810〜1825kHzが日本でもアマチュア無線に開放されました．そのため現在の1.8MHzはDX専用で，ほぼレポート交換のみの欧文QSOが行われています．1907.5〜1912.5kHzは実質，国内QSO専用となっており，標準的な欧文ラバースタンプQSOが聞かれます．

簡単な挨拶や短い情報交換以外，ラグチューはまれです．その理由は長い波長ゆえに，十分なアンテナを建設できにくいことと，空間雑音が大きいため，ギリギリ限界のS/N状態でのQSOが多く，しかもDXは極めて短時間のグレーライン・パスを利用した日の出，日の入り瞬間の特殊伝搬を利用するためです．さらに，現在でも世界的に免許されている周波数が国によって異なるため，スプリット運用の必要性があり，それがQSOをさらに難しくしています．

特に自分の日の出時のパスを利用する場合はDXとのパスがわずか数分しかない場合も珍しくありません．長い日本列島の日の出に添って，東から西へとDX局を呼ぶCWのパイルアップが数分刻みで移っていくようすは大自然と人間が織り成す壮大な営みです．QSOのしやすさは日本の日の出時，ヨーロッパ，アフリカ方面は通常西高東低です．西日本にいくほどDXへのパスが頻繁に強くひらけ圧倒的に有利です．逆のアメリカ現地日の出時のパスは東日本，特に北海道，東北が圧倒的に有利です．そのため，グレーライン・パスの瞬間を狙い，非常に弱いDX信号を厳しいノイズの中から聞き取り自分のベストタイムピタリにQSOする寸秒を争うCWの技量が要求されるわけです．

1979年9月以前はUゾーンで160mバンドが許可になっていませんでしたので，夜半アメリカ西海岸の信号が現地の日の出で聞こえなくなると，日本の日の出までの間は，アクティビティーのない広大なシベリアからユーラシア大陸東部のパスだけとなり，DXが聞こえない空白の時間がありました．

当時はインターネットもなかったため，日本のトップバンダーは，DXの聞こえない時間帯はお互い常に和文での情報交換が大変盛んでした．プロ級のすばらしい高速の和文ラグチューは思わず聞き入ってしまうすばらしい腕前です．現在はDXクラスターやインターネットの普及で160mバンドの電波を使って直接の情報交換の必要性がなくなったせいか，以前ほど和文ラグチューは聞かれなくなりました．

● なぜ特別の魅力があるのか？

160mバンドのコンディションは，11年周期のサイクルもハイバンドほど顕著ではなく，28日や3日周期，MUFなどによる電波予報は参考程度しか役に立たず，その日ごと，独特のコンディションの不確実性に左右されます．予想はほとんど不可能ということです．それに加え，DX信号はF層のグレーライン特殊伝搬，国内局の信号は正規伝搬で，しかもバンド幅は飛び飛びにわずか20kHzしかありません．S9^{++}の多数林立する国内信号の1kHz以下の隙間で，かすかに聞こえるノイズ・レベル以下のDX信号を聞く，受信機の多信号特性とダイナミック・レンジ，近接ブロッキング特性は最高性能のものが求められます．

こういった意味で，そのときどきの電離層伝搬の的確な状況把握，CW技量，使用リグ，アンテナなど，いずれにも独特の経験，技術，技能が要求されます．最近のトップバンドはリグ，アンテナも市販品でまかなえるようになりました．それでも今日買ってきた設備で明日から誰でもDXがどんどん簡単にできるというバンドではないため，ベテラン・ハムが最終的に目標とするHF最高峰とされるバンドでもあります．

3.5/3.8MHz（75/80メータバンド）

1.8/1.9MHzから3.5MHzに上がってくると，DXの信号が良く聞こえること，アンテナが小さくて済むこと，電波の飛びが格段に良くなることでほっとします．しかも3.5MHzでのCWは万国共通の周波数帯にQRVしますので，オンフレQSOのため，チャンスも格段に向上します．

しかし，上のバンドから降りてきた方は，そのアンテナの大きさに悩んでしまうでしょう．最近は高効率の短縮ダイポール・アンテナ（**写真1-24**）の発売もあり，このバンドで手軽にDXハントなさる局が増えていえるようです．さらに，2エレクワッド，3エレ八木を自作して使われているOMもいらっしゃいます．その昔は短縮バーチカルが人気のあるアンテナでしたので，アンテナの大型化の発展には目を見張ります．

● **3.5MHzバンドの課題**

2007年現在，このバンドの大きな課題は，前述の中国南西部からのOTHレーダであり，160mバンドとは異なる場所から異なる変調方式のものが輻射されているようで，大きな障害になっています．ローエッジのCWバンドとSSB専用の3.8MHzを分けて発射している事実は，明らかにハムバンドを狙い打ちし，業務周波数帯を避けることで国際クレームをかわそうとする意図を感じます．

フォーンバンドの拡張はCWには直接影響はありませんが，大切なことなので触れておきます．旧郵政省は1975年に3793〜3802kHz（その後3791〜3805kHzまで拡張）を，1994年には3747〜3754kHzを日本のハムに許可しました．

さらに，最近では3.6/3.7MHz帯が2008年4月28日から拡張されました．

- 3599〜3612kHz 13kHz幅

写真1-24 短縮ロータリー・ダイポールの一例

- 3680〜3687kHz 7kHz幅
- 3702〜3716kHz 14kHz幅
- 3745〜3770kHz 25kHz幅

（うち3747〜3754kHzはすでに開放済み）
の59kHzがハムバンドです．

3.7MHz帯開放は長年のハムの悲願であり，画期的な出来事です．しかし，国際慣習上，もっともDX局のアクティビティーの高い，3791〜3805kHz帯下側が連続して拡張されなかったのは残念です．しかもバンドスコープでわかるように3.6MHz帯の下側は国際的にも国ごとに用途が微妙に入り組んでいます．同じ59kHzの開放でも，飛び飛びか，連続かでは，その効用には大きな差があります．他業務との兼ね合いで仕方ありませんが，将来のバンド連続化へ期待をかけたいものです．

世界的には3500〜4000kHzまでがハムバンドとして使われており，バンド開放は純粋に日本だけの国内問題，総務省の判断にかかっています．つまりは日本国内における業務無線の移行如何の問題です．現状では，部分開放されたとはいえ，世界からみると，世界的なハムバンドの真ん中で日本の業務無線が日本語で通信をしている．それが海上伝搬で全世界に飛んで行っている．という状態であり，一日も早い国際整合が計れる連続したハムバンド化が望まれています．

ちなみに筆者がFK（ニューカレドニア）に滞在していたときのことです．ちょうどオールJAコンテスト開始時，3.5MHzをワッチしていたら，直前

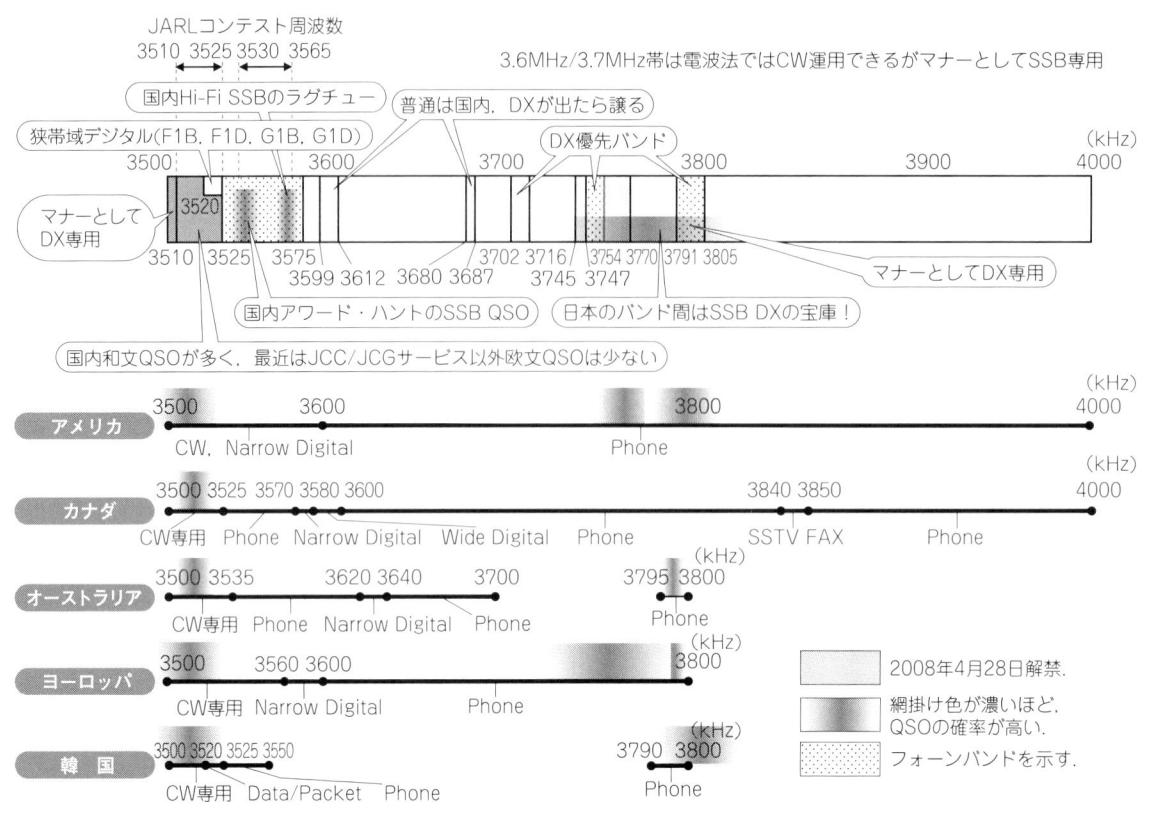

```
                JARLコンテスト周波数
                3510 3525 3530 3565                  3.6MHz/3.7MHz帯は電波法ではCW運用できるがマナーとしてSSB専用
        ┌─国内Hi-Fi SSBのラグチュー─┐ ┌─普通は国内，DXが出たら譲る─┐
  ┌狭帯域デジタル(F1B, F1D, G1B, G1D)┐        ┌DX優先バンド┐                                      (kHz)
        3500              3600              3700        3800              3900              4000
┌マナーとして┐ ┃3520┃
│DX専用    │
        3510 3525  3575              3680 3687    3745
                 3599 3612              3702 3716 3747  3791 3805
                                                   3754 3770   └─マナーとしてDX専用─┐
         └国内アワード・ハントのSSB QSO┘  └日本のバンド間はSSB DXの宝庫！┘
  └国内和文QSOが多く，最近はJCC/JCGサービス以外欧文QSOは少ない┘
```

アメリカ	3500 3600 3800 4000 (kHz) CW, Narrow Digital Phone	
カナダ	3500 3525 3570 3580 3600 3840 3850 4000 (kHz) CW専用 Phone Narrow Digital Wide Digital Phone SSTV FAX Phone	
オーストラリア	3500 3535 3620 3640 3700 3795 3800 (kHz) CW専用 Phone Narrow Digital Phone Phone	
ヨーロッパ	3500 3560 3600 3800 (kHz) CW専用 Narrow Digital Phone	
韓国	3500 3520 3525 3550 3790 3800 (kHz) CW専用 Data/Packet Phone Phone	

凡例：
- 2008年4月28日解禁．
- 網掛け色が濃いほど，QSOの確率が高い．
- フォーンバンドを示す．

- ヨーロッパは3580kHzまでCW専用の国もある．
- ヨーロッパ，太平洋は国によって異なるが上限3800kHzまでの国もあり，日本からCQを出すときは要注意．
- 日本の3.6MHz/3.7MHz帯は不連続．国際的に3.75〜3.8MHzがDXのメインストリートなので，依然として実用的には世界のDXメインストリートが外れている．日本の3770〜3805kHz間の連続したバンド化が強く望まれる．

まで3.5MHzでVK（オーストラリア）やZL（ニュージーランド）の局同士がCWでのんびりとラグチューしていました．そこへ，コンテストが開始されるや，日本からの「CQコンテスト，こちらはJA…」という山のようなSSBの信号が津波のように押し寄せてきたのです．

現地の皆さんは，早々の3575kHzより上へQSYしていきました．これを我が身で体験した筆者は，国際的にあまりに狭すぎる日本のローバンドは自分が不便しているだけでなく，世界中の方にとっても大変な不都合と迷惑を掛けている事実を実体験し，顔から火が出るほど恥ずかしく感じました．

きっと，ハム大国日本に対しては，遠慮してクレームしては来ないのでしょう．日本のローバンドは一日も早く世界と足並みを揃えた連続した広いバンドとなるべきです．

● コンディションと運用のコツ

3.5/3.8MHzのコンディションは，160mバンド同様のローバンド独特の伝搬なので，グレーライン・パスを使い，宵は北米の日の出を狙い，夜明けは日本より西のヨーロッパ，アフリカ方面を狙うのが一般的です．160mバンドよりひらける時間が長くなるといった感触です．

1 モールス通信 最新情報

しかし，80mバンドがひらければ160mバンドが必ずしもOKというわけではありません．オールアジアコンテストの際，160mバンドのDXが1局もひらけないときがあり，筆者は80mバンドで599でQSOしたDX局へ160mバンドへのQSYを依頼しました．いざ，QSYしてみると，彼の信号はノイズカスカス状態で，筆者の電波は届きませんでした．これほど160mバンドと80mバンドの伝搬差はあります．

国内は日没から夜明けまで安定にひらけます．そのため，かつては夜間，国内の標準的ラバースタンプQSOが多く行われていました．しかし，最近ではハムのベテラン化が進み，夜間の国内は和文ラグチュー中心となりました．しかし，同時に高齢化が進んでいるためか，夜はもっぱらSSBでのラグチューが多く，CWでの和文ラグチューを深夜までやる方は昼間の7MHzほどは多くありません．一方，国内の欧文QSOはもっぱら，平成の市町村大合併に伴う，JCC/JCGサービスのレポート交換のみのショートQSOが多くなっています．

4.63MHz

日本国内の非常通信用でCW専用に割り当てら

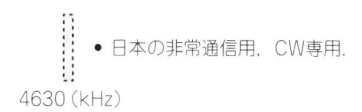

- 日本の非常通信用．CW専用．
4630（kHz）

れた周波数です．通常のQSOには使えません．しかし，最近のリグはこの周波数の送受信機能が組み込まれているものがほとんどですので，局免許申請の際はぜひ，指定を受けておきたいものです．

5MHz

日本では許可になっていません．運用可能なのはアメリカとイギリスのアマチュアのみです．アメリカでは，FCCが2003年7月3日からアマチュアに二次使用を開放しました．詳細は**表1-2**をご覧ください．

FCCライセンスをお持ちの日本人が渡米して運用した例はあります．他バンドとのクロスバンドでJA局とのQSO実績もあります．ふだんワッチしていてもW（アメリカ）の信号はなかなか聞こえず，スケジュールを設定するなどの工夫が必要でしょう．

WRC-07では残念ながら，次回WRC-11の暫定議題にも載りませんでした．今回WRC-07でのおもな議論は次のとおりです．アマチュアへの

表1-2 米英での5MHzバンド状況

中心（kHz）	表示（USB/kHz）	米 国	英 国	備 考
5169	5167.5	アラスカのみ	×	緊急時のみ
5195	5193.5	×	×	ドイツのビーコン
5260	5258.5	×	○	
5280	5278.5	×	○	
5290	5288.5	×	○	
5332	5330.5	○	×	
5348	5346.5	○	×	
5368	5366.5	○	×	
5373	5371.5	○	×	
5400	5398.5	×	○	
5405	5403.5	○	○	
出 力		50W ERP	200W	
モード		USBのみ	帯域3kHz以内のすべて	
免 許		Gen以上	実験局のみ	

```
KL7(アラスカ)非常用          G(英国)        W(アメリカ) G(英国)
5100         5200              5300              5400  (kHz)
                                                    W(アメリカ)
                                                    G(英国)
         5169   5195   5260 5280 5290  5332  5348 5368 5373 5400 5405
                   DJ(ドイツ)Beacon
```

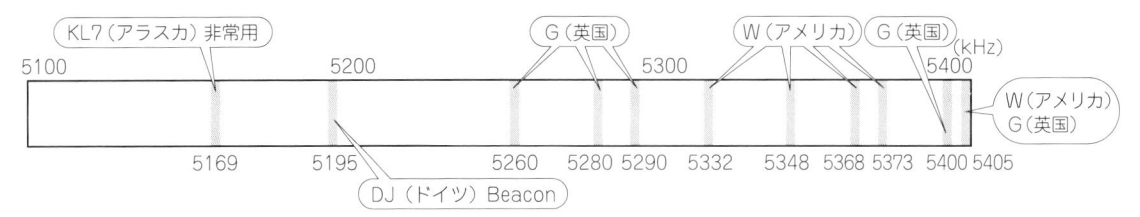

● 世界3か国でアマチュアに許可．アメリカはUSBのみ．イギリスは3kHz以下の帯域モード実験局．ドイツはビーコン1波のみ許可．

5MHz帯の二次分配案は，欧州勢による放送バンドの350kHzの拡大提案に，「脚注」として付けられていました．しかし，放送バンドの拡大提案自体が却下されたため，それと一緒にボツとなってしまいました．なお，一部の諸外国と同じように，正しく割り当てられた既存の無線業務に混信（干渉）さえ与えなければ，日本でもスポットでぜひ，割り当てを行ってもらいたいものです．

現在，日本での5260～5410kHzの使用状況はKDDI，航空自衛隊，気象庁，警察庁，NTT，JALなどのようです．北米～欧州共通チャネルとなっている，5405kHzにいた気象ファックスJMJ2は2001年にQRTしています．

7MHz

日本では7000～7100kHzは従来から許可されており，7100～7200kHzへの拡張は2009年3月30日以降の見込みです．第1，第3地域での7100～7200kHzは，WRC-03時にアマチュア業務に割り当てられ，2005年1月1日からアマチュアのものになっています．ただし，周波数分配表に以下の脚注が付けられ「おあずけ」となっていました．
　　　　＊　　　　＊　　　　＊
5.141C：第1，第3地域では，7,100～7,200kHzの周波数帯は，2009年3月29日までは，一次的基礎で放送業務に割り当てられる．
5.141B：2009年3月29日のあと〔つまり30日以降〕でも，日本では固定・移動業務（航空移動を除く）にも，一次的基礎で割り当てられる．
　　　　＊　　　　＊　　　　＊
第二地域だけが従来からアマチュアバンドとして使っています．

WRC-07では，アマチュアへの7000～7300kHzの全世界共通の割り当てが議論されることもありませんでした．むしろ，放送バンドの拡張要求からの防戦を意識しなくてはなりませんでした．さらに次回WRC-11の暫定議題にも載りませんでした．日本での現状の使用状況は，Radio Japanが7200kHzと7225kHzで運用中です．

● 最近の7MHz

最近は4エレ程度のビーム・アンテナのビッグ・ステーションも多く，このクラスなら冬場は正午を除くとオンフレQRVが可能なCWであれば，常時DXとQSOできるほどです．

一方，夜間の正規パスを使えばローパワーと簡易アンテナでも楽にCWでDXが狙えます．通常は7000～7010kHzのローエッジがCW DX用に使われています．昼間はここで和文ラグチューをする局もいます．昼間の国内QSOは，和文ラグチューがほとんどを占めており，JA局同士の欧文ラバースタンプQSOは稀にしか聞こえなくなりました．これは前述のハム暦のベテラン化が最大の理由と思われます．

2005年あたりから中国南西部からの非常に強いOTHレーダ波がCWバンドを狙い打ちするように輻射されており，世界的に大問題となっています．

1 モールス通信 最新情報

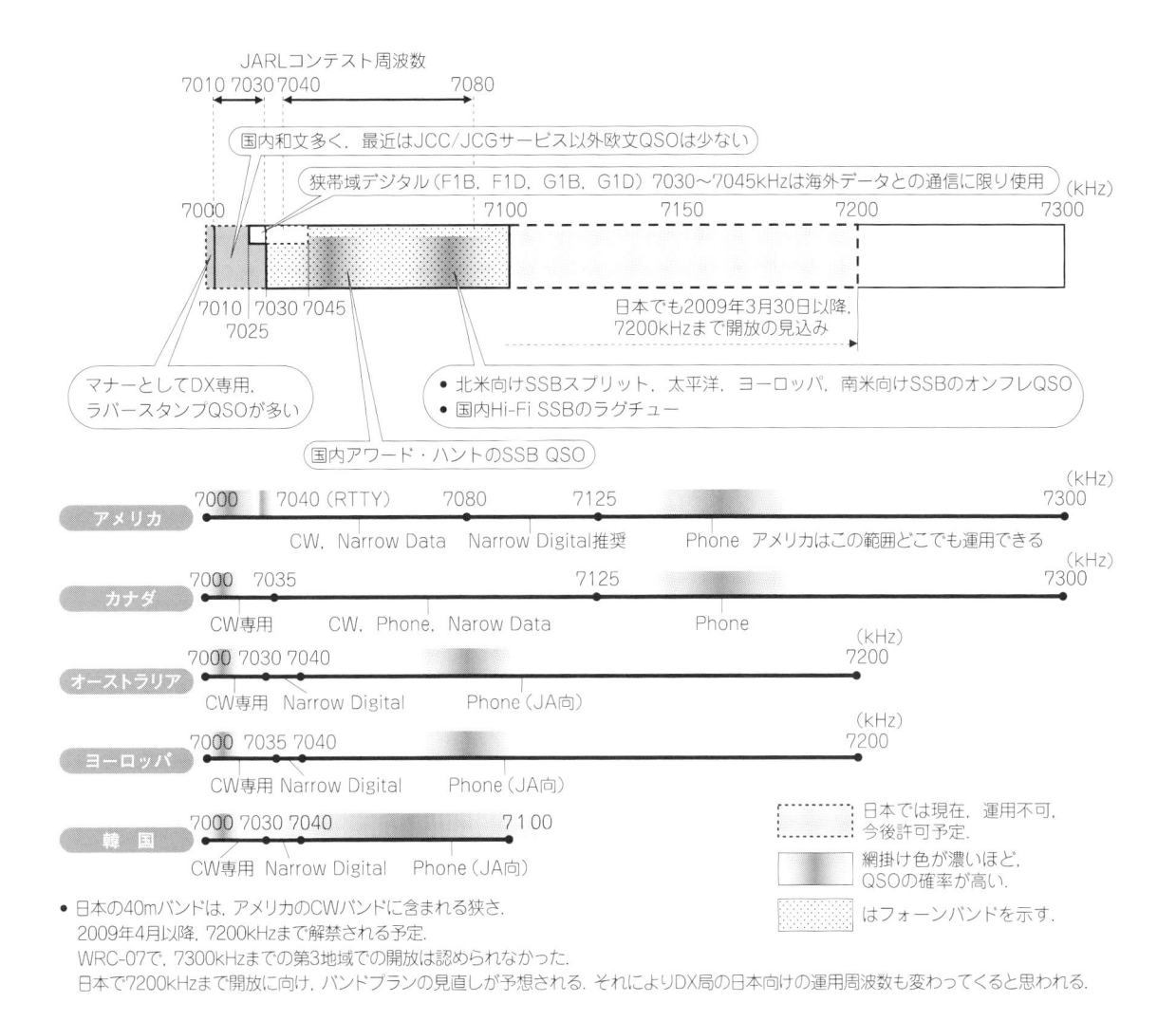

```
                JARLコンテスト周波数
           7010 7030 7040        7080
           ┌──┬──┬──────┐
           │国内和文多く，最近はJCC/JCGサービス以外欧文QSOは少ない│
           │狭帯域デジタル（F1B, F1D, G1B, G1D）7030〜7045kHzは海外データとの通信に限り使用│  (kHz)
    7000         7100      7150      7200         7300
    ├────────────────────────┤
         7010 7030 7045              日本でも2009年3月30日以降，
              7025                   7200kHzまで開放の見込み
    マナーとしてDX専用，
    ラバースタンプQSOが多い
                    ● 北米向けSSBスプリット，太平洋，ヨーロッパ，南米向けSSBのオンフレQSO
                    ● 国内Hi-Fi SSBのラグチュー
                 国内アワード・ハントのSSB QSO
```

アメリカ　7000　7040(RTTY)　7080　7125　　　　　　　　　　　7300 (kHz)
　　　　　　　CW, Narrow Data　Narrow Digital推奨　Phone アメリカはこの範囲どこでも運用できる

カナダ　7000　7035　　　　　　7125　　　　　　　　　　　7300 (kHz)
　　　　CW専用　CW, Phone, Narow Data　　Phone

オーストラリア　7000 7030 7040　　　　　　　7200 (kHz)
　　　　　　CW専用 Narrow Digital　Phone (JA向)

ヨーロッパ　7000　7035　7040　　　　　　　　7200 (kHz)
　　　　　CW専用　Narrow Digital　Phone (JA向)

韓国　7000 7030 7040　　　7100
　　　CW専用 Narrow Digital　Phone (JA向)

凡例：
- 日本では現在，運用不可．今後許可予定．
- 網掛け色が濃いほど，QSOの確率が高い．
- はフォーンバンドを示す．

● 日本の40mバンドは，アメリカのCWバンドに含まれる狭さ．2009年4月以降，7200kHzまで解禁される予定．
WRC-07で，7300kHzまでの第3地域での開放は認められなかった．
日本で7200kHzまで開放に向け，バンドプランの見直しが予想される．それによりDX局の日本向けの運用周波数も変わってくると思われる．

160m，80mバンドいずれとも発射場所，変調方式が異なるようです．いずれも世界中のハムが政府行政機関を通じて中国当局に公式クレームを入れていますが，この国際法（ITU-R）違反の電波は一向に停波する気配がなく，ゲリラ的に止まっては出るのを繰り返しています．

CW入門者が始めて7MHzをワッチして，この妨害波で何も聞こえないことに失望しないよう，ベテラン・ハムの方は，これがアブノーマルな状態であることをぜひ教えてあげてください．同時に公式ルートを通じて中国当局へ粘り強く停波要求を送ることが重要です．

このバンドのDXを盛んにした原動力となったアンテナは，なんと言っても2エレHB9CVクラス（**写真1-25**・次頁）の製品発売があったからでしょう．現在はこれが標準レベルとなり，多素子ビーム・アンテナも多くなりアンテナの大型化が進んでいます．一方では，狭いスペースでアースも確保できないアパマン・ハムには，½λツェップ型のワイヤ・アンテナや，ダミーロードで終端した先に

エレメントを付けてSWRを安定させたホイップやバーチカルなど，ユニークなアンテナも初心者が気軽に使えるので人気があります．

● **侵入電波問題**

1990年代以前の世界冷戦時代は，おもに某共産主義，社会主義国からのジャミング（広いスペクトラム帯域のノイズでキャリアを周波数変調した妨害波）で夜間はまったく使用できないバンドでした．これは政治思想の異なる国がハムバンド内で放送局を運用しており，それを聞こえなくするように潰すことが目的でした．このように7MHzの歴史は侵入妨害波との葛藤の歴史と言っても過言ではないのです．

冷戦崩壊とともに，国際社会からの強い要請でジャミングが中止されるや，夜間の7MHzは本来持っていたDXのメインストリートのすばらしいバンドに変貌しました．これが停波してから2005年までは，大変静かなDX用のすばらしいバンドだったと言えましょう．この状態が7MHz本来のすばらしいパフォーマンスなのです．しかし，残念なことに，上述のように国際法違反の侵入電波QRMは今も絶えることはありません．

● **どのように運用するか**

1990年代あたりまでのJAハム発展期，昼間の国内は入門用の欧文ラバースタンプQSOであふれていました．CW初心者は，いつでも相手に困らず練習できる環境がありました．現在は，7010～7030kHz付近で，昼間の国内QSOは，そのほとんどが和文ラグチューで行われています．和文の得意なベテラン・ハムの方々には，とてもFBなバンドです．

一方，初心者が欧文ラバースタンプQSOの相手を探そうとしても，なかなかそのチャンスがあり

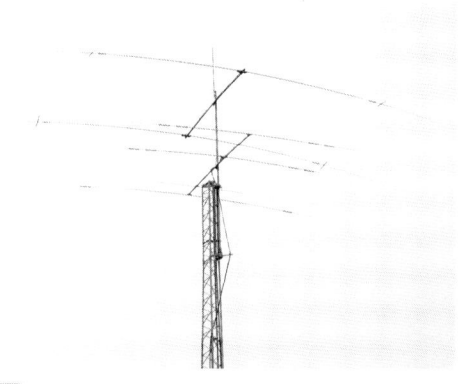

写真1-25　7MHz 2エレHB9CVアンテナ（上段）の一例

ません．欧文でのQSOはJCC・JCG・IOTAなどの移動サービス運用局が「コールサイン＋599」のレポート交換のQSOを行うのがほとんどです．ですから，後述するように入門者はこれを探して呼ぶ練習をするのも一考です．初心者がDXとのQSOで欧文CWを練習しようとしても，設備と電波伝搬，QRMなどの理由により難しい場合が多いのです．7MHzの昔は入門者には最適のバンドでしたし，SSBでの国内QSOは今もそうです．しかしCWでは状況が激変しており，7MHzのCWバンドの昨今を比較すると日本のハムの変貌を実感します．

入門者に適したゆっくりした速度の欧文ラバースタンプQSOは，現在ではアメリカのジェネラル級がQRVできる7025kHzより上が唯一かもしれません．しかし，伝搬パスの安定性や時間を考えると初心者の練習というには無理があると思われます．しかも，ここは日本では狭帯域デジタルとの供用使用区分にもなっています．狭い日本のデジタルバンドは国際RTTYコンテストでは，最近のデジタル通信の盛況で，溢れ返っている状態です．夜間の国内伝搬については，冬場はスキップしてしまいほとんど伝搬パスがありません．夏場はコンディションによっては国内もひらけますが安定

1 モールス通信 最新情報

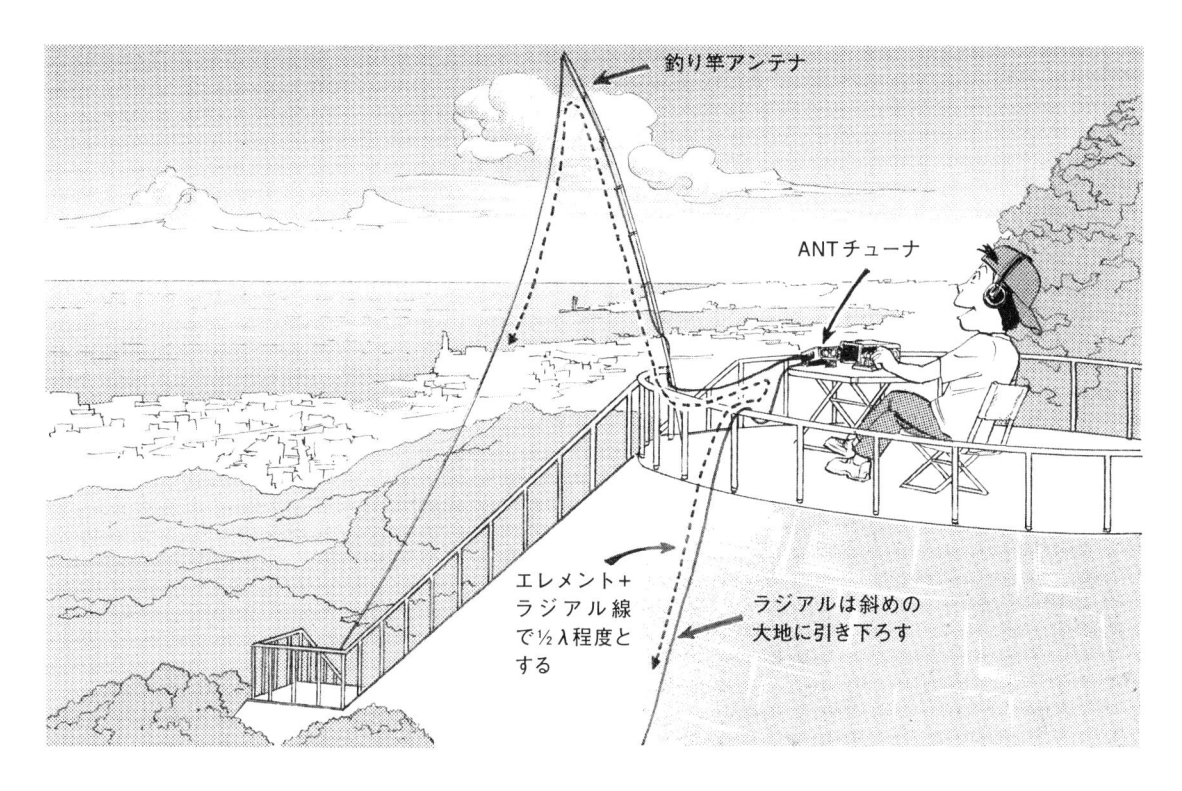

図中ラベル:
- 釣り竿アンテナ
- ANTチューナ
- エレメント＋ラジアル線で½λ程度とする
- ラジアルは斜めの大地に引き下ろす

的ではないため，パスとしては3.5MHzが夜間の国内パスのメインになります．現状は，CW入門用としては，アワード，国内コンテストと和文のベストバンドと言えましょう．

10MHz

CW専用のWARCバンドで，1979年から許可されました（現在はWRCですが当時はWARCといい，その名残）．どちらかといえば7MHzに近いコンディションで夜間はDX，昼間は国内向けです．DXはもっぱら10100〜10110kHzあたりのローエッ

ジですが，開放直後はW（アメリカ）が10120kHz付近しかQRVできない時代があり，その名残で10120kHz付近に好んでQRVするDXもいます．

国内は，平成の市町村大合併で誕生した新市移動運用サービスによる10125〜10150kHz程度での「コールサイン＋599」方式のショートQSOでアワード用のQSLカードを効率良くコレクトするスタイルが目立ちます．欧文のラバースタンプQSOも，和文ラグチューも少なく，DXハントか国内アワード・ハントの両極端という感じがあります．これも上級ハムだけが免許されることによ

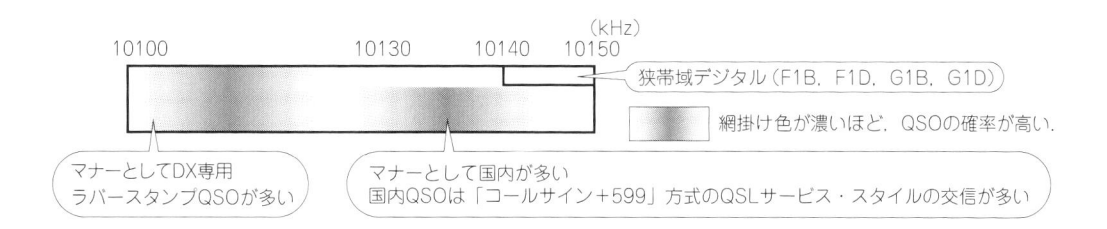

帯域図:
- 10100 10130 10140 10150 (kHz)
- 狭帯域デジタル (F1B, F1D, G1B, G1D)
- 網掛け色が濃いほど，QSOの確率が高い．
- マナーとしてDX専用ラバースタンプQSOが多い
- マナーとして国内が多い 国内QSOは「コールサイン＋599」方式のQSLサービス・スタイルの交信が多い

るベテラン化に起因するのかもしれません．

一方で，手頃な波長のため，簡単なワイヤ・アンテナでも昼間は国内が安定なので，最近流行のコンパクトHF機をリュックに入れ，ウォーキングを楽しみながら行き先で休憩がてら立ち木にちょっとワイヤを引っ掛けてCW運用，という健康志向も流行しているようです．

アマチュアは2次業務なので国際的には業務通信が聞こえることがありますが，7MHzのような酷い使われ方はされていませんので，大切に守りたいものです．

14MHz

日本では2アマ以上に免許されます．コンテスト以外のCWによる国内QSOは，アワード用のQSLカード移動サービス以外は和文も含めてほとんど聞こえません．

一方で，DXは24時間，ほぼどこかとパスがひらけています．ですから初心者がラバースタンプQSOを安定なコンディションで実践経験するには，日本から距離が近くパスが安定なアジアの局を探すのには最適です．現在の国内法のもとでは，2アマをぜひ取得していただき，最初は海外局との欧文QSOでCWをスタートするのに絶好のバンドといえます．

アンテナも簡単なダイポールやアースの不要な$1/2 \lambda$バーチカルでも長さ10m程度で製作でき，これで普通のDX QSOなら十分です．初心者がラバースタンプQSOの相手に狙うDX局の場合，パイルアップになることは，まずありませんから出力10～200W程度のトランシーバとベランダに建てたアンテナがあれば十分でしょう．バーチカルでもアースが必要なトラップ・バーチカルや，モービル用の$1/4 \lambda$短縮ホイップ・アンテナは接地環境によってその性能が大きく左右されるので，経験を積んでから使用することをお勧めします．

● **欧文の絶好の練習場**

14MHzはもっともDXに電波が飛ぶバンドなので，CW義務のない初級局には免許されない，というルールです．しかし，ことCW初心者の育成という視点から見ると，国内ハムのベテラン化で，従来，初級局のCW入門バンドとされてきた7MHzで和文QSOが盛んな現状を考えると，むしろ安定にDXと欧文ラバースタンプQSOができる14MHzが，CW初心者向けに最適ということになります．

法的に，HF帯オペレーターへのCW義務が国際的になくなったわけですから，初級局のHF帯国際通信を規制する理論的根拠もなくなったわけです（初級局がV/UHF以外を許可されたのは出力10W程度の18MHz以下，24MHz以上の電波は

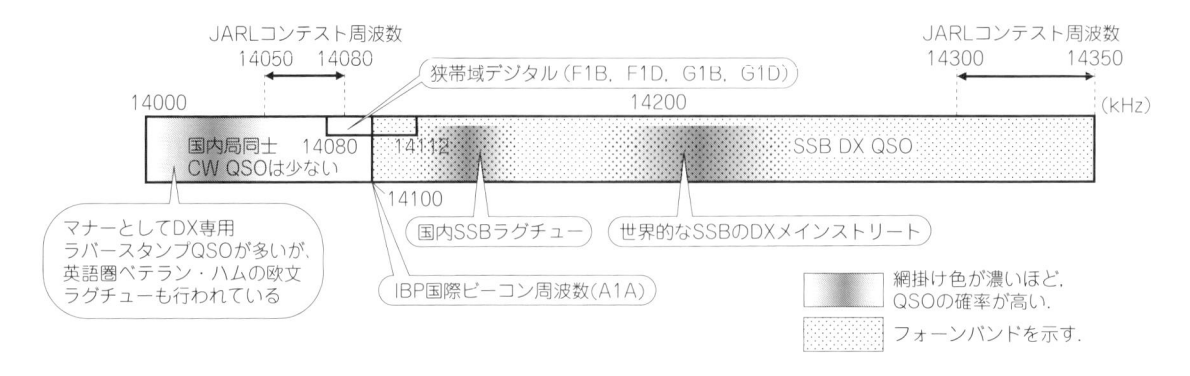

1 モールス通信 最新情報

海外へは飛ばないという解釈であった）.

しかし，十分注意していただきたい点は，14MHzはハムの黄金バンドですから，全世界のベテラン・ハムが必ずDXを狙い，誰でも聞いているバンドなのです．DXペディション，全世界規模のコンテストなどの際はバンドが激変しますから，こういった情報に十分注意する必要があります．できればそういったイベントへ積極的に参加するように心がけると進歩が大きく，楽しみも広がります．

最後に触れておきたい重要なことは，ここから上のバンドは，後述するIBPビーコンが発射されていますから，コンディションの把握には非常に有効です．ぜひ，活用してください．

参考までに，1970年代後半くらいから旧ソ連が，OTHレーダをこのバンドで盛んに運用し，世界的に大変なクレームになった時代が続きました．ウッドペッカーという俗称で啄木鳥が木を叩く音のように聞こえたパルス状のQRMでした．これは冷戦崩壊とともにかき消すように停波しました．

18MHz

14MHzについで，DXに最適のバンドです．3アマ以上に免許されますので，太陽黒点が上向いてきたサイクルの時期であれば，DX相手の入門バンドに適してきます．

太陽黒点数が高いサイクルに入ると14MHz以上にDX向けのバンドとなりますので，ぜひとも3ア

マにチャレンジいただき，このFBなバンドを体験してください．

アマチュア無線以外の得体の知れない侵入電波はほとんどなく，大変静かなバンドです．WARCバンドはコンテストへ使用しないことが世界的にルール化されている点でも，週末，各バンドがコンテスト参加局であふれているときでも，ゆっくり落ち着いて普通のQSOができます．

● **初級局に最適のCWバンド**

日本は世界一のハム王国ですから，DXをいつも呼ぶ立場の場合が多いですが，18MHzは，後述する24MHzと並んでCQを出すと逆にDXから呼ばれる場合がかなりあります．しかもQSOを終えると，自動的に次々と立て続けに呼ばれる経験をします．

日本のベテラン・ハムは，ほかのハイバンドは4エレ以上のシングルバンド多素子八木を上げておられる方が多いですが，WARCバンドに限っては，キュービカルクワッドを使っていらっしゃる方以外は，WARCマルチバンド用の2～3エレ八木程度のトラップタイプ短縮八木を後から上げた方が多いようです．つまり18MHzの5エレ・モノバンダーのクラスを単独で上げているOMは少ないのです．その意味から入門者との設備差がそれほど大きくありません．

国内同士のQSOは移動サービス運用以外，ほとんど聞こえず，もっぱらDX局が相手となります．

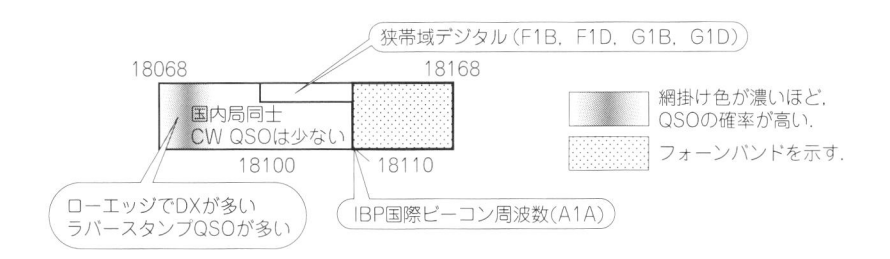

43

21MHz

　初級局のDXメインバンドです．しかし，太陽黒点に左右されるため，常時DXができるわけではありません．

　しかし，24/28MHzほどに太陽黒点の影響を大きく受けにくく，コンディションの良いときは，夜間でもDXが良好にひらけるので，DXコンテストでの大きな得点源となるバンドです．それだけにベテラン局は5エレ以上のフルサイズ八木に1kWが標準設備ですから，本格的にDXを追いかけ始めると，パイルアップでは簡単には順番が回ってきません．自分の身の丈をよく認識した運用が必要といえます．強引に力で呼んでも世界的なパイルアップの壁は破れるものではありません．

　かつてアメリカの入門資格であるノビス級（現在は廃止）は21100～21150kHzだけしか免許されませんでしたので，ここが世界的な入門者用ラバースタンプQSOの練習場でした．国内も含めて，いつも誰かが25～40字/分（5～8WPM）の低速CWで優しいQSOをしていましたので，安心して練習できました．最近はこういった光景を滅多に聞かなくなり，寂しくなってしまいました．

　入門者の方は21000～21050kHzあたりをワッチして，比較的ゆっくりしたCWで強く聞こえるアジア，アメリカ，太平洋，ヨーロッパの局を探して相手をしてもらうのがFBでしょう．ただし局も多く，比較的良く聞こえるアメリカ，オーストラリアのベテラン局はNativeですから，CWの技能以外に英語力の点で一枚上手です．この点をよく配慮しておかないと，CWは取れたが意味不明ということになります．その点，アジアの局は距離が近いので信号も強く，ネイティブではないので，初心者のラバースタンプQSOの練習には最適です．

　参考までに，このバンドも1970年代後半くらいから旧ソ連のOTHレーダの標的となりました．しかし，長い歴史の中で侵入妨害波は，これ以外顕著な例はない，大変静かでDXを狙いやすいバンドです．

24MHz

　WARCバンドで唯一，4アマ局に免許されるバンドです．太陽黒点が高いサイクルに入らないとDXがひらけませんが，一度DXにコンディションがひらけると，一方的に呼ばれる経験ができます．それほど，たくさんのJA局がメインバンドとして運用していないからです．このバンドもコンテストには使われません．

　国内局同士のQSOはSSBでは聞こえますが，CWの場合は移動サービス運用以外ほとんど聞こえません．DXから立て続けに呼ばれ続けているベテラン局

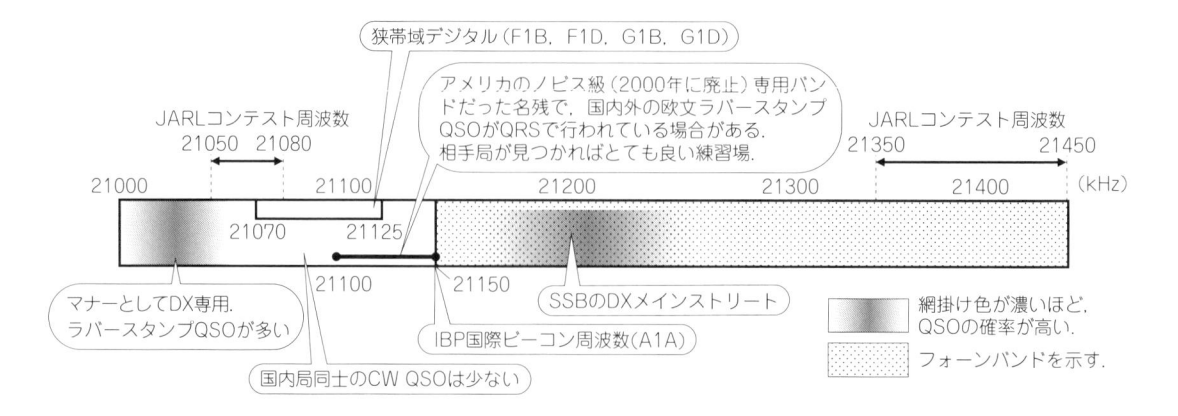

1 モールス通信 最新情報

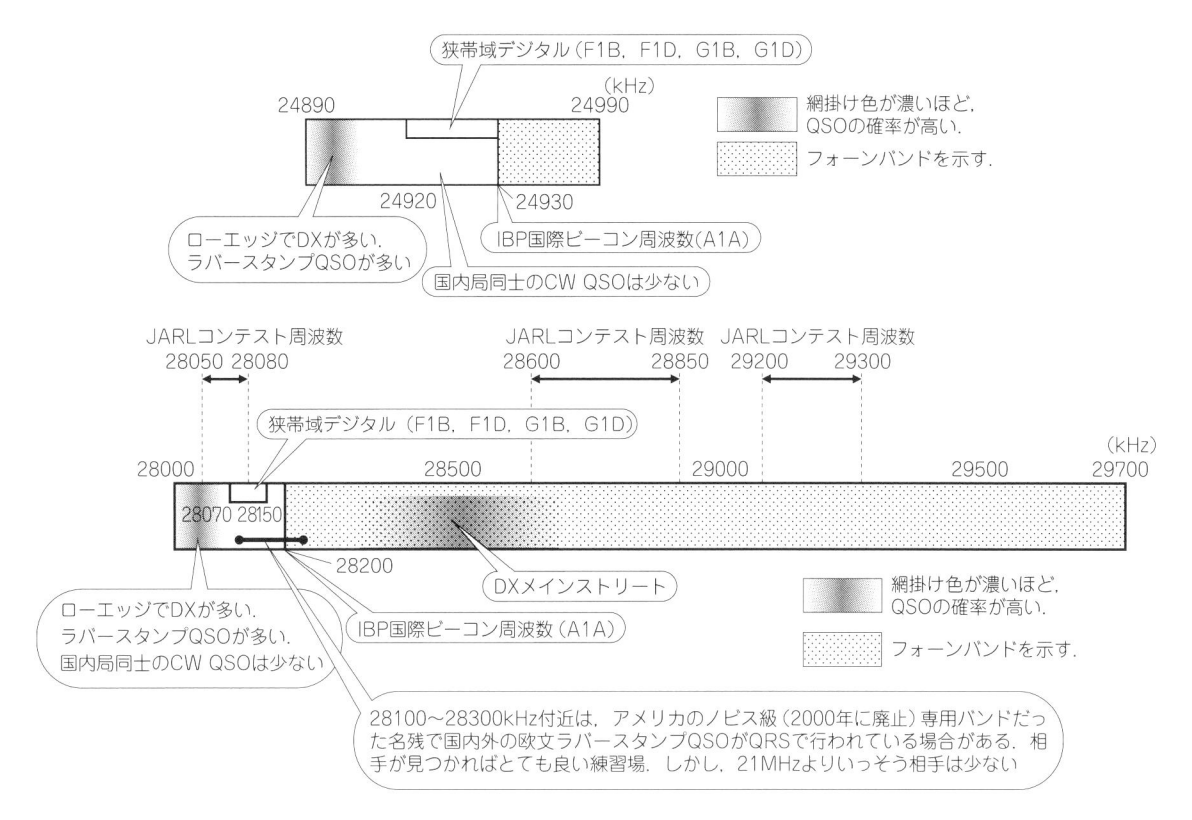

```
    狭帯域デジタル（F1B, F1D, G1B, G1D）
24890              24990  (kHz)
                                    網掛け色が濃いほど，
                                    QSOの確率が高い．
     24920   24930
                                    フォーンバンドを示す．
ローエッジでDXが多い．      IBP国際ビーコン周波数（A1A）
ラバースタンプQSOが多い
         国内局同士のCW QSOは少ない
```

```
JARLコンテスト周波数   JARLコンテスト周波数   JARLコンテスト周波数
28050 28080        28600   28850   29200   29300

    狭帯域デジタル（F1B, F1D, G1B, G1D）
                                                    (kHz)
28000    28500       29000       29500    29700
   28070 28150
           28200
              DXメインストリート
           IBP国際ビーコン周波数（A1A）
ローエッジでDXが多い．                    網掛け色が濃いほど，
ラバースタンプQSOが多い．                  QSOの確率が高い．
国内局同士のCW QSOは少ない                 フォーンバンドを示す．

28100～28300kHz付近は，アメリカのノビス級（2000年に廃止）専用バンドだっ
た名残で国内外の欧文ラバースタンプQSOがQRSで行われている場合がある．相
手が見つかればとても良い練習場．しかし，21MHzよりいっそう相手は少ない
```

の運用法をワッチすると勉強になると思います．

28MHz

　太陽黒点が上がらないとひらけないバンドです．国内はおもにスポラディックE層による夏場の突発伝搬がメインとなります．DXはF層の正規伝搬です．特に太陽黒点が高いサイクルの春と秋は，午前中はアメリカ方面，昼は南米，太平洋，夕方はヨーロッパが大オープンするすばらしいバンドです．侵入電波もほとんどなく，コンディションがひらけると，普段はノイズだけのバンド中が，DXの信号で埋め尽くされる大オープンとなります．数時間呼ばれ続けても，後が尽きないくらいDXが湧き出てくる感じです．

　特にコンテスト時は昼間一日呼ばれ続けることも可能です．出力100Wと3エレ八木程度の設備でも，この感覚を体験できる点は14MHzあたりのバンドと大きく違う点です．10年ごとに楽しみが回ってくる，"テンメータマン"という呼称ができるほど，魅せられるバンドです．

1-11　ローバンドのビーコン

　14MHz以上のハイバンドは，IBPビーコン（http://www.ncdxf.org/beacons.html）がきわめて有効です（**Column**参照・次頁）．しかし，残念な点は14MHz止まりで，ローバンドのビーコンがないことです．7MHzや3.5MHzはハムバンドの近くに放送バンドがありますので，民間放送をあらかじめ調査し

COLUMN

IBPビーコン

14100，18110，21150，24930，28200kHzで，世界のおもな都市から図に示すようにIBPビーコンがハムのボランティア活動で発射されています．NCDXF（The Northern California DX Foundation）のホームページ（http://www.ncdxf.org/beacons.html）に詳細が掲載されています．

地図の各局が全世界で送信タイミングを同期して矢印の順番で送信して，3分間で世界1周します．

CWにてコールサインと4段階の連続キャリア（100W→10W→1W→0.5Wの順でパワーダウン）が発射されます（図下に示すのが時間とパワーのイメージ）．

使用アンテナも½λダイポールか垂直モノポールなので，特にローパワーでCWを楽しむには，このパワーダウン信号が大変有効な目安になります．地球の裏側からの出力0.5Wとダイポールの信号がはっきと聞こえ

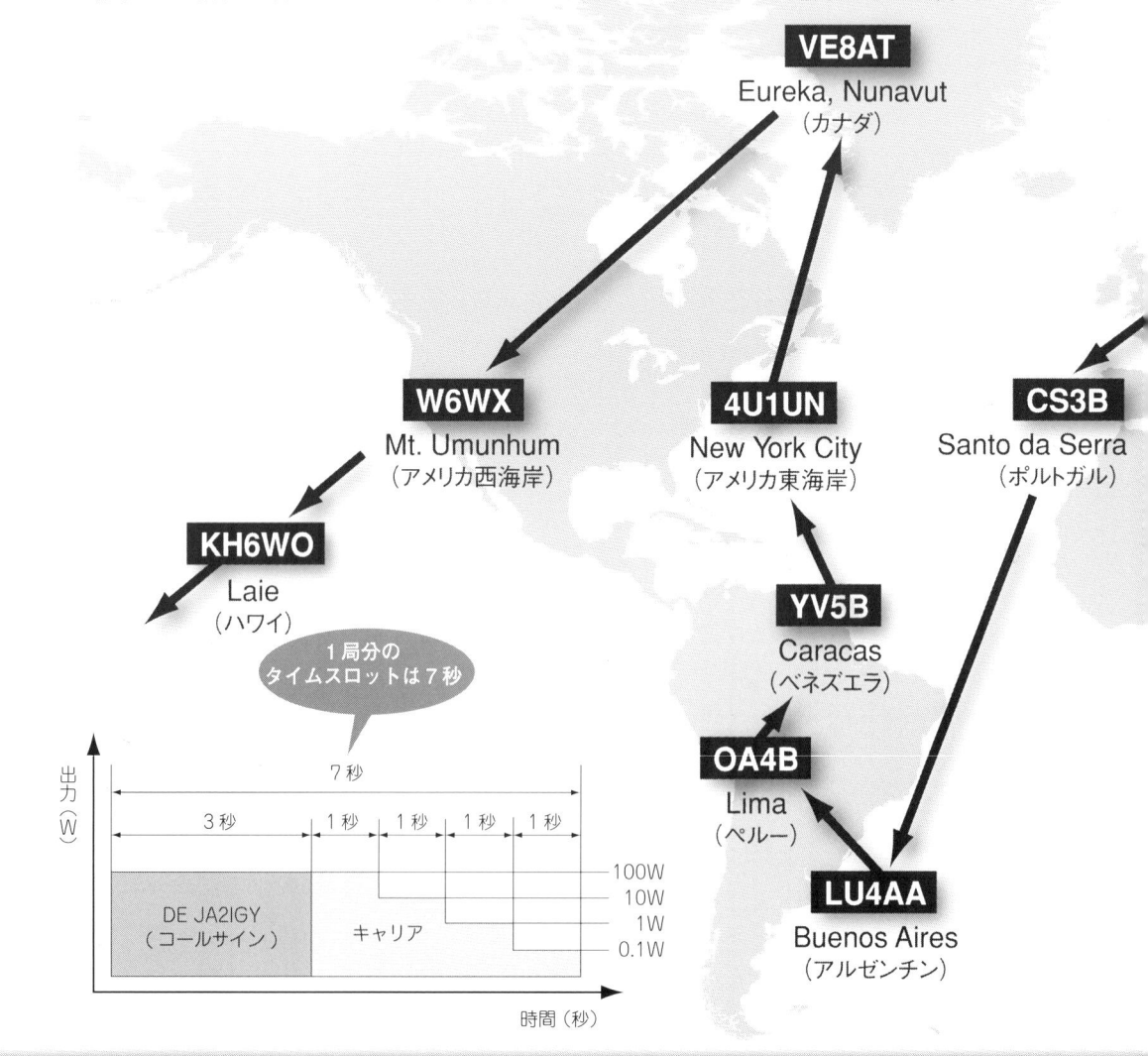

VE8AT
Eureka, Nunavut
（カナダ）

W6WX
Mt. Umunhum
（アメリカ西海岸）

4U1UN
New York City
（アメリカ東海岸）

CS3B
Santo da Serra
（ポルトガル）

KH6WO
Laie
（ハワイ）

1局分のタイムスロットは7秒

YV5B
Caracas
（ベネズエラ）

OA4B
Lima
（ペルー）

LU4AA
Buenos Aires
（アルゼンチン）

出力（W）／時間（秒）
7秒：3秒（DE JA2IGY コールサイン）＋1秒＋1秒＋1秒＋1秒（キャリア 100W／10W／1W／0.1W）

1 モールス通信 最新情報

るのは驚きです．そんな日は，集合住宅のベランダに建てた½λバーチカルと出力50〜100W程度のパワーでもDXから呼ばれることもあるくらいFBなコンディションです．

　経験を重ねるとIBPビーコンがどの程度で聞こえれば，自分の設備でどのくらいDXができるかの感触がつかめるようになります．ぜひ，IBPビーコンをワッチして，運用バンドと狙うエリアを決め，効率よくCW運用を楽しみましょう．

　そればかりか，電波伝搬実験，無線機やアンテナの評価試験にも極めて有効です．比較したい2台の無線機やアンテナを切り替えながらIBPビーコンを聞けば，これ以上簡単かつ実践的評価方法はありません．

　本書の第7章で紹介するコンディション予想のWebページやソフトウェアとあわせて利用するとDXへのオープンを自分で予想でき，効率的に運用が行えます．

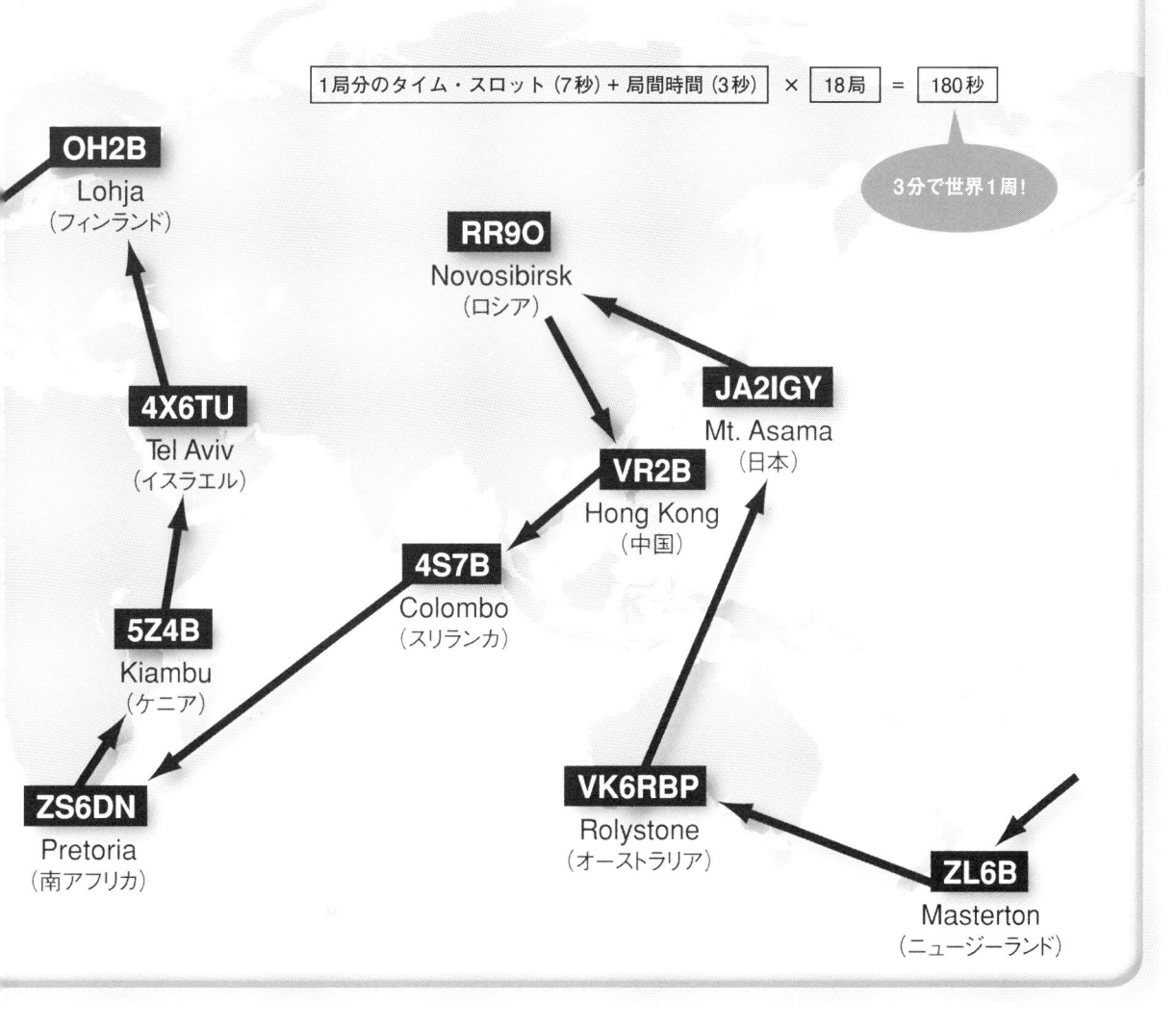

| 1局分のタイム・スロット (7秒) + 局間時間 (3秒) | × | 18局 | = | 180秒 |

3分で世界1周！

OH2B Lohja（フィンランド）

4X6TU Tel Aviv（イスラエル）

5Z4B Kiambu（ケニア）

ZS6DN Pretoria（南アフリカ）

4S7B Colombo（スリランカ）

RR9O Novosibirsk（ロシア）

VR2B Hong Kong（中国）

JA2IGY Mt. Asama（日本）

VK6RBP Rolystone（オーストラリア）

ZL6B Masterton（ニュージーランド）

47

ておけば，良いパイロット信号として活用できます．

問題は1.8MHzです．昔はアメリカ西海岸にKPH（2045kHz），ヨーロッパはドイツにDHJ（1830kHz）など，絶好の商用局があったのですが，現在は廃止されて適当なパイロット信号となる目標がなくなりました．

そこで，アクティブな著名DXerビッグガンの信号を頼りにするしかコンディション判定の方法がありませんでした．

しかし，ごく最近になって，ルーマニアのYR2TOPというパイロット局が30m高の逆Vに最大100W（パワー可変）1810.5kHzでハムのボランティアによりビーコンを出し始め，これがヨーロッパ方面へのパイロットとなっています．

日本の2.5MHzの標準電波は長波へ移行してしまいましたので，アメリカ（WWV，2.5MHz），ハワイ（WWVH，2.5MHz），中国（BPM，2.5MHz），カナダ（CHU，3.33MHz）などが残るのみとなりました．ただ，1.8MHzと離れているので必ずしも同じ伝搬とは限りません．

日本の160mバンド内でピッピッと聞こえる信号や，アルファベット3文字のID信号は，海上ブイの出力数Wの信号や航法ビーコン信号と思われるので，日本近海が伝搬の限界です．海外から日本へのパスを確認するパイロットとしては，残念ながら使用できません．

1-12　ハムバンド防衛

前項では，CWをおもに運用するLF，MF，HF帯について述べてきました．わたしたちハムは電波法を勉強，遵守するとともに，電波行政へも協力と働きかけを行い，さまざまな社会貢献とともに周波数権利の調整を重ねて，今のバンドがあります．これは非常に重要で今後も大切な活動です．

● 海外侵入電波

その一方でバンドプランの解説でお話したように，おもに政治的要因で，国際法違反の進入電波に対しては，粘り強い公式クレーム行動が大切です．

最近の大きな問題はローバンドで顕著な中国のOTHレーダ波が代表例です．長い歴史では，類似の繰り返しになりますが，われわれハムは行政手続きに添って，クレームをしっかり中国当局へ伝えるのが何より重要です．一人ひとりの力は小さくても，ハムの数を生かしたいものです．

● 無線局以外の産業用システム

わたしたちハムは電波法を勉強するとき，とかく無線局の周波数利用状況だけに，注意がいきがちです．しかし，無線局以外にもさまざまな産業用の通信システムが存在します．これらにも独立した周波数割り当てがあります．供用割り当ての場合はお互いの干渉問題が予想されます．これらもHF帯でのCW運用には極めて重要です．

例えば，将来のバンド拡張などを展望すると各種システムがあります．これらは，無線局ではないので，ややもすると見逃しがちです．業務無線局のHF帯から撤退傾向とデータ通信の高速化を考えた場合，無線局ではない通信方式や高周波利用設備への新たな割り当て許認可を，われわれは技術行政・規格動向に常に注意を払っておく必要があります．

● 一般電子機器

そのほかにも，電波法に方式規定されず，周波数割り当て対象外の方式で，一般電子機器が輻射

1 モールス通信 最新情報

する不要輻射ノイズ（インバータ，スイッチング電源，各種ディスプレイ，そのほか電子機器など）が特にローバンドで近年非常に多く受信されます．シールド効果のない，木造家屋で，しかも架空の電線に繋がることも雑音輻射を大きくしていると思われます．これらは経済産業省の所轄です．VCCI（Voluntary Control Council for Information Technology Equipment），CISPR（国際無線障害特別委員会），IEC（International Electrotechnical Commission）などの業界規格があっても，規定測定条件とフィールドでの実使用状態は異なるわけです．これら不要輻射雑音はCW DX通信の大きな障害になりつつあります．

例えば160mバンドは，都市部で1700～2000kHz間をスィープしてみますと，ブーンというようなAM/FM変調されたような，実にいろいろな電子雑音が強力に受信されます．3.5/7MHzでも，街中をモービルなどで走行しながらスィープすると，正体不明の強力なノイズ信号が受信できます．これらは民家や一般商業施設からのもので，今後ますます増加が予想されます．CWバンドにとっては大きな危機です．

● マイクロ波，ミリ波，バンド防衛

近年の日本の動向は，3.8MHz，7MHzに見られるよう，世界的に見て，ハム人口に比べ異常に狭かったローバンド拡張がようやく実現してきました．しかし，その一方で，業務用の移動通信系で切迫しているUHF帯，マイクロ・ミリ波帯のハムバンドが危機に直面しています．

身近な例では2.4GHz帯はISMバンドとして他業務と共用です．都心部の見晴らしの良い場所で一度ワッチしてみてください．無線LAN，特定小電力無線，無線タグなどの電波で溢れかえっている状態です．433MHzのアクティブ無線タグも共用です．

皆さんの生活の一部となっている携帯電話の専有周波数帯幅は，その利用人口に比較すると驚くべき狭い周波数帯に限定されています．そのため，QPSK，QAM変調をさらにSS変調したり，OFDM変調したりと，極限まで周波数の有効利用を図っています．その一方で，近接した1.2GHz帯のハムバンドは，最近局数は減り，F3Eアナログ変調（一部D－STARなどデジタル方式もありますが）です．これをスペクトラム利用度という視点で見ると，業務通信に比べ，非常に大きいギャップを印象付けることになります．

出力にしても，一般人は400MHz，1.2GHz，2.4GHz特定小電力無線でSS変調やOFDM変調方式で約10mW程度が許可の上限です．アマチュアは上記のような利用効率の低い電波型式でも移動局で出力10Wまたは2Wまで免許します．つまり，利用効率×出力のトータル面積で考えると大きな特権と解釈されるとも考えられます．

われわれハムは上記のように，現在のハイテク技術と電波行政のうえで微妙なポジションにあることも認識し，世の中の動向に注意しながら日ごろのCW運用やアマチュア業務を行いつつ，ハムバンド戦略を考える必要があります．

● PLC（Power Line Communication）電力線搬送通信

前述した無線局以外の産業用通信システムの一方式が電力線搬送方式です．特にCW運用に影響が大きいため独立した節で解説しておきます．

2007年9月から日本国内で450kHzより上2～30MHz帯を使用する高速PLC方式が認可されました．PLC方式は，従来，電力線からの不要輻射防止のため450kHz以下に制限されていました．おもな用途は産業用製造プラントなど，特定現場の低速制御信号の構内伝送に適用されてきました．これを政府のu-japan計画に添って短波帯全域に拡大

49

し，民生用途にまで広げたものです．その審議過程で，短波帯への電波環境問題に重大な影響を与えることが，短波利用者から指摘されていました．

2007年には電波審議会の答申案で法制化がなされました．2008年現在，有志のアマチュア無線家の方々により，電波環境問題として国を相手に行政訴訟が行われています．米国のARRLも同様の訴訟をFCCに対して起こし勝訴したとのニュースが入っています．

簡単に，PLC方式の短波帯通信に与える影響を考察してみましょう．電灯線に十数MHzのデータ信号を伝送させれば，それが空間に輻射されます．電灯線は一見，平衡二線のようですが現実は不平衡なので，コモンモード輻射が存在します．電波環境への直接の影響は，ある規定距離離れた空間の電界強度で定義するのが一般的です．しかし，PLC方式は，これを電灯線へ流れ込む高周波電流の大きさで定義する方法が法制化しました．この定義では，その先にどの程度の長さの線がどのような条件で接続されるかによって，空間へ輻射される雑音電界強度は大きく異なってしまいます．

どのような線が接続されても，「PLC機器＋電灯線トータルでの電界強度」を自然界に本来存在する程度の雑音レベル以下にすると，PLC通信速度は実用的性能が出なくなります．そこで，PLC機器と，アンテナとなる電灯線を分離して定義できる「線へ流れる電流値」だけを定義して，分解点を機器単体に限定しました．

この法規定の雑音電流をフィールド条件での電灯線に接続すると，HF帯での無線通信ができないほどの雑音が空間に輻射されることが実験検証されました．そこで，自主的にアマチュアバンドだけOFDMキャリアを抜く（つまりアマチュアバンドだけはスペクトラムを抜き取って送信波が逃げる）ようにしています．このことを「フィルタ」とか「ノッチ」と言っています．これは法規定ではありません．短波放送，宇宙電波観測，防衛通信などはノッチの対象外なので，このようにしても，一般の短波帯への雑音は防げません．

ノッチは法的強制力がない，自主規制ですので，これがない状態でのハム有志の方の実験データによれば，一般木造家庭の電灯線が繋がった場合，それがアンテナとなってDX通信できないほどの雑音が近隣では受信されます．

● イミュニティ問題

一方，PLC機器側が外部から受ける影響を考えてみます．前述のハムバンドノッチは，PLC機器と線の間にハムバンド周波数帯の雑音をカットする素子を入れているわけではありません．あくまでハムバンドを避けてデータ送信しているだけです．ですから，ハムバンドの空間波は，電灯線がアンテナとなって，PLC機器へ無防備に飛び込みます．つまりインターフェアについては何ら対策されておらず，その規定もありません．

今後，PLCが家電内部へ組み込みマイコンなどとともに大量に使用される可能性なども想定して，われわれハムとして，EMC・イミュニティなどの電波環境問題に取り組みたいものです．

● 電波行政の研究と積極参画

最後に深刻なお話になってしまいましたが，ハムも受験時，電波法・国際法を勉強するだけでなく，日ごろからCW運用のベースとなる世界的視野での電波行政の研究が重要と思います．さらに積極的にそれに参画することが望まれます．

パブリックコメントや公聴会などは，ハム個人としても参画のチャンスはあります．さまざまな技術活動を通じて，よりアクティブにCWを楽しみたいものです．

第2章
試験制度で変わる CWの練習方法

本章ではCWの実践運用に焦点を絞り，モールス符号を覚えた方がどのようにすれば実際のハムバンドでQSOを楽しめるか？ 効率良く上達するにはどうしたら良いか？ などを検討します．ぜひ，ご自身で実践したり，入門者へのアドバイスのヒントなどにお役立てください．

モールス符号の覚え方，電鍵，パドルの操作方法の基本などは，他書との重複を極力避け，割愛していますので，この部分はほかのモールス通信関連の専門書を合わせてご覧ください．

2-1 資格試験とCW

モールス通信のプロ業務引退に伴い，世界的なライセンス規定の大幅な見直しがあり，ハムも電気通信術（CW）の学科試験が大幅に緩和されました．その動きは2000年4月15日にいち早くアメリカにて実施されました．GMDSS廃止の翌年ですので，さすがにアマチュア無線発祥の国だけのことはあり，状況変化に対する対応が迅速です．Novice級とAdvanced級のライセンスを廃止し，もともとCW義務のなかったTechnician級以外の資格試験のCW受信速度を5WPM（25字/分）に統一しました．さらに2007年2月23日以降は，アメリカのすべての資格試験からCWを全廃しました．

一方，日本では2005年10月1日以降，1アマ，2アマの電気通信術の試験を25文字/分の受信のみに，3アマは法規の筆記試験の中でモールス符号の知識を問うだけとなりました．さらに，日本

独自の養成課程講習会の制度については、3アマでは電気通信術の実技が廃止される一方、法規の学科が2時間から4時間へ加算されました。

以上がRRからCWの義務がなくなったことに対する日米の各主管庁が下した現時点での結論です。

アメリカを比較対象とした理由は、アマチュア無線発祥の国であり、なんと言ってもアクティブに活動している局数でいえば実質的なハム王国だからです。また、筆者はFCC試験（米国のハム免許）を受験し、ライセンスを取得した体験があるためです。

免許制度とCW人口

アメリカのARRL幹部の分析によれば、CWの試験を全廃した後のハムの数は減少に歯止めがかかり、わずかながら増加傾向にあり、CW愛好家の数も増えているとのことです。

一方、日本では終身制の無線従事者免許と5年期限の無線局免許が別々の仕組みなので統計判断

■ 日本のシステム

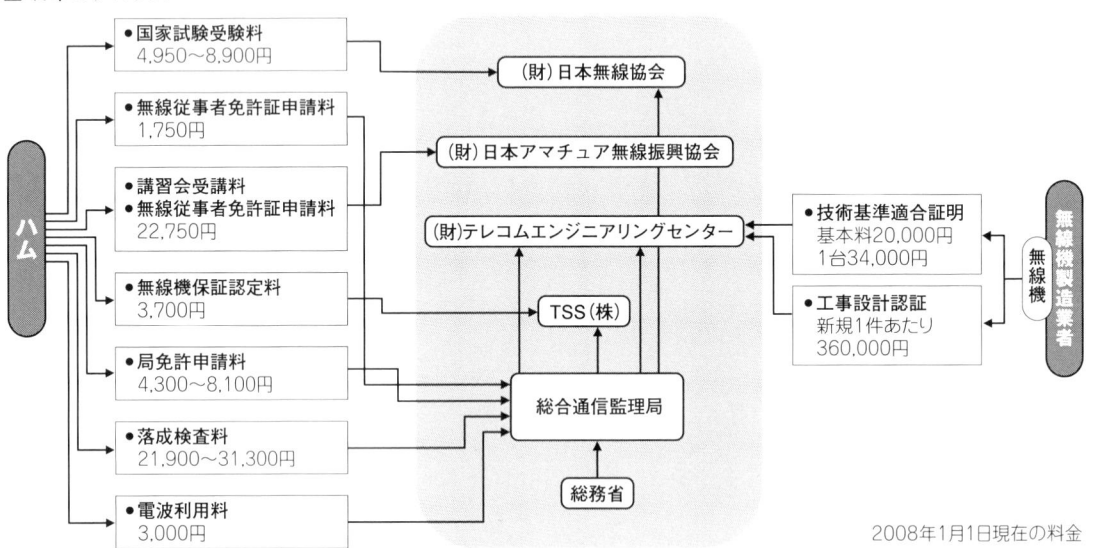

■ アメリカのシステム

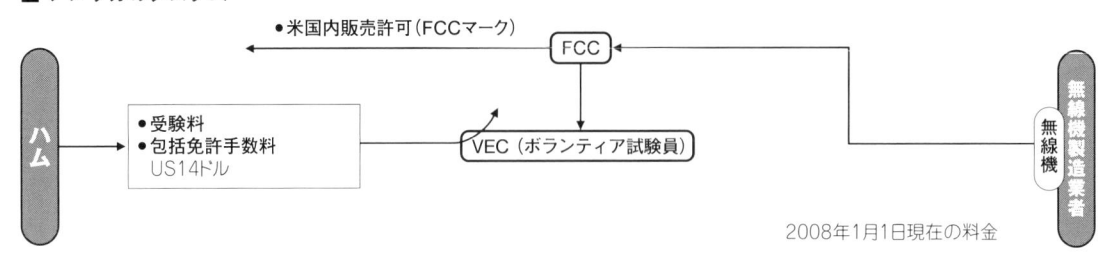

図2-1 日米のアマチュア無線免許・行政手続きの比較
日本で出力1kWのアマチュア無線局を開局する場合、受験から開局するまでに5万円以上のコストと数か月の期間を要する。一方、アメリカではわずかUS14ドルのコストと数週間で開局できる

2 試験制度で変わるCWの練習方法

は難しいですが，活動中のハム局数でみれば，減少に歯止めはかからず，同時に高齢化が進んでいます．ハム全体の数は減り，その中でCW愛好家の割合だけが増加傾向のようです．

これらはCWの試験制度だけの要因ではなく，移民の受け入れ，人口構成，包括免許制度，VEC制度などが有効に機能していることも要因と考えられます．

一方，日本の受験＆開局，検査，保証認定，技適，電波利用料，無線局の変更等諸制度の運用コストと時間，エネルギーなどがネガティブ要因となっていろいろからんでいると思われます（図2-1）．

制度改定時，世界的に多くの賛否両論がありました．アマチュア無線だけが最後の砦となったCWを試験から廃止すべきでない，という意見と，いやいや，アマチュア無線への入門者を増やす意味からも制度の簡素化は良いことだ，という意見が世界的に巻き起こりました．

RRにCWの義務がない以上，国内の資格試験にもCW義務は不要だという米国の論法が論理的のように思います．

一方，日本の制度改定は従来の流れや国内のいろいろな事情，立場にある方々を共に立てた折衷案という印象を筆者は持ちます．それはともかくとして，わたしたちは，この制度改定を受けて，それではいかにしてアマチュア無線界とCWを維持発展させ，入門者に道を開き育成していくかを検討してみましょう（表2-1）．

表2-1 日米ハムの資格試験・CW科目改定一覧

無線従事者規則　アマチュア無線技士国家試験　各資格CW科目の経緯

	第1級	第2級	第3級
平成17年10月1日以前	1分間60字の速度の欧文普通語による約3分	1分間45字の速度の欧文普通語による約2分	1分間25字の速度の欧文普通語による約2分間の音響受信
変更：平成17年10月1日以降	1分間25字の速度の欧文普通語による約2分間の音響受信（第1級・第2級共通化）		「法規」の試験においてモールス符号の理解度を確認（電気通信術試験廃止）

アメリカ　FCC VEC試験　各資格CW科目の経緯

クラス	2000年4月15日以前	2000年4月15日以降	2007年2月23日以降
Novice級	5WPM	資格廃止	—
Technician級	CW試験なし	CW試験なし	CW試験廃止
Technician Plus級	5WPM	5WPM	
General級	13WPM	5WPM	CW試験廃止
Advanced級	13WPM	資格廃止	—
Amateur Extra級	20WPM	5WPM	CW試験廃止

＊1WPM＝5字/分

アマチュア無線技士養成課程講習会　第3級アマチュア無線技士短縮コース　授業科目・時間数

科　目	時間数（現在）	時間数（以前）
無線工学	2時間	2時間
電気通信術	廃止	2時間
法規	4時間	2時間

＊養成課程講習会は法規科目中で電気通信術の知識の講義を実施

2-2 初心者の練習方法

従来の練習法

　まず，新試験制度の移行前を考えてみましょう．日本の国家試験の場合，プロもアマチュアも資格によって速度の差はありましたが基本的に試験に要求される技能と，その試験方法は同じでした．すなわち，受信については，モールス符号を音響受信して，その全文をリアルタイムで筆記して清書時間なしに即提出するシステムです．これは，プロの通信士として最低限の技能を備えているかを図るため，知識としてではなく，頭と体が一体化した技能として，あるレベルにトレーニングが完成されているかを試験するに必要かつ妥当な方法だったわけです．その根拠は以下のとおりです．

　ベースとなっているプロ通信の業務は，1文字ごとに料金が課金されるので，ミスなく完全な記録が必須です．非常通信などの場合，1文字ごとに金銭には代えがたい人命がかかっていることすらあるわけです（浸水沈没しかかったり，救急患者が発生している船の緯度経度は絶対にミスコピーは許されない）．人間がマシンのように，電文の意味を理解していなくても，記録された文字に間違いがなければ良いわけです．その内容は船長なり，電報依頼主の顧客なりが判断します．そのため，プロ通信士の試験には暗号の送受信試験もあります．前述のプロ通信士養成教本を紐解いてみると，「人が機械のようになって，感情を廃して，雑念を払い，正確無比に筆記せよ」と教えています．

　さらに送信も原則は縦振り電鍵（**写真2-1**）が国家試験の基本とされ，試験場に据え付けの電鍵はすべて縦振り電鍵でした．どうしても速度を上げたい受験者は複式電鍵（**写真2-2**），バグキー（**写真2-3**），あるいはメモリを搭載しないエレキー（パドル）の使用は，事前に試験官の許可を受けたうえで，個別に認められていました．

　筆者が旧第一級無線通信士の試験（125字／分）を受験する際は，余裕を持ってノーミスで全文打

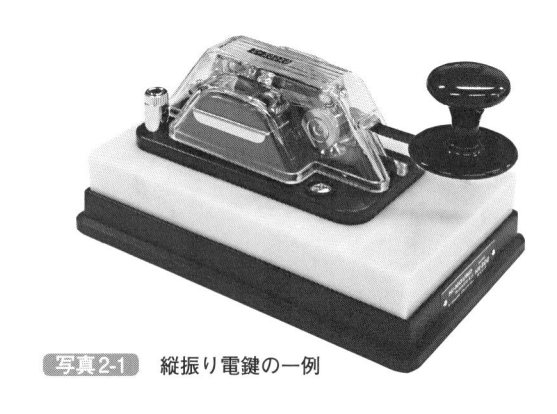

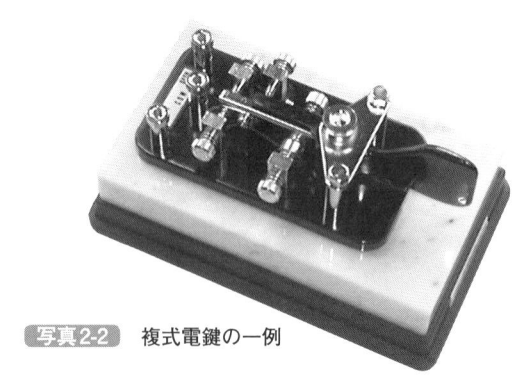

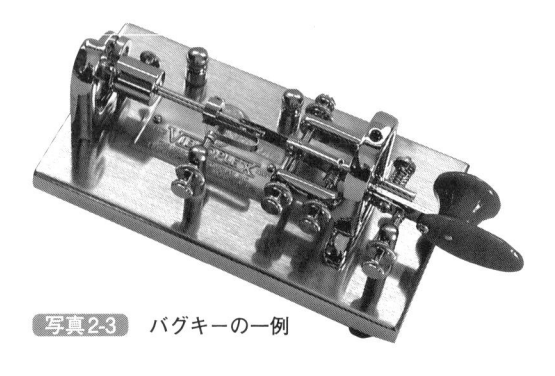

写真2-1 縦振り電鍵の一例

写真2-2 複式電鍵の一例

写真2-3 バグキーの一例

2 試験制度で変わるCWの練習方法

ち終えたかったため，金鋸の歯を大理石の基台に造り付けた自作の複式電鍵を持参し，蓑虫（みのむし）クリップで試験場の縦振り電鍵の電極に挟んで受験しました．当時の試験官が珍しそうにチェックしていたのが印象的でした．それほど，縦振り電鍵以外での受験者は珍しかったのでしょう．

旧受験対策はハムのQSOには不適だった

ハムの資格試験もプロの延長線上にあり，速度が遅いだけでした．したがって，国家試験の合格が最初の目標となるので従来のCW習得法は，国家試験の合格を最優先とする練習カリキュラムを組む必要がありました．つまり，送信には縦振り電鍵の操作をマスターし，受信は全文を筆記できることが，最初の最低目標とされていました．途中から，送信試験が廃止されて受信だけとなりましたが，それでも全文を筆記し，清書なしに即時提出のルールは同様でした．現在でも1アマ，2アマの電気通信術の実技は，これが踏襲（とうしゅう）されています．

筆者は，かつて上級ハムの受験対策講習会で有志の受講者の皆様へCW実技をトレーニングしました．しかし，限られた時間の練習でなんとしても合格していただきたいため，講習内容は実際のQSOとは異なる，試験対策に絞らざるを得ませんでした．

新試験制度での練習法

一方，資格取得後の実践運用を見てみると，プロの場合は国家試験の技能と同じ1文字ずつを確実に筆記する技能を，悪コンディション，QRMやQRN，時化（しけ）での船のゆれなど外乱の中でも通用すべく，さらに磨きをかけていきます．

しかし，アマチュアの場合，プロと大きく異なる点は，QSOの内容を筆記して，1文字漏らさず全文記録する義務はないことです．相手のコール

> プロのモールス通信は一文字ずつを確実に送受信する技能が求められる

サイン，シグナル・レポート，QTH，名前，リグ，アンテナ，お天気などの要点が理解できれば，事足ります．あとはQSOの流れが掴めれば良いわけで，暗記受信が実用的であることは言うまでもありません．

その点，アメリカの従来の試験制度は，きわめて合理的でした．流れてくる試験電文は一般のQSOとまったく同じで，2局の擬似交信が流されます．もちろん，それを全文コピーできれば合格です．しかし，文字を書き取らなくても，電文が試験場に流された後，続けて問題に対する解答の時間が与えられ，相手局のQTHは？ 名前は？ 使用リグは？ アンテナは？ などと，実践QSOに即した質問がありますので，その答えが規定の問題数に合っていれば，CWの実技試験は合格となりました．より，ハムの実践交信に即した国家試験（FCC試験）内容だったといえましょう．繰り返しになりますが，この試験は現在不要となりました．

それでは，新試験制度移行後の現在は，上記の事実を捉えたどのような練習方法が合理的か，一

緒に考えてみましょう．ここでの論点は，試験システムに要求される技能と，その後の運用に要求される技能の合理的関係付けに限定して考えてみます．それ以外の論点は後述することとします．

キーボードによるタイプの送受信から入門

入門者向けの3アマの実技は廃止されました．したがって，国家試験を目標に練習する必要はありませんので，開局後の実践運用を最初からターゲットにした練習に専念できます．それならば，手書き筆記に限らず，国家試験では認められなかったキーボードによるタイプ受信から入門して良いわけです．それも，全文ハードコピーは不要で，聞こえるCWから，相手局のコールサイン，レポートなどの要点だけをコピーできればQSOは事足ります．脱字だらけというより，記録しなくて十分なのです．実用的にはパソコン上で動作するロギングソフトの必要欄（コールサイン，レポート，名前，QTH欄など）に，キーボードでのダイレクト・タイピングが実践的です（**写真2-4**）．

もちろん，紙ログへの必要欄のみにメモ書きでもOKです．

場合によっては，補助的にCW解読ツールを併用しても良いかもしれません．S/Nが悪かったり，癖のあるモールス符号は解読できませんが，高速CWに対しては，有効な助けになることもあります．

国家試験では当然認められませんが，ハムが趣味で楽しむぶんには，活用できるものはなんでも使いましょう．慣れてくれば自分の耳と頭で受信できるようになりますし，そのほうが遥かに便利で楽しいと感じるようになるはずです．

かつて，1840年当時のアメリカでの有線モールス通信黎明期は，紙テープに受信機（印字機）が長短点を印字したものをオペレーターが目で解読していました．これを日々の業務としていた彼ら

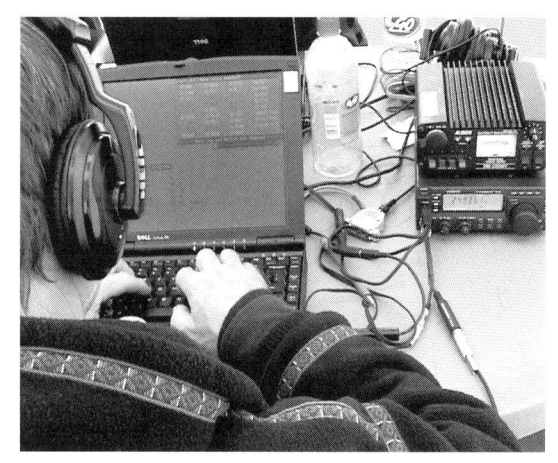

写真2-4 パソコン上で動作するロギングソフトを使ったキーボードでのダイレクト・タイピングが実践的

は，その印字する「音響」を聞くだけで文字がわかるようになっていったのです．当然，印字は廃止され，ここからモールスの音響受信が始まったわけです．

送信練習も，縦振り電鍵で実践QSOの速度を出すにはかなりの修練が必要です．むしろ，縦振り電鍵は，CW運用に慣れた後，熟達の趣味領域として腕を磨くことでも十分間に合います．まずはエレキー（パドル）の操作をマスターするのが実践的です．あるいは，パソコンとキーボード・タイプに慣れている方なら，後述するリアルタイム・ロギング・ソフトのキーイング機能を使って，キーボードによるモールス符号の自動送信から入門しても良いでしょう．

パソコンが普及している現在は，入門者はパドルよりもキーボードのほうが親しみ深いはずです．しかも，国家試験のように紙の原稿を見ながら文字を打つ必要はなく，とりあえず「相手のコールサイン，599，QSL，73」程度が送信できればOK．つまり，頭の中で打ちたいと考えていることだけを打てば良いわけです．

2 試験制度で変わるCWの練習方法

もっと突き詰めれば，短い決まったワードを空手の「形」のように体に覚えこませ，必要なときに反射的に送信できるようにします．これをパソコンのリアルタイム・ロギング・ソフトのメモリへ記憶しておき，ボタン一つで自動送信する方法もあります．

まずは，自分が好きなやりやすい方法で入門して，後は，実践QSOを体験しながら，QSLカードを集めたり，アワードやコンテストで楽しみながら腕を上げていけば良いのです．

これではRTTYの運用となにが違うのか？ メッセージをファンクションキーにメモリした，ボタン押しだけのQSOはCWじゃない！というご意見ももちろん理解できます．しかし，こうしてCWの世界に入門した後，OMのエレキー（パドル）での高速送信や縦振り電鍵での芸術的な美技を目のあたりにすると，自分もきっと挑戦したくなるはずです．これら手法の習得は，それからでも決して遅くはありません．

初心者の資格試験対応と練習方法の関係をまとめると下記のとおりです（図2-2 次頁）．
- まず欧文モールスを覚える．
- 実践運用に絞った練習でも新たな試験制度なら合格できる．
- 試験に合格したらレポート交換程度の簡単な実践QSOからまず体験．
- コールサインとレポート交換，ログ・ソフトのキーボードで送受信．

2-3 ビギナーの実践QSO入門一方法

CWの練習方法は多彩です．以下は，前述の新試験制度や今の日本のハムバンドを考慮したうえでの，実践的QSO入門例です（図2-3 次頁）．決して従来の練習方法を否定するわけではありません．この方法がそのまま読者に最適とは限らないかもしれませんので，これを参考としていただき，自分に最適な練習方法をぜひ研究され，編み出してください．

前述のベテラン・ハムでマニア化したCWバンドで，いかにすればCWの未来を担うビギナーが育つでしょうか？

まず欧文モールス符号を覚えQRV！

3アマの試験に合格し，その後，運用時にコールサインをコピーするためにも，まず欧文モールス符号を覚える必要があります．

そして，国家試験に合格し免許状が来たら，とにかくCWで運用してみましょう．

アワードサービス局を呼びレポート交換

前述のように，最近は電波も飛びやすく手軽にQSOできる日本国内局同士は和文モールスが多く，欧文モールスの国内QSOは，JCC・JCG・IOTAサービスか，コンテストによるレポート交換のみがほとんどとなっています．

それならば，旧来から言われているように，典型的なラバースタンプQSOから始めるのではなく，まずは相手のコールサインとレポートのみがわかればOKのこういったQSO専門で呼びに回るのも有効な方法です．しかも，これらのCWは同じ内容を繰り返しているので初心者でもコピーが楽です．速度も速めですから，自然に速度アップも図れるというものです．前述のように各種ログ・ソフト，コンテスト用ソフトを即実践で試せ，この点でも興味が広がるでしょう．

以上の方法で腕慣らしをして，ある程度送受信

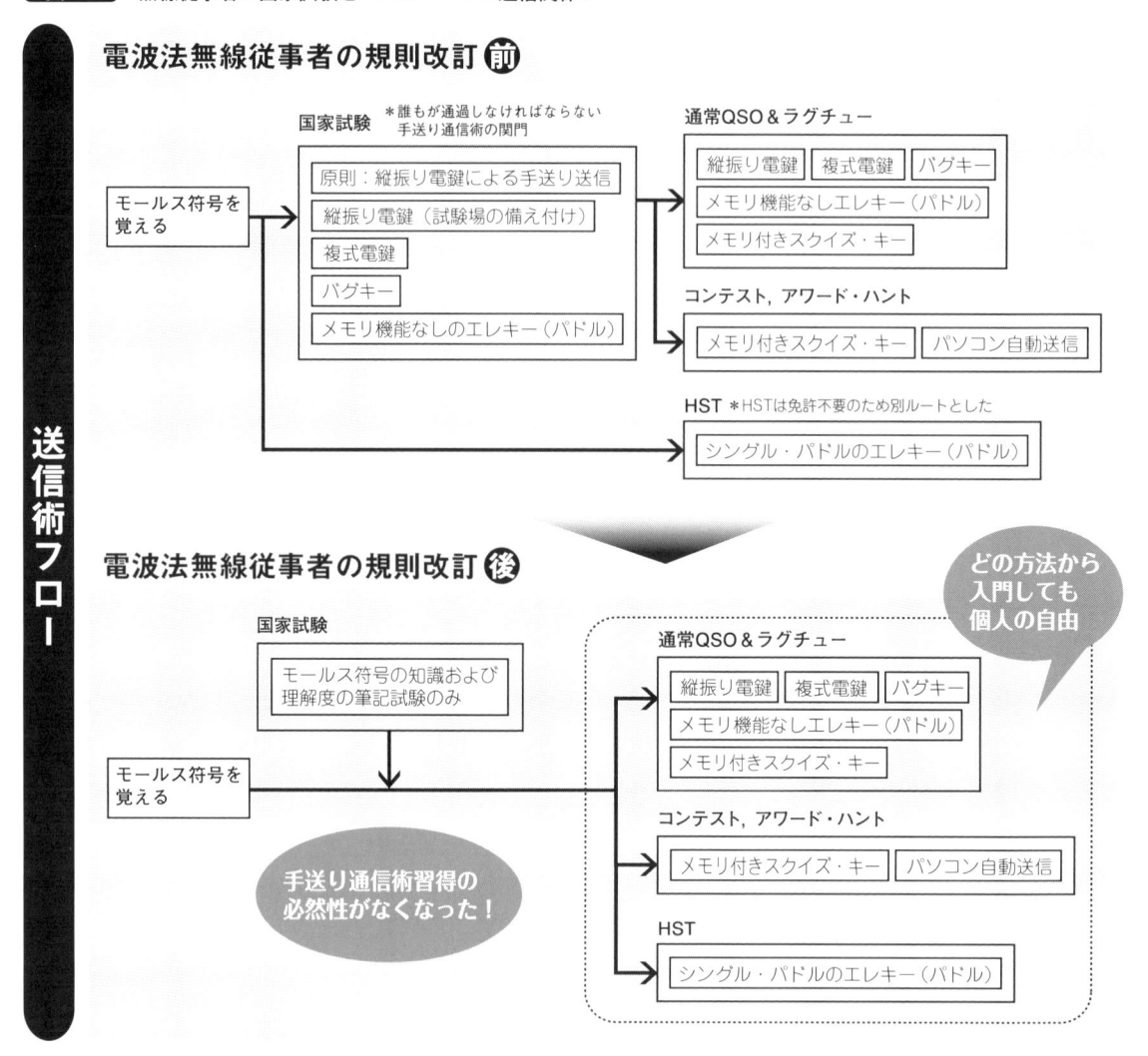

図2-2 無線従事者の国家試験とハムのモールス通信関係フロー

送信術フロー

電波法無線従事者の規則改訂 前

国家試験 *誰もが通過しなければならない手送り通信術の関門*

モールス符号を覚える →
- 原則：縦振り電鍵による手送り送信
- 縦振り電鍵（試験場の備え付け）
- 複式電鍵
- バグキー
- メモリ機能なしのエレキー（パドル）

通常QSO＆ラグチュー
- 縦振り電鍵／複式電鍵／バグキー
- メモリ機能なしエレキー（パドル）
- メモリ付きスクイズ・キー

コンテスト，アワード・ハント
- メモリ付きスクイズ・キー／パソコン自動送信

HST ＊HSTは免許不要のため別ルートとした
- シングル・パドルのエレキー（パドル）

電波法無線従事者の規則改訂 後

国家試験
- モールス符号の知識および理解度の筆記試験のみ

モールス符号を覚える →

通常QSO＆ラグチュー
- 縦振り電鍵／複式電鍵／バグキー
- メモリ機能なしエレキー（パドル）
- メモリ付きスクイズ・キー

コンテスト，アワード・ハント
- メモリ付きスクイズ・キー／パソコン自動送信

HST
- シングル・パドルのエレキー（パドル）

＊手送り通信術習得の必要性がなくなった！

＊どの方法から入門しても個人の自由

に自信が付いてきた後，普通のラバースタンプQSOにチャレンジするのが良いでしょう．

自信がついたらCQを出しラバースタンプQSO

そして，次のステップである普通のラバースタンプQSOの段階に入ったら，ワッチより，まず自分から積極的にCQを出すようにしましょう．初心者はまずワッチと，よく言われていましたが，なぜ，そうしたほうが良いのでしょうか？

それは，マイペースでQSOの主導権を握れ楽に上達できるからです．多くの場合，CQを出してそのQSOを創り出した局がQSOの形（ラバースタンプQSOか，ラグチューか？ など），速度などの主導権を持つからです．

したがって，みずからCQを出して，自分が得意とする速度で，得意とする「形」のQSOを空中

2 試験制度で変わるCWの練習方法

受信術フロー

電波法無線従事者の規則改訂 前

国家試験 ＊誰もが通過しなければならない全文受信，手書き筆記，普通文，即時仕上げの関門

モールス符号を覚える → ・手書き筆記 / ・全文書き取り / ・普通文字 / ・推敲時間なし

通常QSO＆ラグチュー
- 暗記受信 | 要点のみメモ | 要点のみログ・ソフトへ入力

コンテスト，アワード・ハント
- 暗記受信 | コールサインとレポートのみメモ
- コールサインとレポートのみログ・ソフトへ入力

HST ＊HSTは免許不要のため別ルートとした
- 全文筆記 | 速記文字 | 機械タイプ
- パソコン・エディタ | 清書時間あり

電波法無線従事者の規則改訂 後

国家試験（FCCと3アマ）＊日本の1アマ，2アマは25文字/分の全文手書き受信試験が残る

モールス符号を覚える → モールス符号の知識および理解度の筆記試験のみ

手書き，全文筆記，普通文字の必然性がなくなった！

どの方法から入門しても個人の自由

通常QSO＆ラグチュー
- 暗記受信 | 要点のみメモ | 要点のみログ・ソフトへ入力

コンテスト，アワード・ハント
- 暗記受信 | コールサインとレポートのみメモ
- コールサインとレポートのみログ・ソフトへ入力

HST ＊HSTは免許不要のため別ルートとした
- 全文筆記 | 速記文字 | 機械タイプ
- パソコン・エディタ | 清書時間あり

受信

欧文モールス符号を覚える → 受験 → アワード・ハント／コンテスト → ラバースタンプQSO → メッセージ交換 → ラジオ・スポーツ／ラグチュー → 和文を覚える → 和文ラグチュー

送信

欧文モールス符号を覚える → キーボード → エレキー → 縦振り電鍵 → バグキー

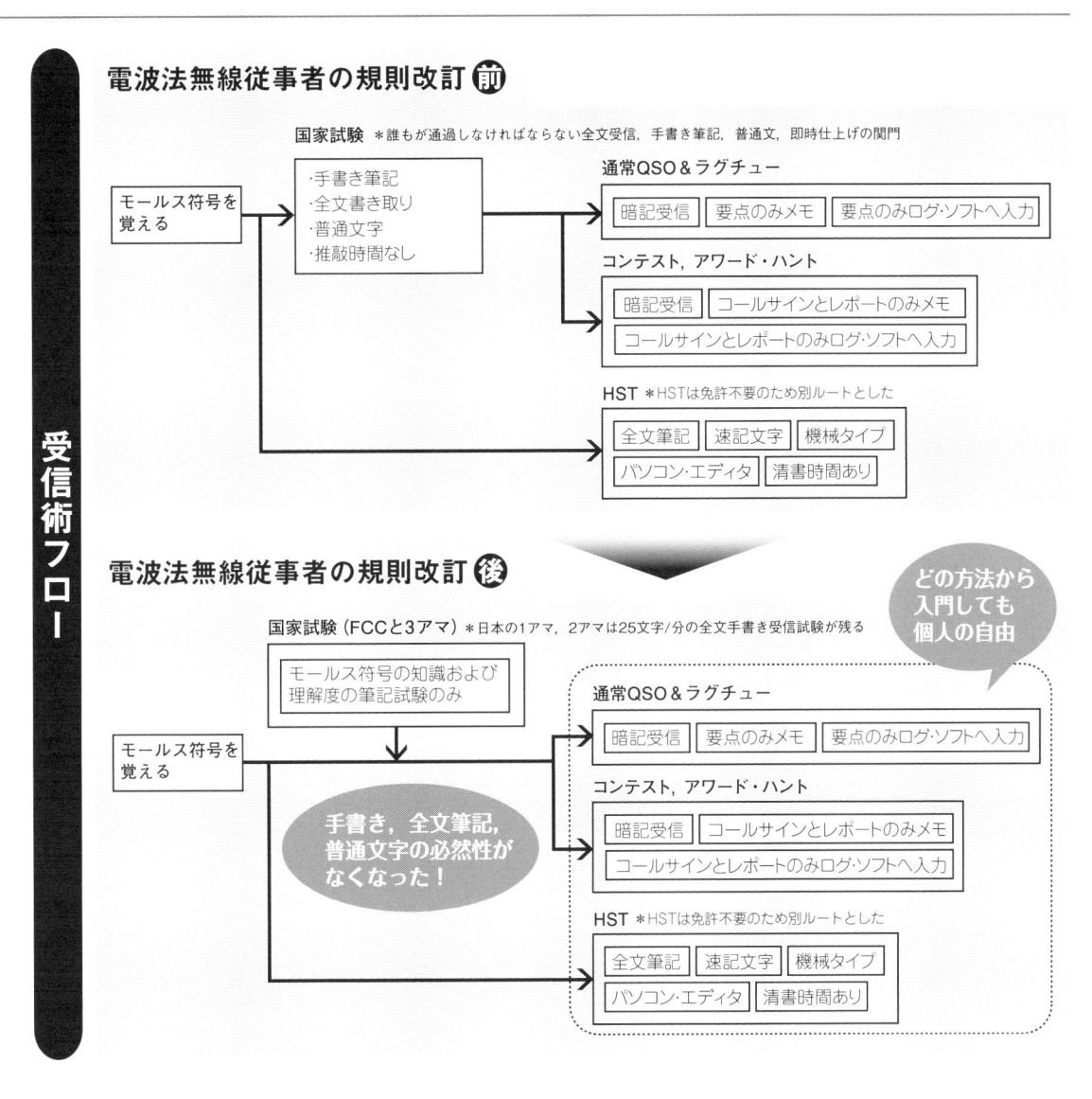

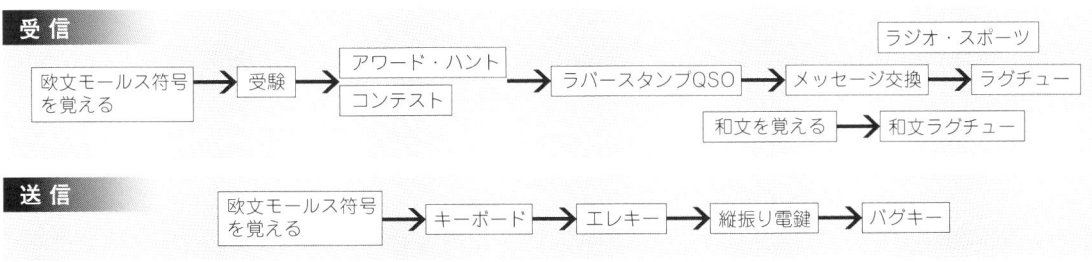

図2-3 モールス符号を覚えた初心者の実践CW練習法

に演出して創り出せばよいわけです．こうして読者が創り出したQSOペースに合わせて，誰かが練習相手になってくれるはずです．この場合の問題点は，電波が強くないと，なかなか呼んでもらえないこと，さらにあまりに速度が遅いと相手にしてくれる局が少ないという点でしょう．この対策は後ほど検討します．

　普通のQSOでもJCC・JCG・IOTAサービスなど「コールサイン＋599」形式のQSOはこちらから呼んでも大丈夫です．なぜなら，はじめからQSOの「形」が決まっているからです．その典型がコンテストで，まったく同じパターンですから相手の送信内容は予想できます．これらの詳細は第3章で研究してみましょう．

アワード・ハントなら昼間の7MHz

　次に，どのバンドを使用したら良いか検討してみましょう．一般の方が一番運用しやすいのは週末，休日の昼間などでしょう．コンディションでいえばこの時間帯は，7MHzでしたら国内が安定してひらけることは衆知のとおりです．

　しかし，前述のように，近年7MHzの国内CW QSOはベテラン・ハムによる和文モールスがほとんどとなっており，初心者に適した典型的ラバースタンプQSOが非常に少なくなっています．したがって，コンテストやJCC・JCG・IOTAサービスの運用をしている局を探す方法が現実的で有効です．特に，コンテストであれば一日中行われていますし，短時間でもかなりの局数と交信の練習ができるでしょう．

夜間なら3.5MHzか1.9MHz

　次に運用しやすいのは，平日や休日の夜間（宵の口から夜半前くらいの時間帯）でしょう．夜間は3.5MHzか1.9MHzですが，3.5MHzでも，やはり近年，国内局同士は和文が多く，電波伝搬的にQSOしやすい国内局同士の欧文ラバースタンプQSOは非常に少なくなりました．そして皆さん夜間は，ラグチューは和文CWではなくSSBで行い，CWは欧文でのDX局とのレポート交換のみ，という運用方法がほとんどを占めているようです．

　一方，1.9MHz（1.8MHz帯はDX専用）は現在でも夜間，国内局同士のラバースタンプQSOが多い唯一のバンドですが，その波長の長さから都市部ではアンテナに工夫が必要となります．これについては後述します．

18MHz以上でDXを相手にする

　こう考えると，初心者が安定なコンディションで欧文ラバースタンプQSOの練習をする相手局

2 試験制度で変わるCWの練習方法

は，日本国内には少なくなってきているということです．だとすれば，DX局を相手とするのが，一番良い欧文ラバースタンプQSOの練習台ということになります．事実，アジアの国々であれば，近年アクティビティーが急増していますし，距離も近いので電波も届きやすく好都合です．しかも英語を母国語としないので，CWラグチューが苦手でラバースタンプQSOを定番としています．14MHzがもっともDXとのQSOチャンスがあります．

しかし，国内法では2アマ以上のライセンスが必要です．次にDXに適しているバンドは10MHzと18MHzです．10MHzは夜間であれば，ほぼ一年中DX局とのQSOが可能ですが日本国内では初級局（3アマ，4アマ）には許可されません．18MHzは3アマでも免許になり，太陽黒点が高い時期であればコンディションが良い季節は一日中，DX局とのQSOチャンスがあります．これからは太陽黒点も上がってくるので18MHz，21MHz，または24MHzでDX局を相手にするのも良いでしょう．

以上を簡単にまとめますと，

◆ レポート交換のQSOから入門
- いろいろなバンドでJCC・JCG・IOTAサービスなどを探し回って呼びまくる．
- 毎週末，国内外のコンテストは開催されているので，片っ端から参加して呼んでみる．

◆ 次にラバースタンプQSO
- 昼間の7MHz，夜間の3.5MHzまたはアンテナをがんばって展開して1.9MHzでCQを出し，典型的なラバースタンプQSOをみずから創り出し練習相手を呼び込む．
- 国内の初級局が運用できる18～28MHzでDX局とQSOする．

という具体策が考えられます．

日本を脱出しよう！

ここで発想の転換をしてみましょう．日本人局同士は欧文ラバースタンプQSOの機会が少なくなり，海外局を相手としたQSOにそれが多用されているなら，自身が海外へ出て，そこから日本の局を相手にするという発想も可能です．

日本と相互運用協定を結んでいる国なら，日本の免許を元に申請することで，その国から運用できます．まず手ごろなのはアメリカで，日本の1～4アマの免許では特別な手続きなしで即運用で

きます(ただし,運用は免許状で指定された周波数・モード・送信出力に限られる).その中でも日本から一番近くて渡航しやすく,電波伝搬的にも有利なグアム(KH2),サイパン(KH0)が最初はお勧めです(写真2-5).

相互運用協定のない国でもOK

相互運用協定がなくても,申請すれば包括免許でその国のアマチュアバンドすべてOKのライセンスを降ろす主管庁があります.昔のように日本から設備を持参せずとも現地のレンタル・シャックもポピュラーになりました.

代表例のパラオ(T8)などは日本の4アマ免許を元に免許申請すると,CW運用もkW出力のリニア・アンプの使用も全ハムバンドでOKです.現地に日本の旅行会社が経営するレンタル・シャックもありますし,免許申請も代行してくれます.そのほかの太平洋諸国もハムを観光産業としている関係もあり,法規制の緩やかな国が多いのです.

現代日本人のライフスタイルに適する

日本に定職がある方は,時間と行動の自由が国内に縛られますが,最近は年金生活にお入りになられた世代の方々は,勤務地に縛られる必然性はないため,主に経済的メリットと暮らしやすさを求めて海外での生活を具体化されている方々が増えています.

こういったライフスタイルと組み合わせて海外からCWを楽しむのもすばらしいと思います.年金の将来は不明ですが,少なくとも今,年金需給

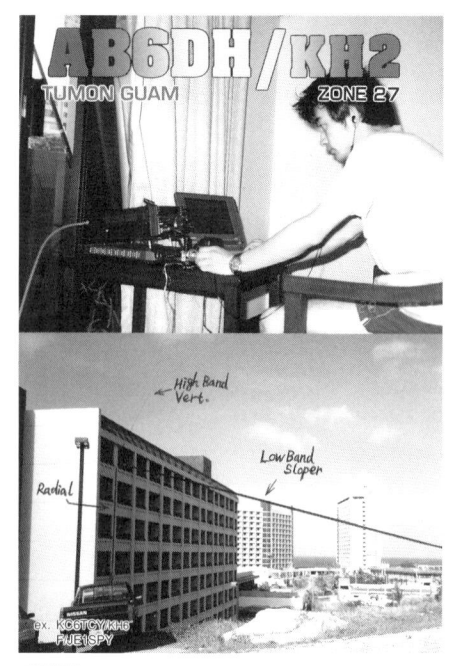

写真2-5 筆者がグアムからCWを運用した際のQSLカード

このときはFCCライセンスで運用.冬場だったので1.8～10MHzのローバンドのみ4日間の運用で,釣り竿アンテナ1本と出力100Wの無線機で5大陸,1000局とQSO.日本国内では,この設備では難しいQSO数.帰国してみると世界中からのSASEでポストがあふれていた

を受けていらっしゃる方は当面は大丈夫でしょう,hi.年配者のみならず,最近,若い世代では,年金不安プラス欧米的な早期リタイアを目ざして,自分の場所と時間を拘束されず,従来の職業観に縛られない,事業の所有や投資での生き方を目ざす方も増えています.そのような方々には,日本国内の制度下でCW運用のみならず,積極的な海外での運用をお勧めします.

2 試験制度で変わるCWの練習方法

ビギナーだからと，国内運用に限定する必然性はありませんし，日本人だからと，日本の電波法に拘束される必要もありません．よりDXとのQSOチャンスが多い海外からQRVして練習したほうが早道です．リグの技適や保証認定も不要で設備共用もOKです．国際法の改定でCWができない初級局は海外交信を制限するという合理的な理由もなくなったわけです．本書は日本のハムを取り巻く免許制度や行政システムを論じることが目的ではありませんので，触れませんが，CWへの入門，普及，運用しやすさなど，ハムが主人公という視点で考えた場合の一つの私見です．この見解はいかなる会社，法人ともかかわりない個人的な見解です．

初めての海外からどのように運用する？

海外から電波を出す場合はCQを出して，誰か呼んできたら，相手のコールサインと599だけを打って，73．そしてまた，すぐCQを出せば良いのです．自然に相手が呼んできますから，コールサインが取れた局だけに応答すれば良いのです．貴方のCWがどんなにうまくなく，ゆっくりでも，そのペースでいくらでも全世界からどんどん相手が沸いてきます．これを毎日繰り返していれば，自然と速度も上がりますし，コールサイン以外もだんだん取れるようになるものです．いくらでも呼ばれますし，あっという間にたくさんの国とQSOでき，QSLカードも郵便箱を溢れるほど集まります．いろいろなアワードも自然に達成されていくでしょう．楽しくて仕方のないうちに，ふと気がつくと貴方はCWマンです．

同じ腕前まで上達するプロセスを日本国内でたどる場合は，かなりの修練と忍耐を必要とするかもしれません．

そしてある日，ふと気がつくと，美しい技のCW QSOに出会ったり，パイルアップやコンテストでどうしても勝てない弱い信号の不思議なCW局が存在したりします．ここからが本当の奥技だと悟り，新たな世界が開け，自己チャレンジに開眼するはずです．このあたりのお話は後のお楽しみとしましょう．

2-4 どんな送信ツールが良いか？

初めてCWに接する方が一番印象深いのはやはり，伝統的な縦振り電鍵でしょう．それでは，まずはどのようなツールからスタートするのが良いのでしょうか？ 選択肢を大別すると歴史上で使われてきた順番でいけば，縦振り電鍵，バグキー，エレキー，キーボードによる自動送信があります．従来は国家試験のため，縦振り電鍵から入門しました．しかし，縦振り電鍵で実践QSOの速度を出すにはかなりの熟練が必要です．

最初はログソフトとキーボードから

JCC・JCG・IOTAサービスをコールしたり，コンテスト局を呼びに回るときは，ログ・ソフトを使用したキーボードによるリアルタイムのキーイングから入門するのが良いでしょう．この際は，ぜひ正しいブラインドタッチのタイピングをマスターしましょう．オフィスなどで日常のパソコン操作を見ていると，意外と我流のタイピングをしている方が多く，数字を含めた完全なブラインドタッチをしている方は思ったより少数です．

この段階で完璧なブラインドタッチをものにしてしまえば，以後，コンテストで入賞を狙ったり，後述するHSTでの記録更新のみならず，日常の仕事にまで非常にプラスになることは間違いありません．

エレキーで本当のCWの醍醐味を！

　しかし，ファンクションキーでの自動送信ばかりでは，きっと物足りなくなります．しかも，パイルアップを呼んでいる過程で，必ずや限界に突きあたるはずです．それは相手局とのスタンバイタイミングの問題です．詳細は後述しますが，セミ・ブレークイン，究極はフル・ブレークインの使用が，場合によってはリニア・アンプよりもきわめて有効な場合があるのです．しかし，ボタン押しの自動送信だけでは，このテクニックを100％引き出せません．

　そこで有効になるのがエレキーです．次のステップとしてパドルによるエレキー操作をマスターすると良いでしょう．エレキーには長短点だけが自動創出されるもの，スクイズ動作，アイアンビック動作，長短点メモリなどいろいろ細かい違いがあります．いずれも，通常の速度であれば1週間も遊びながらQSOすれば簡単にマスターできます．このあたりからCWの奥の深さを知ることになるので，後章でじっくり研究してみましょう．

リズム感に自信が付いたら縦振り電鍵

　こうして手打ちのCW QSOを重ねていると，いろいろな符号の局とQSOしていきますが，味のある符号に出会います．これに興味を持ち，チャレンジ意欲が沸いて来たら，いよいよ縦振り電鍵にチャレンジしてみましょう（写真2-6）．

　始めはゆっくり正確に．その意味では，欧文を一通りマスターした後，和文に挑戦する段階が一つのチャンスです．

　縦振り電鍵を操作しながら，改めて初心者へ戻って打ちながら符号を覚えるのも有効です．どうしても，得意の欧文を縦振り電鍵でQRVすると，速度を追い求めて手崩れを起こしたり，手が頭に追いつかずストレスが募ったりします．

　しかし，新たにマスターする和文なら，まずはよちよち歩きからの再スタートなので，頭が手に追いつきませんのでストレスがありません．しかも，実際に一つ一つ符号を自分の手で打ちながら耳で聞くと，体と頭が同期して新たな和文符号を非常に覚えやすいメリットもあります．

　縦振り電鍵の操作方法の詳細は，ぜひ書籍『モールス・キーと電信の世界』（CQ出版社）をご一読ください．

写真2-6 リズム感に自信が付いたら縦振り電鍵にチャレンジしてみよう

バグキーで味のある符号にチャレンジ

　バグキーは最後にチャレンジするのが良いでしょう．特にバグキーの長点の送信タイミングは縦振り電鍵の感覚が完成していないときれいな符号が出ないからです．バグキーがきれいに操作で

きるようになると，あなたはオールラウンドのキー・オペレーターです．電鍵コレクションであらゆる電鍵を収集したりする場合も，その日の気分に合ったキーで運用したりする楽しみをすべての種別のキーにレパートリーを広げられ，集めるだけでなく，実際に使いこなす楽しみも倍増します．使い心地の評価によるコレクションへとさらに発展していくことでしょう．

送信ツールについて要点をまとめると次のとおりです．

- 資格取得に送信術は不要．
- 最初はキーボードでレポート交換QSO，コンテスト・ナンバー交換からスタート．
- 熟れたらエレキー．パイルアップに参加すると便利さを実感できる．
- 味のある符号を打ちたい場合，和文での再出発，などをきっかけに縦振り電鍵へ挑戦．
- 縦振り電鍵の符号がきれいに出せたらバグキーへ挑戦．あらゆるキーを使いながら楽しむキー・コレクションもFB．

2-5 講習会・愛好会

3アマの国家試験からCW試験がなくなり，上級ハム（1アマ，2アマ）の国家試験も25文字/分に速度ダウンされたため，各地で開催されていたCW講習会がどうなるか，心配していました．

しかし，従来以上に各地で私的なCW講習会が盛んに行われています．CW愛好家の存続への危機感，OMハムの方々のボランティア，要因はいろいろと考えられます．

単なる受験対策に止まらず，資格取得後の実践QSO対策の講習会も開催されているので，こういった場へぜひ，積極的に参加されることをお勧めします．CWの裾（すそ）が広がり継承にすばらしい活動です．CWは技能なので実技を人から人へ実演するのがなにより有効です．

巧みは人から人へ

小学生のときにラジオを作りながら独学でCWを覚えていった筆者は，それまでは縦振り電鍵の正しい操作方法をまったく知らず，我流で汚い符号ともいえないものを打っていました．その後，授業を休んで東京まで出なくても，学校帰りに地元で資格が取れる，夜間の電信級移行コースの養成課程講習会を受講しました．

講師は，戦前からの元プロ通信士で海軍艦船の准士官としてCWをやっておられた故JA1CMS阿部 克正氏でした．OMのFBなキーイングを目のあたりにし，それはきれいな聞き取りやすい符号で，子供ながら本物であることに感激しました．その生の手打ち符号を毎日書き取る練習をしたのです．なぜ，こんな正確無比で美しいCWが手で打てるのだろう？ と不思議でもありました．

さらには，私の手を取って握下式の打鍵方法を丁寧にご指導いただきました．私の手首を握って長短点を打ち出す阿部OMの手の感覚は今も生きています．「これがプロの操作方法だ！」と，今まで習いたくて仕方なかった秘伝を授けられた感動は，それは大きいものでした．感受性の豊かだった10代に，その道のプロ級OMによる本物の技に直接触れることは，単なる技能をマスターするだけでなく，その人の一生をも左右する大きな感動と影響力をもたらすという，一つの事例です．

こういった意味でいろいろな講習会，セミナー，無線クラブ活動というのは，非常に重要であり，有効であると思います．

愛好会へ参加してみよう！

　講習会のほかにも，実践運用を継続する過程で，さまざまな愛好家へ参加してみることも大変有意義です．全国規模の著名なグループ活動の代表例に過ぎませんが，A1 CLUB，KCJ，和文電信同好会などがとてもアクティブです．

　各地域にもCW愛好会がたくさんあります．会報（インターネット，メルマガなどを含む）などの情報交換，ミーティング，会員同士の繋がりを通じて自分自身のモチベーションが高まります．新しい発見や最新動向の勉強にもなるでしょう．実技としてのCWのほかにも，知識としてCWについてのいろいろな情報とそれに対して識者たちの生の見解をこうした活動から得ることは，CWライフをより広く深めることにもなるでしょう．

ハムと若手エンジニア育成

　別の視点で，エンジニアの育成面から見てみると，最近は学生の理系，特にモノ造り離れが進んでいるといわれています．文系業務に比較して活躍できる現役寿命が短い．専門技術者から，管理，経営へと進まない限り人生後半の年収が伸びない．技術業績は期末単期決算との関係が見えにくく，最近の成果主義では評価されにくい．21世紀初頭，日本企業の製造業大量リストラがあり，若者がそれを文系経営者に使われる理系技術者の末路と見てしまっている，などなどいろいろ言われているようです．

　それはともかくとしても，エンジニアの誇りと生きがいを支えている根底精神は金銭報酬より技術的興味ではないでしょうか？ 感受性豊かな時期，遊びの世界がきっかけで，人から人への「技能」であるCWを通じて世代や地域を超えた人との繋がりから，ハムや無線技術への興味を深めていた

COLUMN　暗号電報の話

　ハムのCWでは暗号通信は法律で禁止されているので，実際の暗号通信がどのようなものかについて解説された事例は意外と少ないようです．そこで，暗号電報について触れてみます．

　現在の暗号化は，デジタル化が進んでいるので，身近で簡単なところではデジタル通信のスクランブラ，無線LANのWEPなど，いろいろな通信階層で暗号化が適用されています．

　手送りCWの時代は，もっぱら乱数の手計算によるものでした．CWの暗号でなんといっても有名なのは，日米開戦時，南雲機動部隊がオアフ島パールハーバーを奇襲攻撃した際，打たれた「X日ヲ12月8日トスル」を意味する，「新高山登レ1208」の電報でしょう．これを例に暗号化作業を模擬的にやってみることにしましょう．

『GF機密第676番電　2日1500 GF伝令作10号　発令日時　12月8日1730　本文「新高山登レ1208（終）」』

　この際の電報用紙の写しは，愛知県出身の中村文治兵曹長が復員する際に持ち帰った写しが，昭和44年に防衛庁戦史室に寄贈されて保存されています（写真A）．この電報の暗号作業を行ったのが呉通信隊に勤務していた谷本三次一等兵曹で，以下のような暗号作業を行ったわけです．

　桂島に係留されていた当時の連合艦隊旗艦，「長門」の山本五十六連合艦隊司令長官から海底ケーブルを通じて発信され，海軍省内東京通信隊から有線接続された船橋などの送信所より267kHzの長波で発信されことは有名です．

　当時の海軍の暗号書は，海軍暗号書甲（重要通信機関用，カタナカ4文字列），海軍暗号書D（艦船，陸上，中央間，数字暗号），ミッドウェー海戦以降，海軍暗号書呂へ継承され，符字数33000，発信用，受信用，乱数表，使用規定など67冊で1組だったそうです．そのほか，海軍暗号書C（航空通信），海軍暗号書J（欧米在武官），IC（諜者用），海軍暗号書S（千トン以上商船），三省共用暗号書（陸海軍，外務省相互）などが使われていたそうです．しかし，これらは終戦時に消却され，その内容を再現することはできません．

　D暗号や呂暗号は発信暗号書だけでも3部に分かれており，

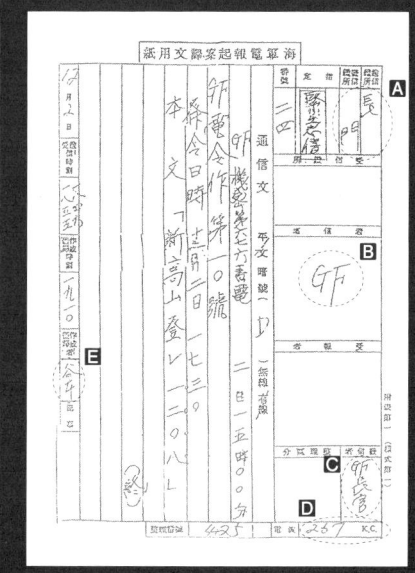

2 試験制度で変わるCWの練習方法

写真A 日米開戦時，南雲機動部隊がオアフ島パールハーバーを奇襲攻撃した際，打たれた「新高山登レ1208」の電報用紙．使用周波数が267kc，暗号手は谷本一等兵曹だったことなどがわかる

A 連合艦隊旗艦「長門」より発信　B GFとは旧海軍略語・連合艦隊司令部の略　C GF長官とは山本五十六司令長官のこと　D 267KCの長波が使われた　E 暗号電報扱者 谷本一等兵曹

- 第1部　数，距離，日時，兵籍番号等
- 第2部　慣用信分
- 第3部　部内庁職員，帝国艦船，帝国主要船舶，外国艦船，地名等

と森羅万象の文字に5桁の乱数が割り当てられているものでした．

「東京湾」「相模川」「富士山」など，ありとあらゆる言葉すべてに5桁の乱数が対応していた対応表だったわけです．

しかし，第3部の地名に「新高山」という言葉に対応する乱数はなかったので，暗号化は，「新」「高」「山」と第2部の慣用信分の暗号書中から1文字ずつ拾って5桁の乱数化をしていったそうです．前述のように呂暗号は失われて存在しないので，今は当時とまったく同じ数字列を再現はできないため，仮にランダムな乱数をあてはめて擬似再現してみると，下記のようになります．

「51057（指示符・以下第2部符字）19314（新）42897（高）29685（山）43314（登）18438（レ）91329（指示符・第2部終了）22011（指示符・次の3符字は第1部符字）10533（12）05304（数区切）73674（08）」

ここまでで，第1次の暗号化が完成しますが，これをそのままCWでお空へ送信してしまうと，以後，「新」の文字が現れるたびに「19314」という乱数が同じ回数だけ反復します．どんな天才でも1回限りの暗号は絶対に解読できませんが，反復が現れると統計的手法により，必ず解読されてしまいます．

そこで，上記の第1次の暗号文にさらに乱数を加算して第2の暗号化を行います．D暗号書，呂暗号書の乱数表は500頁，50000語の乱数が掲載されていたそうです．これも失われていて，再現はできませんので，仮にランダムに適当な乱数をあてはめて擬似再現してみます．乱数の加算は繰り上がりは無視するので，

51057 ＋ 44958 ＝ 95905　19314 ＋ 19022 ＝ 28336　42897 ＋ 81685 ＝ 23472　29685 ＋ 67661 ＝ 86246

43314 ＋ 62770 ＝ 05084　18438 ＋ 10764 ＝ 28192　91329 ＋ 84601 ＝ 75920　22011 ＋ 92304 ＝ 14315

10533 ＋ 24567 ＝ 34090　05304 ＋ 74339 ＝ 79633　73674 ＋ 56753 ＝ 29327

となり，「新高山登レ1208」は同じ反復は二度と表れない第二次暗号文，

「95905 28336 23472 86246 05084 28192 75920 14315 34090 69633 29327」

となって，267kHzの長波のCWで太平洋へ送信されたわけです．

読者の中には，CWを今後楽しまれる中で，JARLモールス技能認定や，HST，プロ通信士の国家試験で暗号文の送受信に取り組まれることもあると思います．その際は，以上のようなお話も頭の隅に入れておいていただけると，興味も深まり，CWライフにも深みと広がりが増すのではないでしょうか？

（本記事作成にあたりJA1CMS 阿部OMの体験談と作家 阿川弘之氏の作品を参考としました．）

だければ，すばらしいと思います．これにより，ぜひ有望な若いエンジニアの卵の方々にも無線技術へ魅力を持っていただき「モノ造り技術大国ニッポン」を支えていただきたいと願っています．

いやいや，それはもう古い．将来の日本の生きる道は，モノ造りから変わらなければ！ という見解もあるようですが，これには，エンジニアとしての筆者の熱い思いのバイアスもかかっています hi．

筆者が『CQ ham radio』誌にHF帯，コンテストやCW運用の記事を連載していたことがありました．これらをハムライフで楽しむすばらしさを紹介したかったのですが，ある大学生の読者から，「貴方の記事は楽しみばかりを強調しているが，僕は将来役立つ勉強，自己訓練としてハムをやりたい．」という反響を頂戴しました．これほど心強いご意見はないと，深く感銘しました．

COLUMN　CWでの出会いと実践練習

もう30年以上前の筆者が学生時代のお話です．

平日，学校を休んで遠方の東京まで国家試験を受験しに行けませんでした．そんなとき，地元で学校帰りに受験できる夜間講習会があると聞き早速受講しました．講師の先生は地元，神奈川県央ハムクラブ（JA1ZBE）会長で，親しかったJA1CMS 阿部克正OMでした．

阿部講師は，毎晩CW講習の始めに，生徒全員のコールサインをランダムに打って，誰のコールサインか聞き取る暗記受信ゲームなども演出され，養成課程教科書にない実践練習も工夫してくれました．

講習会の合間のある週末のこと．JA1ZBEのメンバーでコンテストに参加することになりました．阿部OMがマイクを握り運用する横で，筆者もヘッドホンをかぶってサブオペを務めました．いつしか運用はCWへと切り替わります．次々と呼んでくるパイルアップを阿部OMがさばいていく，その横で，筆者もどんどん呼んでくる局をメモしていきます．ふと，それに気づいたOMは「あれ，芦川君は今，電信級の講習を受けているのに良くとれるな！ もう，明日から講習，来なくていいよ！」

電話級アマチュア無線技士の受験以前，小学生のときから自作の短波ラジオでCWバンドのSWLを重ねていた腕は，意外に通用することを発見しました．

これには後日談があります．その後，神奈川県立厚木高校のアマチュア無線クラブJA1YJUの部長となった筆者は新入部員にCW符号を教え，リグに電鍵をつないで無理やりCW QSOを強要しました，hi．

本人がコピーできる速度で25字/分を下回るほどのゆっくりしたCQを7MHzでとにかく叩かせると，そのペースで応答があります．皆，冷や汗を流しながらQSOを経験していきました．こうして部員たちはCWマンに成長していきました．実践QSOの鉄火場に放り込まれた緊張感とスリルのある練習効果を実感した逸話です．

こうしてJA1YJUのオペレーターが育ち，卒業前にはその軍団？ を率いてオール神奈川コンテストの社団局部門で念願の優勝を勝ち取ることができました．野球部の甲子園，サッカー部のインターハイなど華やかな運動部一辺倒だった生徒会の部活動予算配分に，文化部としてクサビを打ち込むための実績となりました（女子生徒の注目はカッコイイ運動部へ向いていたことはいうまでもありません，hi）．

この成果で無線部の予算は翌年から一気に2倍に跳ね上がりました（しかし，女子生徒の注目度は相変わらず皆無でした，hi）．これが，筆者がコンテストの世界に足を踏み入れたきっかけでした．その支部大会で，「なんだ，また芦川君か！」と，立派な優勝トロフィーを授けてくださった支部長が，あの講習会の先生だった，今は故人となられた恩師JA1CMS 阿部OMでした．

練習用のパソコン・ソフトや教材も有効ですが，詰るところ，CWは「匠の技」です．講習会，クラブなど，人から人へ生で伝わるところにすばらしさがあります．それを経て，CW以上の新たな産物も生まれ，心のネットワークができるのです．

第3章 ラバースタンプQSOの魅力とその先へ

ラバースタンプQSOの実例を紹介し，その魅力を探ります．ラバースタンプQSOは同じ内容の繰り返しなので，CWをステップアップするための一過程と思われがちです．しかし，その型の奥に深い魅力が潜んでいます．

本章では，誰でも簡単に始められるラバースタンプQSOの奥深さを追ってみます．さらに，そのうえのステップであるラグチューへつないでいくノウハウを紹介します．

従来，これらを個別に解説した例はありましたが，隙間を埋める部分のランクアップのプロセスを解いた例は少ないと思います．ぜひお役立てください．

3-1 ラバースタンプQSOのメリット

簡単に始められ実用的

実際のアマチュアバンドをワッチして，実践交信の感触がつかめたら，次は前述のように，欧文のラバースタンプQSOが良い練習台ですから，気軽にチャレンジしてみましょう．ラバースタンプQSOのメリットは次のようなものがあります．

- 受信では，あらかじめ相手が打つ内容を予想できる．そのため，ラバースタンプQSOのある一部分のワードを聞けば，その次のワードは自動的に想定できる．あたかも百人一種の上の句と下の句のようなもの．

- 送信内容が決まっているのでパターンを体で覚えられる．条件反射的に早く正確に送信できる．

パソコンのファンクションキーに割り当てて，自動送信も可能．

ラバースタンプQSOの練習を重ねることで，自分があらかじめ準備した，まとまったパッケージ文を定型技として反射的に繰り出す訓練を体に覚えこませます．これが身に付けば，相手の出方によって，あらかじめ習得したパッケージを反射的に繰り出せます．頭だけでなく，体がマスターしていますので，ミスなく，高速で送信できます．

受信時もパッケージの出だしだけ聞けば，その全体がわかります．いくつかの「型」を体が習得すれば，後は条件反射なのです．初めのうちは，実用速度のQSOで1文字ごとに考えながら対応している時間はないので，これがとても有効なのです．

安心してQSOできる

もう一つは，このようにパッケージ化された文面で先が読める大きな安心感があります．「わかりきった内容を繰り返すのはつまらないのでは？」

水戸黄門，遠山の金さんなど定番時代劇はストーリーのわかっているCWのラバースタンプQSOと同じ．安心しておもしろい

とお感じになるかもしれません．しかし，テレビの時代劇の長寿番組で8時45分になると「この印籠が目に入らぬか，ここにおわすお方を…」とか，「てめぇらの悪事はなぁ金さんのこの桜吹雪がお見通しだぜぇ…」が始まるのを毎回楽しみにするのと同じです．誰もがストーリーを熟知している古典落語も同じですね．ストーリー展開がわかっていると安心してQSOでき，余裕が出てくると，そ

表3-1 ラバースタンプQSO文例（最短最小限）．（ ）カッコ内は省略することも多い

【JE1SPY】	CQ CQ (DE) JE1SPY JE1SPY JE1SPY ($\overline{AR}$) (K)
【JP1NWZ】	(DE) JP1NWZ JP1NWZ ($\overline{AR}$) (K)
【JE1SPY】	JP1NWZ (DE) JE1SPY TNX FER UR CALL UR 599 599 QTH TOKYO TOKYO NAME AKI AKI JP1NWZ (DE) JE1SPY $\overline{KN}$
【JP1NWZ】	JE1SPY (DE) JP1NWZ OK AKI (SAN) TNX FER REPT UR RST 599 5NN IN YOKOHAMA YOKOHAMA OP YOH YOH JE1SPY (DE) JP1NWZ $\overline{KN}$
【JE1SPY】	JP1NWZ (DE) JE1SPY OK DR YOH MY RIG K2 K2 ES ANT EH ANT EH ANT 15MH WX FINE TEMP 20C QSL JARL DR YOH JP1NWZ (DE) JE1SPY $\overline{KN}$
【JP1NWZ】	JE1SPY (DE) JP1NWZ OK AKI NW USING IC7800 IC7800 ES DP DP 20MH WX FINE 23C QSL BURO OK AKI JE1SPY (DE) JP1NWZ $\overline{KN}$
【JE1SPY】	JP1NWZ (DE) JE1SPY OK DR YOH TNX FER FB QSO CU AGN 73 DR YOH JP1NWZ (DE) JE1SPY $\overline{VA}$
【JP1NWZ】	JE1SPY (DE) JP1NWZ OK AKI TNX FER FB QSO GB 73 TU $\overline{VA}$

※ $\overline{AR}$…I am ready（送信終了），K…どうぞ，$\overline{KN}$…ブレークしないでくださいの「どうぞ」

のストーリーの中で，キーイングの味とか，絶妙な間の取り方など，CWの違いがわかってきます．ラバースタンプQSOは決して無味乾燥で単調なものではないことも，ぜひ探求されてみてください．

参考までにラバースタンプQSOの文例を表3-1に示します．

3-2　QSLカードとアワード収集

ラバースタンプQSOの最大の魅力は，QSLカードを収集し，DXCCを頂点とするアワードハントの伝統的な世界共通の基本型であることです．ですから相手が国内，国外を意識することなく，同じ方法で簡単にQSOでき，QSLカードやアワードといった形ある成果物を手にできます．

アワード・ハント基本型

前章でお話したとおり，現在，日本国内の欧文CW QSOは，このアワード用のQSLカードをサービスしたり集めたりする目的が最多です．

極言すると，この方法さえ実行していれば，和文や欧文ラグチュー，HSTとは無関係でも，CWでDXCCのオナーロール（名誉会員）にもなれるのです．それほど，有益な方法です．速度も150字/分もできれば十分すぎます．

以下がその典型的な例です．

【サービス局】　CQ CQ DE JE1SPY/1 JCC1002 K
【呼ぶ側】　　　DE JP1NWZ (BK)
【サービス局】　JP1NWZ 599 (BK)
【呼ぶ側】　　　R 599 TU
【サービス局】　TU JE1SPY/1 JCC1002 (BK)
　　　　　　　　別の局が同様に呼ぶ．

これが最低限のやり取りです．（　）カッコの部分はあえて送信しなくても，慣習的にスタンバイのタイミングはわかるので，省略する場合が多いです．たったこれだけのやり取りですから，自分のコールサインと数字を覚えれば，すぐに運用できます．しかもこのパターンはコンテスト，DXペディションなど，本格的な領域へ踏み込んだ場合でもまったく同様です．

ですから，欧文モールス符号を覚えて，国家試験に合格し，局免許のCWモードの変更手続きが完了したら，すぐにでも7MHz（上級局の場合は10MHzもチャンスが多い）あたりをワッチして，実際にコールしてみましょう．おそらく，どれも相当速いスピード（80～100字/分程度）ですが，何度も同じことを繰り返しているので，自分がコールする前によく聞いて，事前に相手のコールサインを確認しておけば良いのです．後は自分のコールサインなら相当早くてもコピーできるはずですから，コールバックはすぐわかります．サービス局は，これ以外の余計なことを打ってきませんから，怖いことは全然ありません．

この一見簡単なやり取りでも実に奥が深いのです．この間で，その蔭でどのくらいの数の局がワッチしているか？などを，相手局とその場全体の状況から読み取れるようになると，レポート交換だけのラバースタンプQSOの楽しさがわかっていきます（流行語で言えば「空気読めてる」でしょうか，hi）．

上記のやりとりは，かなりのベテランが効率良くQSOしているパターンです．

パイルアップで呼び合う型

それでは，もう少し違う状況を想定して例題を考えてみましょう．

【サービス局】　CQ CQ DE JE1SPY/1 JCC1002 K

◆ 呼ぶパターン①
【呼ぶ側】　DE JP1NWZ (BK)
　　　　　　JA1YGX

2局同時にコールしました．JA1YGXはDE，BKも省略しています．これはかなりベテランかもしれません．

◆ 呼ばれるパターン①
【サービス局】　?

2局がほとんど同時にまったく同じ周波数で呼んできたのでコピーできなかったようです．「?」だけを返してきました．ここで，1回コールのタイミングで?が返ることは重要です．理由は後述します．これは微妙な送受信のタイミングを使って短時間で局数を稼ぐときに使う技です．しかし，呼んでいる局にビギナーがいると，コールするタイミングがわからず，ついて行けない局が出たりします．

また，コンディションが悪かったりQRMがあると，「?」一文字だけの場合，パイルアップする局の中には，この指示を聞き落としてしまう場合もあります．パイルアップへの参加局数がとても多く，スプリット運用でそれをうまく制御できていれば，この方法はきわめて有効ですが，この場合のように2局だけのときはここまで効率を追及する必要はないでしょう．

◆ 呼ばれるパターン②
QRZ? DE JE1SPY/1 BK

これはかなり丁寧なやり方で，教科書どおりの送信内容です．パイルアップし合っているJA1YGXとJP1NWZは，サービス局がJE1SPYであることはわかっているわけですから，再度IDを打つのは冗長です．これですと，JE1SPYのコールをほかの局が聞きつけて，新たにパイルアップに加わってきて，ますますパイルアップを大きくする可能性があります（それを意図的に狙っているとすれば，それもテクニックですが，これ以上は後ほど研究することにしましょう）．

したがって，この状況でこういう対応を返してくるサービス局は，あまり技量が高くない可能性があります．

◆ 呼ばれるパターン③
QRZ?　または　AGN?

これだけでも，この場合は十分です．「?」1文字よりは，聞き落とされる確率も下がります．普通は，サービス局からは，この程度の対応が返ってくるはずです．

BS7H（スカボロー・リーフ）からCWを運用する9V1YC

3 ラバースタンプQSOの魅力とその先へ

◆ 呼ぶパターン②
【呼ぶ側】　JA1YGX
　　　　　　JP1NWZ

タイミングの奥技いろいろ

　2局が呼んでいることがわかりましたので，JP1NWZは，わざと呼ぶタイミングを遅らせてコールしました．すると，最後だけ目立って，相手局に受信してもらえる確率があがります．パイルアップになっているので，DEやBKは省略して送信しないほうが無用の混信を緩和でき賢明です．

　サービス局側がベテラン局の場合は，より早く送信し終わるJA1YGXのほうをパイルアップの中からいち早くコピーして応答を返してくる可能性が高いのです．一方，比較的ビギナー局は最後，パイルアップの尻からはみ出して，遅れて目立ったほうのJP1NWZにコールバックのある傾向があります．

　したがって，呼ぶ側としてどちらの方法を取るかは，しばらくワッチして，サービス局の拾う癖を聞いていれば，その局の技量がどの程度かはすぐわかるものです．

　なぜ，ベテランはわざわざパイルアップが納まるのを待たずして，あえて混信の中からJA1YGXのほうを先にコピーするのでしょうか？　その理由は，この尻からはみ出した局を拾う方法を繰り返していると，呼んでくる局が，「我も我も」と自分の尻をパイルアップの後ろにはみ出させるような方法で呼び始めてしまうのです．最悪，何度もコールを繰り返して，いわゆるエンドレス・コールの末に呼び倒してしまう懸念があります．

　普通のサービス局の運用では，そこまではなりませんが，サービス局側がかなり珍しいQTH（海外含む）から運用している場合は，誰もがその局のQSLカードが欲しいですね！　こうなると，典型的なロング・コールによる混乱が発生してしまいます．そこでベテランは，「早く呼び終わるであろう局を予測して拾う」というテクニックで，パイルアップを制御するわけです．その最大のポイントは，「1回しか呼ばせない」「1回のコールのタイミングで必ず返す」ことです．

　ですから，パイルアップに参加して呼ぶ局側にも，パイルアップのQRMの中から自分にコールバックがあったことを聞き分ける技量が必要になります．したがって，サービス局の技量と呼ぶ局の技能がつりあっていないと，QRMの中から応答を聞き分けられない局が呼び続ける混乱が発生する可能性があります．

　サービス局はパイルアップの状況を聞きながら，呼び手がどの程度の技量を持った局が含まれているか，パイルアップ全体の技量を瞬時に読み取り，それを元に判断をくだして，パイルアップの変化に先回りして全体を制御できる，さらに一枚上手

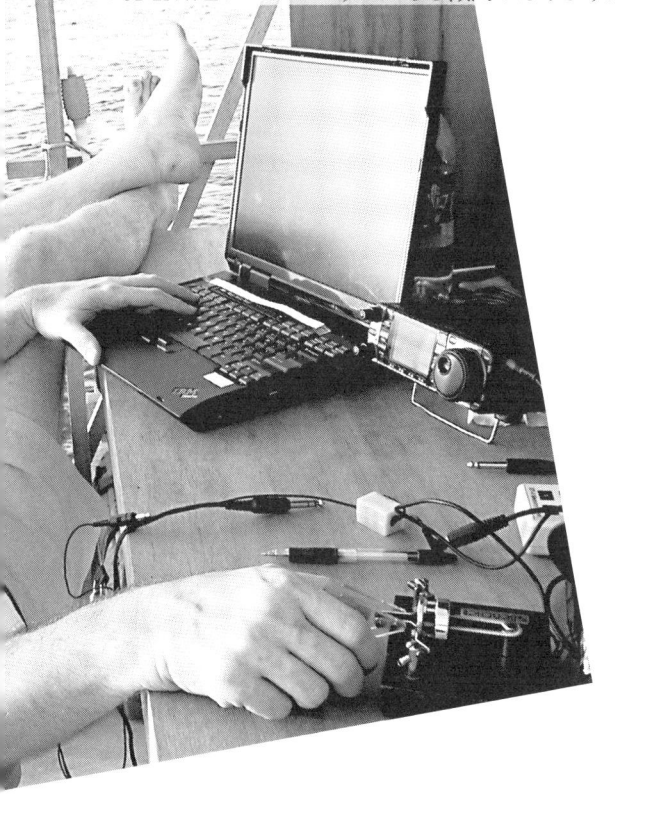

の技量が必要とされます．このあたりのさらに掘り下げたお話は後章のお楽しみとしましょう．

【サービス局】　JA1YGX 599（K）

　最後にBKで返すかKで返すか，省略するかはいろいろです．従来は普通のQSOはKで返し，いわゆる短いスタンバイを繰り返すショートQSOはBKで返していました．いわずと知れたブレークイン方式のBです．しかし，最近はショートQSOでも短くて済むKが多用されています．

【呼ぶ側】　R 599 TU　または599（B）K　またはTU 599など，いろいろと変形させる場合もある．

一歩先を読む

　この場合，パイルアップになっているので，サービス側のJE1SPYも呼ぶ順番を待っているJP1NWZも，このQSOが早く終わることを内心期待し，次のQSOを狙っています．できるだけ短い応答をしてあげたほうが皆に親切なわけです．

　ですから，杓子定規であまり良くない例として，

【呼ぶ側】　R DE JA1YGX UR 599 599 TU 73 BK

　これは一見教科書に近い応答方法です．しかし，この場合必ずしも適切とは言えません．サービス局であるJE1SPYは自分を呼んでくれたのはJA1YGXであることは，もうわかっているわけです．ですからJA1YGXのコールサインのIDや599を2回聞きたいとは思わないはずです．DEも不要でしょう．TUと73も不要ですが，どうしても送信したければ少なくともいずれか一方で十分でしょう．むしろFB SIG 73とすれば，サービス中のJE1SPYは自分の信号が良く届いていることがわかるので，TU 73を送るよりは長くなりますが，それなりの意味があり有意義でしょう．

◆ パターン①
【サービス局】　TU JE1SPY/1

　ここでQSOは終了，サービス局は新たなQSOに入ります．JE1SPYがベテランであれば，JA1YGXのほかにもう1局呼んでいる局がいたことはわかっています．そこで最低限のIDを送信します．このシーンで再びCQを出したりすることは，論外といえましょう．

◆ パターン②
【サービス局】　R TU（?）　または　QRZ（?）

　上述のように今のQSOの裏で，JP1NWZが待っていることはわかっているので，あえて自分のIDは繰り返さず，暗黙のうちに，待っている（であろう）JP1NWZへ送信を即する合図をすれば十分かもしれません．その意味では，この方法も悪くはないでしょう．

相手の心理を先読みする

　しかし，よく耳にするのは，待機している局がいるかぎり延々とこの方法を繰り返すサービス局に出会うことがあります．この場合，最初からQSOを聞いておらず，途中からサービス運用に気付いた局は，呼ぶ局が皆無になるまで，ずっとJE1SPYのQSOを聞き続けてIDを待たないといけません．電波法では最低10分間に一度，自分のコールサインを送信すれば良いわけですが，そこ

3 ラバースタンプQSOの魅力とその先へ

は法律と趣味の慣習が異なる点です．トラフィック理論からすれば，待ち時間は，パイルアップに加わって呼び負けて待たされても，じっとワッチして待たされても同じです．

しかし，ハムは趣味ですからパイルアップに自分も加わって「さあ，今度のスタンバイで拾ってもらえるかな？」というスリルを楽しめること自体が，非常に意味のあることなのです．例え，パイルアップに負け続けて，最終的にはQSOできないとしても，パイルアップに加わって，実際にコールできた，というその行為に意味があり，遊んだ！という満足感も味わえます．パイルアップを破れ(やぶ)なかったというデータにもなります．

以上より，この方法はせいぜい一度が限界と思われます．

待ち行列で並んでいたのでは楽しさが半減．オープン戦がおもしろい

以降，この繰り返しパターンです．この程度の基本さえ知っておけば，貴方はほとんどのレポート交換QSOには対応できるはずです．後は，場数を踏んで実践で腕を磨きましょう．これ以上のテクニックは後の章で個別に研究することにします．

3-3　CQ中心の初心者サバイバル・ラバースタンプQSO

前章でも触れましたが，サービス局を呼ぶ形でのレポート交換QSOで腕を慣らして自信がついたら，普通のラバースタンプQSOにチャレンジしてみましょう．この場合は，レポート交換のQSOとは違い，自分のほうからCQを出すのが良いでしょう．

その理由は前述のとおり，最近はビギナー局の簡単な設備でも電波が安定に届く，日本国内同士での欧文ラバースタンプQSOが少なくなったからです．つまり，バンドをワッチして聞こえる欧文ラバースタンプQSOは日本対海外で行われている，かなり高速の欧文ラバースタンプQSOがほとんどです．これらのQSOが終わってそれを呼んでもスピードの点で追いつきません．かといって，初心者がコピーできるほどの低速の欧文QSOとは，なかなかめぐり合えません．

ですから，自分がコピーできるゆっくりしたペースでCQを出して，安定に受信できる国内の強い局に同じスピードのCWで応答してきてもらうのが，一番良い練習になるのです．

ここではラバースタンプQSOに補足して，ちょっと困ったり，こんな場合はどうしたら良いか？という場合を解説して，実践QSOの助けとして役立ていただきたいと思います．読者が実際にQRVした際に困ったときの緊急脱出作戦として活用してみてください．何回か緊急脱出を繰り返すうちに度胸と実力がつき，だんだん緊急脱出しなくてもOKになってくるはずです．

以下，JE1SPYがCQを出し，JP1NWZがそれにコールしてくる場合で，いろいろなシーンを想定してみます．

呼ばれたけれどコールサインが取れない

1局呼んできて，パイルアップでなくても，コールサインが聞き取れないこともあります．その場

合は，相手の送信速度が速いか，コンディションが悪いか，QRMがあるかでしょう．この場合は，こちらがいかにコピーに苦労しているか！　というようすを多少大げさに表現して相手にわかってもらう必要があります．

　前述のお手本のように「QRZ?」だけですと，相手も軽く1～2回程度コールしてくるだけで，またもやコピーできない，という繰り返しになりかねません．ここは恥ずかしいことはありませんから，ジェスチャーをオーバーにして送信します．

【JE1SPY】　QRZ? PSE QRS QRS QRS??? BK K
（相手が早すぎる場合）

【JE1SPY】　QRZ? NW QRM QRM QRM PSE AGN AGN AGN BK K
（混信がある場合）

【JE1SPY】　QRZ? NW QRN QRN QRN PSE AGN AGN AGN BK K
（ノイズがある場合）

【JE1SPY】　QRZ? NW QSB QSB QSB PSE AGN AGN AGN BK K
（フェージングがある場合）

　ワンパターンの繰り返しですが，CWはこの繰り返しが思いのほか効果があります．相手もきっと何度も自分のコールサインを繰り返してくれるはずです．

2局以上から呼ばれてしまった

　いわゆるパイルアップになってしまう場合も稀にはあります．もし，2局以上が呼んできたら，その中の1文字でも良いので，コピーできるよう，必死になってください．JP1NWZとJA1YGXが同時に呼んできたとしましょう．JP1NWZのWの文字だけでもコピーできればしめたものです！

　前述のように，わかるまでじっと聞こうとすると，パイルアップはひどくなります．1回のコールを聞いたら，1文字でも良いのです．「指定して即返します」．

【JE1SPY】　QRZ? W? W? W? (PSE W?) $\overline{KN}$

　最後の$\overline{KN}$のNは自分が指定した以外の局は送信しないでください，の意味があります．Wを何度も繰り返しているのは先ほどと同じテクニックで，自分はほかの局はコピーできていなので，どうか，Wの人だけお願いします．を強調しているわけです．

　しかし，何かの原因で，この後も，相変わらず2局が同時に呼んできたとします．そのときはあせらず，遠慮せず，自分がコピーできたWの文字が入ったコールサインの局だけを指定し続けます．その際も繰り返し送信のテクニックを駆使します．

【JE1SPY】　QRZ? ONLY W? W? W? $\overline{KN}$ NN

　最後の$\overline{KN}$NNはNを強調して，どうかほかの方はご遠慮願います．という意思表示をしているわけです．このテクニックは，今後海外などで自分がCQを出してたくさんの局から呼ばれる際などにパイルアップを制御するのに大変有効な方法となります．

コールサインとレポート以外, 何もコピーできなかった

　コールサインとレポートがコピーできれば，い

3 ラバースタンプQSOの魅力とその先へ

ちおうQSOは成立です．何度か聞き返しても良いのですが，コンディションやQRMそのほかの要因で，どうしてもコピーできる自信がなければ，ここはひとまずQSOを終わらせる方法も有効です．

【JE1SPY】　JP1NWZ DE JE1SPY SRI NW QRM QRM TNX (FER) FB REP (R) T NW TU FB QSO 73 CU AGN 73 JP1NWZ DE JE1SPY 73 TU

これでも，QSOは成立し，QSLカードの交換もできます．名前もQTHもコピーできなくても，自分を責める必要はありません．相手も，こちらが初心者であることは十分わかってくれているので，ペースを合わせてくれるはずです．73が多いのは，これで終わりにします，という意思表示を強調しています．また，CQを出して，もっとコピーしやすい局が呼んできてくれるようにがんばればよいのです．

レポートがコピーできなかった

最低限レポートがコピーできないとQSOは成立しません．普通のCWでは，「PSE REPRT AGN」あるいは「PSE AGN RST ?」程度ですが，相手も初心者の場合は，何を聞いてきているのか，相手もコピーできないという，トンチンカンな事態

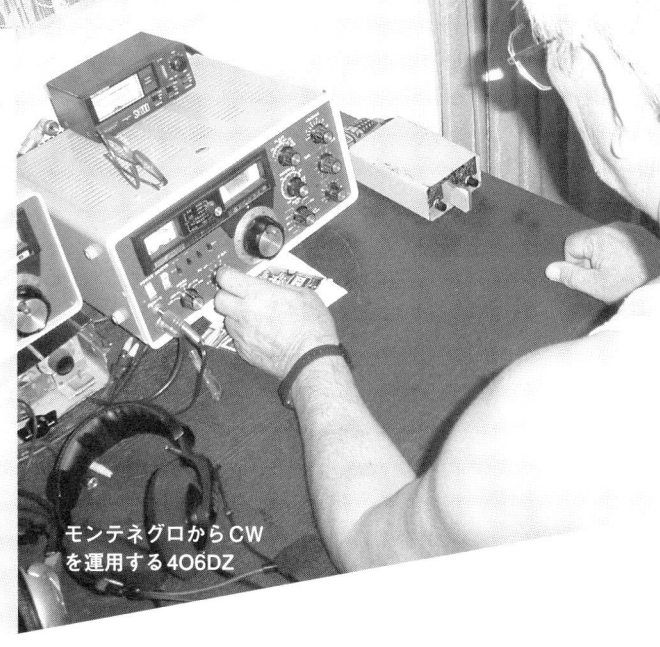

モンテネグロからCWを運用する4O6DZ

となってしまいます．ここはシンプルイズベストで，下記のような簡単明瞭な問いかけでも十分でしょう．

【JE1SPY】　JP1NWZ DE JE1SPY RST? RST? RST? BK

前述の繰り返しのテクニックも使っていますね．
以上の4パターン程度をマスターしておけば，読者の皆さんはもう，積極的にCQを出して誰から呼ばれても怖いものはないでしょう．どんどんQSOの場数を踏んで，腕を上げていきましょう．

3-4　リグ，アンテナの効率的実践テスト

ラバースタンプQSOの「型」を実践で十分使い始めると，QSOそのものが目的でなく，それを使っていろいろな活用ができるようになります．

ここでは，アマチュア無線ならではCWを活用する実験例を見てみましょう．アンテナの性能比較を実際の電離層伝搬を使って，相手局からレポートをもらう例を研究してみます．

CW専用バンドである1.9MHzで，ロング・ワイヤとEHアンテナの電波の飛び具合について，JE1SPYが交信中の相手局であるJP1NWZから

レポートをもらう状況を想定してみます．一通りのラバースタンプQSOが終わったとします．

SSBでしたら，「いま，ロング・ワイヤとEHアンテナの2本を切り替えますので，レポートをください」で済みますね．

CWの場合，相手が日本人なら，欧文でも，英文法に忠実な長い文書よりも，多少文法的に怪しげでも，短くて直感的にわかりやすい文で送信したほうが意思が通じるようです．

【JE1SPY】　JP1NWZ DE JE1SPY PSE (GIVE ME THE) TEST REPT (OF) MY ANT NW ANT1 ANT1 ANT1 VVV VVV VVV QRX QRX NW ANT2 ANT2 ANT2 VVV VVV VVV NW ? ? BK

上記で(GIVE ME THE)や(OF)が入らないと正しい英文ではありませんが，相手があまりCWの受信が得意でない場合，直感的にわかりやすい文のほうがコピーしてもらえます．

「PSE」はよく使うワードなので，ビギナーでもコピーできる局が多いです．「あれ，何か要求してきているんだな」と感じ取ってくれます．
「TEST」もコンテストで"CQ TEST"といつも聞いているのでコピーできるでしょう．すると，「相手は何かテストしようとしているらしいな？」とも感じ取ってくれます．その後，「ANT1」「ANT2」とくれば，「はは～ん，これは二つのアンテナを切り替えて，テストしているな！」を，文書としてコピーできなくとも，その場の雰囲気で空気が読めて(hi)感じ取ってくれるでしょう．

【JP1NWZ】　JE1SPY DE JP1NWZ UR ANT1 569 569 569 ANT2 559 559 559 BK

この程度の最低限のレポートで十分です．この際，Sメータの振れはあまり気にせず，耳で聞いた聞こえ具合でレポートすれば十分です．それでは科学的な定量的データになっておらず，相手に失礼では？と心配する必要はありません．相手は，実際の電離層を伝わって行った実用状態での使用感を知りたいわけです．その意味では，こちらもどんな聞こえ具合かを素直に教えてあげるのが目的に適っています．

相手がベテランであれば，世界中の多くの局に何度も同じレポートをもらい，その分布や確率的な統計からアンテナの性能比較の参考にしているはずです．たった一つのQSOのデータが短波帯の電離層伝搬によるアンテナ性能差を決めることはありえないことは十分理解しているはずです．仮にかなりコンディションが安定だったり，見通波伝搬のときは正確にSメータを読んで，

【JP1NWZ】　JE1SPY DE JP1NWZ UR ANT1 S6 S6 S6 ANT2 S5 S5 S5 BK

としても良いでしょう．

太平洋のジョンストン島からCWを運用するOH2PM

3 ラバースタンプQSOの魅力とその先へ

これに対して、JE1SPYは実験に協力してくれたお礼に種明かしとして、データを教えてあげます。

【JE1SPY】 JP1NWZ DE JE1SPY TNX (FER) FB REPT ANT1 (IS) LW LW LW ANT2 (IS) EH EH EH ANT 73 TU

この程度の簡単な文で十分にお礼の意思は伝わります。(FER)はいうまでもなく(FOR)のCW独自の省略形ですが、Thanks forの英文に忠実でなくともCWなら省略してしまっても、少なくとも日本人同士なら通じやすいかもしれません。同様に(IS)も省略してしまっても良いでしょう。ここでちょっと注意すべきはReportのCW省略形をPRTとしてしまうと、Repeatの慣用的CW省略形になってしまいます。この場合REPTと打っていますが、REPRTでも良いでしょう。

最悪、文書部分がコピーできなくとも、LWとEHの文字がコピーできれば、「はは〜ん。ロング・ワイヤとEHアンテナを切り替えて送信したんだな！ これは貴重な実験データを体験させてもらえた！」と協力者にとっても、メリットとなり喜んでくれるでことでしょう。その意味でLWとEHの肝になる部分は何度も繰り返して送信しています。

ラバースタンプQSOで
簡単にデータ収集できる

以上を覚えておけば、ハムとしては非常に興味深いHF帯でのいろいろなアンテナの電離層伝搬波による性能比較実験を全世界相手に行うことができます。1.8/1.9MHzや10MHzはCW専用バンドですから、このパターンをぜひとも覚えておかないと実験ができませんし、覚えればアンテナに限らずリニア・アンプやリグなど、何の実験にも応用できます。これも言語に関係なく、世界中のハム仲間へ実験に協力してもらえる、ラバースタンプQSOの大きなメリットと活用法です。英文法のミスなど気にせず、どんどんやってみましょう。

前章でも紹介した、ハムならではの醍醐味で、現在の先端技術の研究テーマにもなるアンテナと電離層伝搬実験に、CWとラバースタンプQSOは大変有効です。読者もご存じのように短波帯の電離層伝搬テストやアンテナの実用テストは、ある季節、特定時間のパスによる1回限りのQSOデータでは結果が出しにくいのです。地球上多くの地域への伝搬路、いろいろな季節と時間帯など数多くのデータを積み重ね、場合によっては信号強度だけでなく確率的な統計処理が必要な場合もあります。こういった目的には、数が多く、世界中に何百万局と分散しているハム同士のQSOはきわめて有効です。

ラバースタンプQSOやコンテストでは、きわめて短時間に同じ方法と基準で多くのデータを取得できるのです。これがプロの場合は、実験無線局の設置だけでも膨大な費用となりますし、1局ごとの実験局運営の人件費も大変な負担です。ハムでなければできない方法です。

3-5 ラバースタンプQSOからのステップアップ

コンテストでスピードアップ

ラバースタンプQSOの代表例がコンテストです。初心者の方は、CQを出している局（ランニング局という）を呼ぶのが良いでしょう。コンテストはどの局も普段のQSOよりも遥かに速い速度で

送信しています．ちょっと聞いた限りは到底初心者がコピーできるスピードではありません．しかし，よく聞けば，まったく同じ内容を繰り返し送信しているだけです．

ですから，自分がコールする前にじっくり聞いて，ランニング局のコールサインとコンテスト・ナンバーを事前にメモしてしまいます．こうすれば，あとは自分のコールサインがコールバックしてくることがわかるだけでOKです．

もちろん，この方法では上位入賞は難しいでしょう．しかし，ランニング局は短時間に膨大な局数と交信するので，普段はパイルアップの順番待ちで中々QSOできないような珍しい局とも意外と簡単にQSOできることが多いのです．短時間で珍しい局ともQSOできる可能性が高く，非常に簡単なQSOで局数がかせげる面白さは自分のCWに大きな自信が持てるようになるでしょう．そして何より，一番大切なコールサインを受信するスピードが格段に速くなり腕が上がるはずです．

もう一つ，コンテストは第三者としてワッチしているだけだと，お祭り騒ぎと煩く感じるだけかもしれません．しかし，自分がその中へ飛び込むと，外から見ているときとはまったく違う楽しさに気づくはずです．CWの練習のつもりでコンテストを始めて，それがライフワークとなったコンテスターは世界に多いのです．

それでは，実際にコンテストの世界へ飛び込んでみましょう．せっかく足を踏み込むからには，終着点の目標として全国規模，全世界規模の大きなコンテストで，入賞あるいは優勝を狙える運用方法の基礎となる技能を修得しながら一緒に研究を進めてみましょう．そして応用となるノウハウは後ほど説明することにします．

初めてのコンテスト参加は呼びに回ろう

初めてCWでコンテストへ参加する場合は，上記のラバースタンプQSOの場合とは異なり，自分からCQは出さずに，CQを出している局を呼ぶようにします．これをS&P（サーチ・アンド・ポーズ）と言います．その理由は，参加者のCQは国内コンテストの場合100～150字/分，DXコンテストの場合は150～200字/分程度の高速で出されているからです．いくらQRSをリクエストしても，勝負がかかっている競技中ですので誰も相手にしてくれないばかりか，お願いした相手に迷惑をかけることにもなりかねないからです．

『CQ ham radio』誌や『JARLニュース』，インターネットで調査すると，毎週末から日曜日にかけて，何らかのコンテストが必ず行われています．それを調べ，最低限，交信対象相手はどこの局で，コンテスト・ナンバーはどのように送信したら良いか，開催されているバンドはどこかを調べるだけで，貴方はコンテストへ参加できます．コンテストの詳細は後述することとして，ここでは最低限参加するための「形」を研究します．

例えば，日本を代表するオールJAコンテストでしたら，相手局は日本国内のアマチュア局であれば誰でもOK．コンテスト・ナンバーは都道府県

3 ラバースタンプQSOの魅力とその先へ

番号で，例えば東京は10です．それプラス自分のパワー記号です．50Wでしたら「M」です．これだけ調べれば，後は実際にバンドをワッチしてとにかく飛び込んでみましょう！

7MHzあたりが一番相手が多く，手頃です．ここでも，一般的なQSOパターンは書籍『モールス通信』に記載があるので詳細は重複を避けるため省略します．初めてコンテストへ参加される方は，前述のようにコンテストのロギング・ソフトを使い，送信は自動キーイング，受信はタイプ入力がお勧めです．特に送信はファンクション・キーに自分のコールサイン，コンテスト・ナンバーを登録しておけば，ボタン一つで誤りのない高速送信が行えます．歴史的には，縦振り電鍵＋紙ログ→エレキー＋PCログ→PCログのリアルタイム送受信という順序でベテラン・ハムは経験してきました．

しかし，今の入門者はこれを逆にたどるのが合理的で趣味としても楽しいと思います．特に手動送信は腕に自信がついてからじょじょにチャレンジするのが良いでしょう．

【ランニング局】	CQ CQ TEST JE1SPY JE1SPY TEST
【S&P】	JP1NWZ
【ランニング局】	JP1NWZ 59910M
【S&P】	59911H
【ランニング局】	TU JE1SPY TEST

これをコンスト用のPCソフトを使って運用する場合は以下のようになります．

【ランニング局】	CQ CQ TEST JE1SPY JE1SPY TEST
【S&P】	ロギングソフトのコールサイン欄に［J］［E］［1］［S］［P］［Y］とタイプする．
【S&P】	［F1］を押す…［F1］にJP1NWZが登録されているとします．
【ランニング局】	JP1NWZ 59910M
【S&P】	［F2］を押す…［F2］に59911Hというコンテスト・ナンバーが登録されているとします．
【ランニング局】	TU JE1SPY TEST
【S&P】	ナンバー欄に［1］［0］［M］とタイプする（599は自動入力）．

QSOの方法は，たったこれだけです．電鍵やパドルで打つよりも送信は簡単ですし，受信も文字を筆記するよりキーボード・タイプのほうがはるかに速くて正確です．もし，あなたが普段から仕事などでブラインドタッチをマスターしているなら，なおさらです．それでは，このQSOについて，以下に補足説明します．

バンドエッジの下から上へ向かって順にワッチして呼んでいく

コンテストのときは，物凄くたくさんの局が1kHzごとくらいにびっしりCQを出しています．

ややもすると誰を呼んで良いか目移りがしてしまいそうです．まずは下から1局ずつじっくり聞いて1局ずつ呼んでみます．初心者はあまりの局の多さに自分が誰を呼ぼうとしているかがわからなくなってしまうからです．落ち着いて順に狙えば難しいことはありません．勝敗は抜きですからじっくりいきましょう．このときCWのビートはUSBタイプ，つまり，ダイヤルを下から上へ向かって回すと，CWのビート音が高い音から順次低い音に変化していって，ゼロビートへ近づく設定にしておくと運用しやすいです．

CWフィルタや帯域コントロールが入っているリグなら，それを用います．3.5MHzや7MHzでしたら，初めての場合は1局ずつ分離して聞こえる程度の250〜500Hzまで狭くするのが良いでしょう．

このときの送信ツールは，できればコンテストログソフトの自動キーイングが良いでしょう．ある程度手動の送信速度に自信があれば，エレキーでもOKです．縦振り電鍵では速度が追いつきませんので，避けたほうが良いでしょう．コンテスト用のログ・ソフトの詳細は後述します．

呼ぶ前にCQを出している局の
コールサインとナンバーを
あらかじめコピーしておく

初めて参加する貴方にとっては，驚くほど速いスピードのはずです．しかし，よく聞くと同じ内容の繰り返しで，しかも1分に1局程度の凄いペースでQSOしているので，同じ局を数分聞いていれば，その送信内容は聞きとれるはずです．同時に，呼んでいるほかの局がどのような方法で呼んでいるかもわかりますから，それを真似して呼べば良いこともわかり，十分心の準備ができますね．

相手の速度と同じに合わせて
一度だけコールしてすぐ受信する

コンテストではCQを出している局の速度が，自分がコピーできないほどの速さでも，原則それに合わせてコールするのがマナーです．そのほうが相手局に受信してもらいやすくなります．一度だけ自分のコールサインを送信したらすぐ受信です．ほかの局に応答が返ってくることが多いかもしれませんが，パイルアップに負けてもこの1回のみのコールを何サイクルかトライします．決して送信しっ放しで2回，3回と自分のコールサインを繰り返すことは，今はやめておきましょう．

2〜3度呼んで受信してもらえなかったら
次の局へ移る

DXペディションやアワードのサービス局を呼ぶときは，どうしてもその局とQSOしたいため，数時間，半日も1局を呼び続ける価値はあるかもしれません．しかし，コンテストの場合は，誰とでも交信でき，しかも相手はいくらでもいます．1局に固執せず，数回呼んでパイルアップに負けるようなら，潔く次へ行くのが効率的です．ランニング局が呼ばれるのには不思議な波があり，まとまって呼ばれたり，ぴたっと途切れることがあったりするのです．その偶然ぴたっと途切れるときにうまくあたれば良いので，今にこだわる必要はありません．

保留した局の周波数とコールサインを
メモしておく

いま，あきらめた局の運用周波数とコールサインをメモしておきます（図3-1）．これは慣れてくれば無線機のメモリとか，バンドスタック，サブVFOなどへちょっと入力すればよいのですが，初

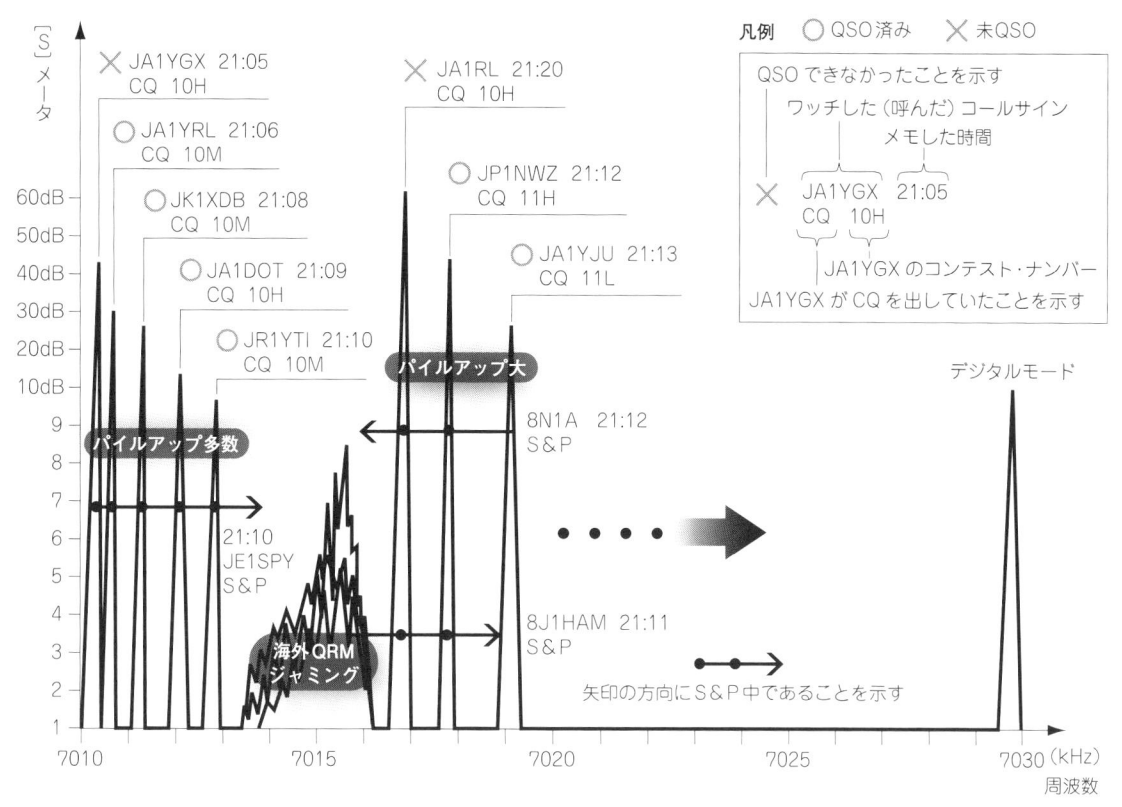

3 ラバースタンプQSOの魅力とその先へ

図3-1 コンテスト S&P メモ

初めてコンテストへ参加する際は，このようにバンドのようすをメモしながら行うと良い．慣れてくると，メモしなくても，この映像が頭の中へ自然と描かれるようになる

めての場合はあえて紙のメモ用紙へ書いておくのが良いでしょう．

あるいは，紙の横軸に周波数を書いて，その軸上にコールサインをメモして映像イメージでどの辺にどの局がいるかがわかる漫画を作りながら呼んでいくのも良いでしょう．これは将来，コンテスト中のバンド全体イメージが常に自分の頭の中で映像として見えてくるようになる，基礎トレーニングにもなります．

上側バンドエッジまで行ったら，メモ用紙の保留した局をもう一度トライ

バンド一巡，すなわち，オールJAコンテストの場合7010〜7030kHzまでがCWの周波数ですから7030kHzまで行ったら，前述のメモを見ます．そして，メモ用紙の周波数の低い側の局から，もう一度コールしてみます．QSOできればメモにチェックし，まだお客さんが多くて呼び負けるようでしたら，2〜3回呼んでようすを見て保留し，次のメモ用紙の局を探します．そして，メモ用紙の局を下から上に一巡呼び終わるようにします．

以後これを繰り返す

メモ用紙の局を一巡したら，次はバンドを下から上に，つまり7010kHzから上に向かって7030kHzまで，最初と同じように，まだQSOして

いない局を呼んでいきます．しかし，今度はあまり新しい局は見つからないことに気づくはずです．もし，呼び負けて交信できない局があれば，前述のメモ用紙へメモしておきます．そして，7030kHzまで行ったら，もう一度最初のメモと今度のメモを合わせて，それらの局を順にコールしていきます．

ここまで行ったらリラックスして全体を見わたしてみましょう

バンド全体を2巡程度したわけですから，リグの受信フィルタを思い切ってSSB帯域の2.7kHz程度に広くして，CWバンドの全体をリラックスして少しダイヤルをグルグルと回しながら気ままにワッチしてみましょう．凄い数の局が出ていますし，自分が取りこぼした局にどの程度の局が群がっているか？　など，CWの文字は速くてコピーできなくとも，さっきのメモとCWの音で，局の密度が感覚的に掴めると思います．このとき，メモを漫画チックに作成した場合には，横軸周波数，縦軸信号の漫画を見て，その絵と音のイメージを頭の中で重ね合わせてみます（図3-2）．いわば，今までは左脳を使ってワンステップずつ緻密に聞いていたわけですが，今は右脳を使って，全体をイメージとして捕らえているというわけです．休息をかねて脳ミソと耳を休めながら，あちこちようすを見てみましょう．別のバンドを軽く聞いてみる

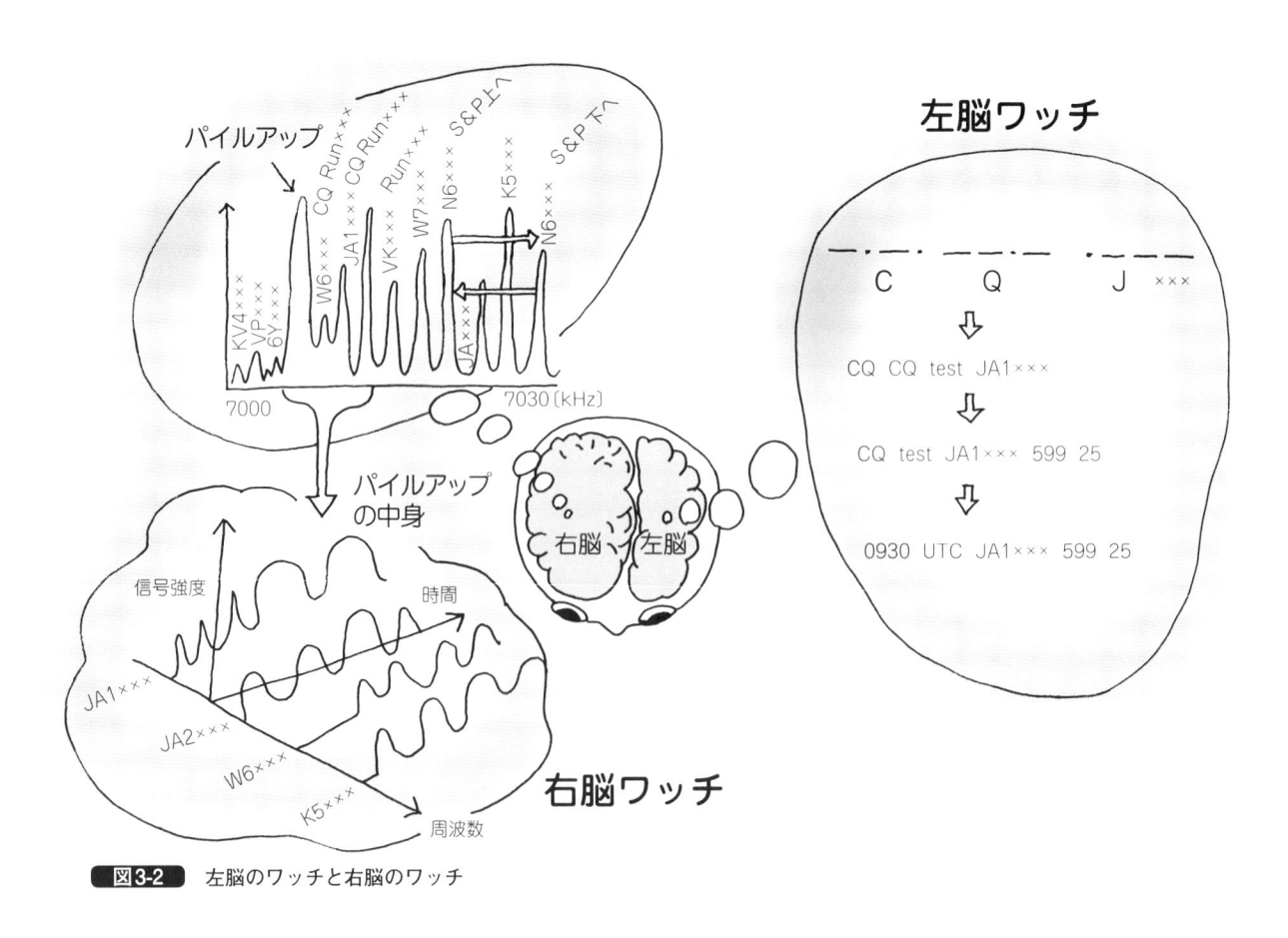

図3-2　左脳のワッチと右脳のワッチ

3 ラバースタンプQSOの魅力とその先へ

のも良いでしょう．入賞は関係ありませんから…．

バンド全体を俯瞰するのでしたら，このように人間の経験と勘に頼らず，今流のトランシーバのバンドスコープを活用する方法もあります．最初のうちは，大変有効な手段なので大いに活用してみましょう．しかし，ローバンドのDXやコンテストなどですと，ノイズ以下の信号をマークしたり，どの局がどの方向へS&Pしながら動いているか？など，スコープでは見えないバンド全体の「気配」のようなものを「感じ取る」ことが非常に有効になります．そういった職人芸的なノウハウをマスターしていくためにも，上記の「右脳ワッチ」は訓練していく価値はあると思います．

しかも，このちょっと休んで全体を俯瞰するというのが，自分の脳のためにも良いですし，バンドの状態変化を把握する面からも結果的に効率

COLUMN　ラバースタンプQSO始めの一歩

ラバースタンプQSOのスタートに必要なのは「度胸」です．何も受信できなくても，打つだけ打ってファイナルを送れば良いのです．

しかし，「交信」となるには，相手の打つ内容を理解することが必要です．コールサインとシグナル・レポート以外では，まず相手の「ハンドル」を受信することです．

オペレーター名のことを「ハンドル」という所以は，有線アメリカン・モールス時代，電報を扱う人，つまり誰がハンドリングしたか？ から由来しています．

QSOで，スタンバイのたびに，例えば「OK AKI」とハンドルを打つと親近感が深まります．

このハンドル，コツを掴むと意外と簡単です．国内局なら以下で，まず8割はカバーできます．

```
H···A···R···U ········· HARU
   ···I···R···O ········· HIRO
         ···D···E ········· HIDE
         ···S···A ········· HISA

Y···O···S···H···I ····· YOSHI
   ···U···K···I ········· YUKI
   ···A···S···U ········· YASU

A···K···I ················ AKI

K···A···Z···U ············ KAZU
   ···E···N ·············· KEN
   ···O···U ·············· KOU
         ···H ············ KOH

T···O···S···H···I ······ TOSHI
   ···M···O ············· TOMO
   ···K···U ············· TOKU
   ···A···K···A ········· TAKA
         ···D···A ······· TADA

M···A···S···A ··········· MASA

N···A···O ··············· NAO
   ···O···R···I ········· NORI
   ···B···U ············· NOBU

S···H···I···G···E ······ SHIGE
         ···N ··········· SHIN

J···U···N ··············· JUN
```

頭2文字を受信できれば，心に余裕が生まれます．例えば，SHIとくれば，SHINかSHIGEだなと… しかし，時にはSHIMIZUなどとフルスペルで打たれる局もいるので，オットットッ，要注意！

ロシアの局はラバースタンプQSO一本槍という慣習（鉄のカーテン時代の名残）があり，余計なことは打って来ないので最高の練習相手です．ハンドルもVLAD, ALEX, YURI, NICK, SERGEの五つを覚えておけばどれかにあてはまる！

ラバースタンプQSOは，まず相手局の名前が取れるようにがんばりましょう！

アップになります．今後，本格的にコンテストに参戦するようになった場合，有効な作戦にもなるのですが，この話は後の章のお楽しみとしましょう．

再び参戦

1時間ほど経過したら，もう一度初めと同じ順序で繰り返します．ここできっと，2回目に下から上にワッチしたときに比べて，新しい局がCQを出しているのが増えたことに気づくはずです．このようにコンテストは時間が経過するに連れて，ランニングする局がわずかずつですが入れ替わってくるのです．このあたりの経験が今後，得点を意識して参加するようになった場合の貴重なヒントになります．

コンテスト初心者サバイバル編

先ほどと同じように，ミスコピーに起因する対応方法のサバイバル戦術を研究してみましょう．基本的に自分がコールする前に，ランニング局のコールサインとコンテスト・ナンバーはコピーしておきますので，こちらがミスコピーするリスクはゼロの状態で，呼ぶことを前提とします．そうしないと，得点を争っている真剣勝負の参加局にこちらのミスコピーが原因で，何度も再送を強いることになってしまい，感心できません．

自分のコールサインの 一部だけ返って来た

JE1SPYがCQを出していて，JP1NWZがそれを呼んだらコールサインの一部であるWZだけが返って来たとします．

【JE1SPY】　CQ CQ TEST JE1SPY JE1SPY TEST
【JP1NWZ】　JP1NWZ
【JE1SPY】　QRZ? WZ?
【JP1NWZ】　JP1NWZ　瞬間ワッチ　JP1NWZ　瞬間ワッチ

上記の瞬間ワッチの部分が非常に大切です．この間で，自分のほかに呼んでいる局がいるか？ QRMはないか？ 相手がコピーできて応答を返してきたか？ などを聞き取るようにします．この方法は慣れないと難しいかもしれません．

一方，CQを出しているJE1SPYも初心者の場合，JP1NWZがいつ受信に入ったのか，タイミングがわからず，KかBKが送信されるまで「ダンマリ」となってしまうこともあります．ですから，慣れない同志の交信は，

【JP1NWZ】　JP1NWZ JP1NWZ (B) K

というように2回程度の繰り返し送信としてもよいかもしれません．

一方，同じコールサインの一部でも，

【JE1SPY】　JP1NW?? (AGN) (BK)

3 ラバースタンプQSOの魅力とその先へ

COLUMN　ラバースタンプQSOの完成を目指そう

　相手局の名前（ハンドル），リグ，アンテナが受信できるようになったら，いかなるQTHでもフル・コピーできれば，ラバースタンプQSOも免許皆伝の腕前です．
　　UR 599 $\overline{BT}$ NAME AKI $\overline{BT}$ QTH TOKYO $\overline{BT}$

とくれば，楽勝？ $\overline{BT}$ ごとに一呼吸リセットできるからです．しかし，
　　UR 599 OP AKI IN SUMIDA KU

とINでくると，$\overline{BT}$，QTHなどのオーバーヘッドがないため，初心者は聞き落としやすくなります．レポートと名前が取れて，安心してしまうのです．しかもSUで始まる地名，巣鴨，墨田区… と無限です．
　アメリカの局は，
　　599 OP BILL QTH CA

と州を略語で打ってくる場合，
　　599 OP BILL IN CALIFORNIA

とフルスペルで打ってくる局があります．
　はたまた，
　　599 OP BILL IN ORANGE IN CALIFORNIA

とカウンティーから打つ局や，
　　599 OP BILL IN SAN FRANCISCO CARIFORNIA

と市，州と打っている局もあります．と思いきや，SF CAとだけ，略語で打つ局もいます．
　何が飛び出すかわからないQTH．自信を持ってコピーできるようになれば，ラバースタンプQSOの卒業は間近です．

というように1～2文字だけが取れなかったという場合があります．この場合は，

【JP1NWZ】　JP1NWZ Z Z Z? BK

と，そのわからなかった文字だけを繰り返すのが効率的です．この究極のテクニックが，

【JP1NWZ】　JP1NWZ Z　瞬間ワッチ　Z　瞬間ワッチ　Z　瞬間ワッチ　以後，応答があるまで繰り返し

という方法があります．これは，CQを出していたJE1SPYも，それを呼んだJP1NWZもかなりの技量がないと，阿吽の呼吸が合わなくなります．160mバンドのDXコンテストなどではベテラン同士でよく使われているテクニックです．特にアメリカのベテラン局とQSOすると，まるで全2重通信の電話会話のようにこのフル・ブレークインの同期が取れ，非常に気持ちがよいナンバー交換ができます．かつての捕鯨船のプロ通信士と海岸局のベテラン通信士の間などもフル・ブレークインで何時間も通信しあったそうです．
　相手がコピーできないとき，その部分だけ速度を変えてゆっくり打つのと，同じ速度で繰り返すのとは，どちらが有利でしょうか？ 筆者は同じ速

度での繰り返しが有利と感じています.

このあたりはの研究も後ほど，さらに深く検討してみましょう.

何かをもう一度，と打たれたが何を聞かれたかわからない

CQを出していたJE1SPYをJP1NWZが呼んで，ナンバーを送ったら，何かを聞かれたとします.

【JE1SPY】　CQ CQ TEST JE1SPY JE1SPY TEST
【JP1NWZ】　JP1NWZ
【JE1SPY】　JP1NW? 59910
　　　　　　1～2文字がコピーできなくともナンバーを送っていることは良くあります.
【JP1NWZ】　DE JP1NWZ Z Z 59911 TU
【JE1SPY】　JP1N（ここから後が混信で不明）AGN AGN? BK

JE1SPYがコールサインをコピーできなかったのか，レポート（ナンバー）をコピーできなかったのか，これではわかりません．でもAGN?と打ってきているので，何かがわからなかったはずです.

この場合，JP1NWZが再度問い返すと，いたちごっこになってしまいます．そこで，この場合は，コールサインとナンバーを繰り返し送信してしまいます.

【JP1NWZ】　JP1NWZ Z Z Z 599 11 11 11 JP1NWZ BK

コンテストの場合は599を繰り返しても意味がありませんので，コールサインとナンバー部分の繰り返しが効率的です．しかもコールサインは，先のテクニックで相手がコピーできなかった部分だけをしつこいくらいに繰り返すのが効果的です．ここでいったん返せば，コールサインか，ナンバーのいずれかくらいはコピーしてもらっているはずです.

途中でQRMがかぶってきてコピーできなくなった

コンテストではよくあることですが，QSOの途中で突然強力な局が被ってきて，そのまま相手の局が聞こえなくなってしまうことがあります．コンディションの急変とか，スキップ・ゾーンの局と誰かがQSOを始めたなどが原因です.

【JE1SPY】　CQ CQ TEST JE1SPY JE1SPY TEST
【JP1NWZ】　JP1NWZ

COLUMN 「間」と感情と縦振り電鍵

相手がスタンバイしたら，間髪を入れず「R」を打ちましょう．その後は少し間を開けても，相手は不安になりません．

いかにも了解した，というエレキーでもできる「間」の表現感情です．

縦振り電鍵時代は「トッツ―――ト」と味を付けると，いかにも「リョーカイしました～」という気持ちが出せたのですが，エレキー時代の今は，聞かれなくなりました．

同じように599も「5ツ―――ト，ツ―――ト」とやれば，「つよーいですよ～」という感情がこもっています．縦振り電鍵の良さは，このあたりにあります.

3 ラバースタンプQSOの魅力とその先へ

【JE1SPY】　JP1N（ここから急に混信…）
【JP1NWZ】　JE1SPY QRM AGN AGN BK

　いちおう，再送を要求してみます．しかし，さらに混信が酷くなったとします．その場合はあっさり諦めて，ほかの局を探しにS&Pに行ったほうが賢明です．

呼んでいる局の上で，いきなりほかの局がCQを出し始めた

　コンテストではよくあることですが，QSOの途中で突然強力な局がCQを出し始めることがあります．これは新たにCQを出し始めた局が自分の送信周波数と受信周波数がわずか数百Hzずれているのに気づかない場合，クラブ局などで普段使いなれていないリグでQRVしている新入部員が運用している場合，コンディションの急変など，いろいろあります．

【JE1SPY】　CQ CQ TEST JE1SPY JE1SPY TEST
【JP1NWZ】　JP1NWZ
【JE1SPY】　JP1N（ここから急に混信　CQ CQ TEST JA1YGX JA1YGX TEST CQ CQ TEST JA1YGX…）

　この場合は，交信相手であるJE1SPYのほかにJA1YGXをも意識する必要があります．ここでは今，QSOが行われている，ということに気付いてもらう必要があります．

【JP1NWZ】　JE1SPY DE JP1NWZ AGN AGN? BKNNN

　あえて，この周波数ですでにQSOが行われていて，相手はJE1SPYなんだということをJA1YGXへ知らしめるために，あえて相手のコールサインのJE1SPYを打っています．最後も前述のテクニックでBKNNNとNを強調しています．これを単に，

【JP1NWZ】　DE JP1NWZ NW QRM AGN BK

などとしてしまうと，JA1YGXのほうが自分のCQに応答して来たものと勘違いして，応答を返してくる可能性があります．それでもJP1NWZは

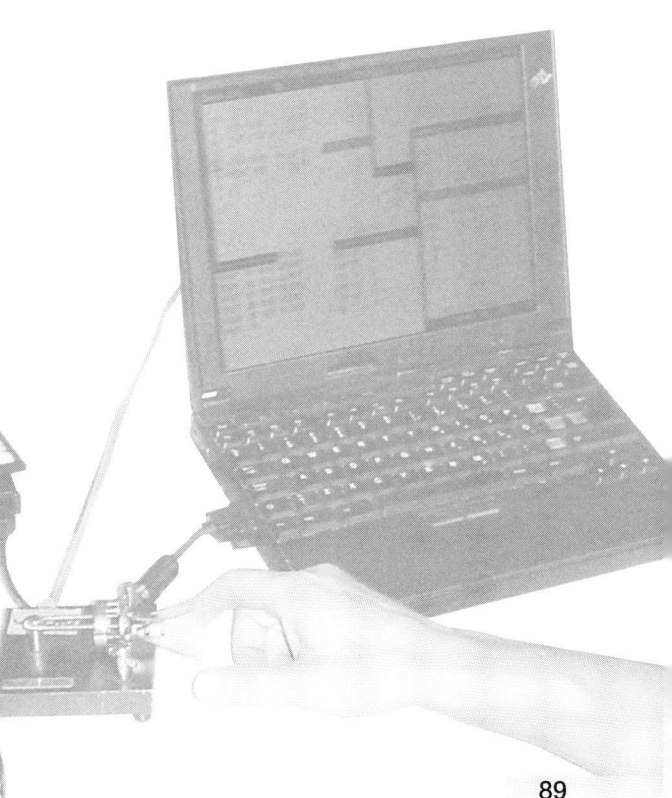

得点にはなりますが，マナーの問題として，この周波数は明らかにJE1SPYがランニングしていたわけですから，これはまずい運用法になってしまいます．しかし，実際には，こういった周波数ののっとりのようなことは，コンテストではしばしば見られる現象です．

以上のサバイバル・パターンを一通りマスターしておけば，こちらからS&Pで呼ぶ立場であれば，実践で起こり得るほとんどの場合に対応できるはずです．毎週末，どこかで必ずコンテストは開催されているので，どしどし他流試合に望んで腕を上げていきましょう．

3-6 ショート・メッセージの交換

さて，ここまでで，QSLカードのサービスを目的とした運用，通常のラバースタンプQSO，コンテストと練習を重ね，少し速い速度のCWでもある程度コピーできる自信が付いたと思います．もちろん，それぞれの分野で，その道をきわめて行くことはすばらしいことです．アワードを追いかけてDXCCのメンバーになってもよいでしょう．国内外のコンテストで優勝を目指すことも大変夢があります．リグ，アンテナの実験，電波伝搬のテストなど技術的研究をしながら，その実験確認のため，ラバースタンプQSOを活用することで実証データ量を増やし，検証することはとても有益です．そして，もう一つの道はラグチューへの発展です．

普段のQSOで実用的実験からチャレンジ

しかし，いきなりラグチューを始めるのは難しいですから，ラバースタンプQSOをベースに少しずつ，外の世界へも足を踏み出しつつ，舵を切ってみるのが良いと思います．その一つのステップアップ方法は，普段のラバースタンプQSOの中で，ほんの少し，「型」から外れたメッセージを交換しあってみることです．取って付けたように無理して話題を作り出すのは大変ですから，アマチュア無線らしく，リグやアンテナ，コンディション，あるいはDXペディションや珍局の動向など，自分自身も必要としていて興味ある情報のほうが気合いを入れて受信するので上達も早いでしょう．あなたが2種類のアンテナを持っていれば，それを切り替えてみて，どちらのアンテナのほうがどの程度良いかレポートをもらう，などはラバースタンプQSOからの脱出と，ハム本来の技術研究実験の両方を兼ね備えた，とても有効な方法であると思います．

【JE1SPY】 JP1NWZ DE JE1SPY PSE UR REPT ABT MY 2 ANTS NW I WILL TRY TO TEST MY 2 ANTS NW ANT1 ANT1 VVV VVV VVV QRX QRX NW ANT2 ANT2 VVV VVV VVV NW HW? BK

【JP1NWZ】 JE1SPY DE JP1NWZ OK UR ANT1 579 579 579 WITH QSB ES ANT2 569 569 569 WITH ECHO I GUESS THAT UR ANT1 BETTER THAN UR ANT2 BT OK? BK

【JE1SPY】 JP1NWZ DE JE1SPY OK TNX FER UR FB REPT BT MY ANT1 3LE YAGI ABT 20MH

3 ラバースタンプQSOの魅力とその先へ

BEAMING TO EU ES ANT2
2EL QUAD ABT 15MH
BEAMING TO SA BT NW TNX
FER FB REPT ES QSO 73 CU
AGN

以後，ラバースタンプQSOモードへ戻る．

　どうでしょうか？ 前述のラバースタンプQSO形式でのアンテナ・レポート交換とほんの少し内容が異なることにお気付きかと思います．これは，最初にアンテナ実験をお願いしたJE1SPYの送信文が，ほんの少しラバースタンプQSOの領域を脱している文面になっているので，それを受けたJP1NWZは「はは〜ん，この局は，多少ラバースタンプQSOから逸脱した内容を打っても，ちゃんと受信できる技量を持っているな」ということを暗黙のうちに了解したわけです．

　このように，少し熟れてくると，相手のCWをちょっと聞けば，その局の腕前はだいたいこの程度だろうから，これくらいまでの内容を，この程度の速度で送信しても理解してもらえるだろうな？ ということが阿吽の呼吸でわかるようになるものです．

　文面でもわかるように，ヨーロッパ方向ビームの20m高の3エレと，南米方向ビームの15m高の2エレ・クワッドのどちらが良いか？ というのは，西回りのロングパスと東回りのロングパスの比較実験で，かなりマニアックな試験です．これはさすがに甲乙つけがたいかもしれませんね．このような微妙な実験もラグチューもどきのQSOになればこそ，可能となります．

コンディション・チェックに活用してみる

　別の題材として，DX局の信号をそちらでは受

アフリカ・ジブチ J20RR DXペディション2007

信できたか？などもあります．今，1820kHzでハワイのK1ZT/KH6がQRVしているとします．カリフォルニアのAB6DHに，これが聞こえるか？を聞いてみましょう．

【JE1SPY】 AB6DH DE JE1SPY NW K1ZT/KH6 QRV ON 1820kHz CAN YOU COPY HIS SIGS? BK

【AB6DH】 JE1SPY DE AB6DH OK I COPY K1ZT/KH6 559 559 VY DEEP QSB BUT NO QRM OK? BK

【JE1SPY】 AB6DH DE JE1SPY OK TNX FER NICE REPT I CAN COPY HIM 449 449 WITH LOCAL QRM NOISE MY RX ANT SMALL LOOP NW TNX FER FB QSO AND NICE REPT 73 CU AGN 73

以後，ラバースタンプQSOモード．

これもラバースタンプQSOに比較すると聞こえ具合についての微妙な状況をレポートして付け加えていますね．二人の情報交換により，この夜の1.8MHzでは，日本〜ハワイ〜カリフォルニアの間には，ほぼ安定したパスがひらけていることがわかります．1.8MHzは実に不思議なバンドで，日本〜カリフォルニアのパスはあっても，日本〜ハワイ，カリフォルニア〜ハワイのパスは，いずれもまったくひらけていないことも多いのです．これなどは中波帯での，そのときどきの電波伝搬を研究するにはハムの1.8MHzのCWがとても有効な手段である実例です．

さらに，AB6DHからのレポートによれば，カリフォルニアでは1820kHzはクリアなスポットであることがわかります．一方，JE1SPYのところではK1ZT/KH6の信号は聞こえてはいるが，何らかのローカルQRMのノイズがあって，了解度が4程度まで低下していることがわかります．JE1SPYはスモール・ループ・アンテナを使っていると言っています．ですからローカルQRMのノイズをループのヌル点のノッチに落とし込んで聞いているのかもしれません．だとすれば，普通のスローパーやタワードライブアンテナを受信に使っているJA局は，K1ZT/KH6の信号はQRMで聞きにくいかもしれません．これを知ることでAB6DHはJA向けの運用には，JA側でローカルQRMのノイズがある1820kHzは避けておいたほうが良いかな？という判断もできます．

このようにほんのちょっと，ラバースタンプQSOの殻から踏み出した，たったこれだけのメッセージ交換により，非常に有益でその場ですぐ活用できる情報が得られます．これを周りでワッチしているほかの局にとっても，有益な情報を提供することもできます．

コツとして，あまり複雑なことはやめて，1問1答．しかも，ある程度返ってくる答えが予想できる質問が良いでしょう．最悪受信できなかった場合でも，リカバーしやすいからです．

別れ際の挨拶なら
簡単にチャレンジしやすい

あるいは，ファイナルを送る直前に，別れの挨拶として，難しい質問が返ってくることがない，決まりきったコメントを送信してみるもの初歩練習には良いでしょう．相手も，何か気の効いた返事を，きっと返してくれるので，それをがんばってコピーしてみます．例え何割かは取れなくても，こちらから送った話題についてなので，何となく内容はわかるものですし，例えそれがわからなくても，実害がありません．そのままファイナルを

3 ラバースタンプQSOの魅力とその先へ

送ってQSOを終了すればよいのです．

　6月のある日，JE1SPYがカリフォルニアのK1ZTとQSOしたとします．6月に開催されるオールアジアコンテスト電信部門は，夏至シーズンであるため，ローバンドでの海外，特に得点の大きいアジア外とのQSOはとても困難です．特に1.8MHzでは1局もQSOできないこともしばしばです．そこで，あらかじめコンテストに参加することを伝え，ぜひコールしてくれるようにお願いしておくことにしました．こうすれば，伝搬パスがひらけさえすれば，貴重な得点を得られるかもしれません．

COLUMN　初心者脱出／略語講座

● C
相手局が正しくコピーしたときに「C」を返します．「それでいいですよ．」の意．Correctが語源です．
相手　JE1SP ? AGN BK
当局　JE1SPY SPY Y Y Y BK
相手　JE1SPY ?
当局　C C C

　しかし，Cの意を理解していない局もいて，JE1SPCなんてコピーされることもあり，その場合はCの代りにOKを使うのが無難です．

● B4
「B4」は，コンテストで重複交信であることを相手に教えるとき使います．QSO beforeが語源です．しかし，これも通じない局もいるので，そのときは「2ND」を使えば通じます．それでもダメなら泥縄を避け，QSOして0点でログへ記録します．

● ES
ANDの略．アメリカン・モールス符号にあった「&」のコードが語源です．今は&記号に相当するモールス・コードはありません．その代わり，＠マークの符号「トツーツートツート」が久しぶりに新しいモールス符号として加わりました．

● T (長い長点)
縦振り電鍵時代にはよくありました．
MY RIG FT A ツーー A　A ツーー W
（FT101 10Wの意）
　つまり数字のゼロの省略形です．これがエレキー時代になって，単なるTとなりました．
　語源はアメリカン・モールス・コードのゼロは長い長点だったことに起因します．

● X
「X」は万能略語．例えば天気のWX：WEATHER．送信機のTX：TRANSMITTERなど．
コンテストで
相手局　J??SPY 599 03
当局　　JE1　JE1SPY 599 25
相手局　JE1X TU

という具合に省略する場合に使う場合があります．しかし，この使い方，あまりポピュラーではありません．一寸専門的になってきました．

● hi
待ってました？！これは知ってます！って，しかしなぜこうなったの？
　アメリカン・モールスの0が「ツッ，ツッ」と，ちょっと離れた短点二つだったのです．
　笑い声は「ホホホ…」つまり「HO」を「トトトト　ツッ，ツッ」と打っていたのが，新コードに代わって「ツッ，ツッ」がIになって「HI」となったのでした．

● 30，33（ディープなマニアのために…）
73 (Best regards) や 88 (Love and kisses) は常識ですが，CWの教養の高さとディープなマニアぶりを相手に格好良く誇示？しようとするなら
33：Fondest Regards (between Females)
30：I have no more to send
などがあります．しかし，相手局が付いて来れず，通じないことが多いかもしれません．
　この由来は，1856年に創業した米国Western Union Telegraph Companyが，創業の4年後に制定した数字の1～92までにそれぞれ意味付けをした「92コード」なるものが起源となっています．

【JE1SPY】　K1ZT DE JE1SPY I WILL QRV ON ALL ASIA CW DX CONTEST ON 160M IN THIS MONTH PSE CALL ME ON 160M BT NW TNX FB QSO 73

以後，ファイナルを送る．

【K1ZT】　JE1SPY DE K1ZT OK AKI I WILL CALL U ON AA TEST ON 160M TU 73

このように，別れ際の挨拶であれば，まだCWラグチューにはあまり自信がないし，英語もちょと苦手，という方でも，相手から延々と難しいメッセージが返ってくる心配が少ないので安心です．

しかし，次のコンテストでの再会の約束や，そのほかQRV情報など，お互いに有益な情報交換ができます．ぜひ，トライしてみてください．

このようにして，ラバースタンプQSOの殻から少しずつ触手を伸ばしていけば，だんだんとラグチューの世界の面白さがわかってきて，定型文以外のワードの受信レパートリーが広がってくると思います．

3-7　ラグチューへのアップグレード

ここまでくれば，ラグチューへのアップグレードの門をくぐったようなものです．本格的ラグチューの真髄は書籍『モールス通信』の中で欧文ラグチューをJA1NUT 鬼澤 信OMが，和文ラグチューを故JA2CWB 栗本英治OMが執筆されているので，ぜひそちらと合わせてご愛読ください．

ここではラグチューの世界とラバースタンプQSOの間のギャップを埋め，そこを乗り越える具体的なポイントを紹介し，読者のステップアップに活用いただければと思います．

和文ラグチューのほうが入門向き

CWには欧文と和文がありますが，どちらがラグチューに適するか？といえば，日本人なら和文が有利です．その理由は，ラグチューの能力はCWの能力よりも語学力に左右されるためです．もちろん，英語に造詣の深い方なら欧文をマスターした後，DX局を相手に，そのまま英文ラグチューをなさるのが自然です．ここがわたしたち日本人の辛いところで，和文から覚えようとしても，国家試験や普段のQSOは欧文が必須なので（コールサインは絶対に欧文ですから…）どうしても欧文と和文の両方をマスターする必要があります．

前述のように日本ではCWのメインバンドである7MHzの変化がこれを証明しています．多くのラグチュワーの方は，欧文ラバースタンプQSOの次に和文を覚え，そして和文ラグチューの世界へ入るというのが一般的のようです．

和文は，欧文に比べ日本語であるため，言いたいことがそのまま伝えられる点では，わたしたち日本人にとってはCWの技能だけを上達させれば楽しめる手軽な方法といえます．ここ十数年の間で7MHzのCWバンドが和文一色に変貌した事実からもわかります．

ですから，初心者の進む方向として，レポート交換だけの欧文QSOをまずやってみて，そのままDXCCをきわめても良いでしょう．さらにコンテストへ進んでも良いでしょう．一方，ラバースタ

3 ラバースタンプQSOの魅力とその先へ

ンプQSOでCWそのものを楽しんだり，電波伝搬実験などの研究も良いでしょう．そして，さらに和文を覚えて，ラグチューの世界に入る，というのが一つの道と思います．

ここでは欧文QSOはできるが和文はこれからチャレンジするという方へのヒントです．

和文は時間がかかるけれど…

確かに欧文ですと1分で済むことが和文ですと数分を要する場合があります．

JP1NWZ DE JE1SPY TNX FR UR CALL UR 599 IN TOKYO OP AKI HW ? BK

これが和文ですと，

JP1NWZ DE JE1SPYホレ　コールアリガトウゴザイマス．アナタノシンゴウハ599デス．ワタシノ（QTH）ハトウキョウデス．ナマエハアキデス．

となり，1文字の符号も長く，文書も長いため，時間がかかります．しかも，ハムの和文では昔の有線和文電信略語（緊急電：ウナ，ボート配達：ハホ）のようなものは使われていません．

そこで，この対策として，時間短縮の一方法に，欧文ラバースタンプQSOと和文ラグチューの混合活用があります．

JP1NWZ DE JE1SPY TNX FR UR CALL UR 599 IN TOKYO OP AKI BT RIG K2 ES EH ANT BT WX FINE BT QSL VIA JARLホレ ヒロゴカラコールハイチョウシテオリマス．ケサノヒノデノトップバンドデノヨーロッパハソチラデ（QSO）デキマシタカ？ワタシハコールシテモ（QRZ）ガカエッテクルノガヤットデシタ．

これですと，最小限の時間で，きめ細かいニュアンスまで表現できるQSOを楽しめます．

一方で，和文に入門したては，定型分を和文で送受信することで，最初はラバースタンプQSO的な練習によって和文に慣れることも有効です．考え方によっては時間をかけて楽しむものが趣味なので，これでいいじゃないか．という意見もあるでしょう．

息つぎのタイミングを身に付ける

欧文はワードごとのスペースがありますが，和文はワードの区切りがありません．しかも，これは打つ側の問題なので，相手次第となります．以下，極端な例ですが，

ウラニワニハ　ニワ　ニワニハ　ニワ　ニワトリガイル．

を人によっては，

ウラニワニハニワニワニハニワニワトリガイル

という具合にびっしりつけて段落（－—　—　—　—）も，句読点（－　—　—　—　—）もなしで送ってくる方もいます．これを初心者は非常に受信しにくく感じます．さらに困ったことに，あまり慣れていない方ですと，正しくない場所で，スペースを空けて，考えてから打ってくる場合もあります．これは欧文から入った方には，非常に違和感があります．最初はスペースを空けて送信してもらったほうが受信しやすいのですが相手次第なのが問題です．和文にはワード・スペースを空ける約束事はありません．

これについて対策がないわけではなく，「トイイマス」，「デス」，「テオリマス」などの定型語尾は頻繁に現れるので，慣れてくると，その際に受信

の呼吸を整えて，一息つきながら次に備えることができます．プロ通信士の国家試験電報形式の段落」や，疑問符？のような感じですね．この呼吸に慣れるのが和文受信の一つの方法です．仮名漢字交じりの新聞を打ってみるなどは，文節ごとにまとまりのある，相手に優しい送信ができる典型的練習方法です．

癖のある符号は速度を割り引いて聞く

和文QSOでは特に癖のある符号に出会うことがあります．

「トッ，ツーツーツー　トッ，ツー　トッ，ツーツーツーツー」

という具合に，最初の短点後，一息付く癖です．

これも送信側の問題ですから，受信する側ではどうしたらよいのでしょうか？

符号を直すようお願いするのも，相手に失礼のようで気が引けます．それには，速度を落としてもらうのです．PSE QRSでもよいですし，自分がわざとゆっくり応答して，それに合わせてもらえば，癖のある符号でも，取りやすくなります．

欧文ラグチュー入門

欧文ラグチューは和文と違った方向性でのステップアップが必要です．前述のラバースタンプQSOの殻から少しずつ外へ出る練習から，さらにグレードアップするには，英語力のアップが必要だからです．この点が，われわれ日本人にとっては，本格的な欧文ラグチューの敷居が高い理由でしょう．

しかし，通常の英文と異なるのは，スペルはCW略語の習慣があるので，必ずしも正確でなくともOKな点が大きな助けです．しかも，文法についても簡単な文書であれば単語の羅列だけで，定冠詞などは省略してしまっても通用する点がCWの良さでもあります．

このようなメリットを生かし，ラバースタンプQSOから少しずつ外の世界を体験しながら気軽に

南大西洋に位置するVP8 サウス・サンドウイッチ諸島

英文ラグチューを始めてみるのが良いと思います。

以下に特に欧文ラグチューの入門対策としてポイントとなる点を研究してみます。

コピーしやすい送信方法

ラバースタンプQSOのとき以上にワード間隔に長い時間を取り、語間を広げて打つと、速い速度でも受信しやすいです。

VOXオペレーションでしたら、ワード間でいったん受信状態として、QRMの有無やノイズの状態を確認できるくらいの余裕を持って、送信するのが良いでしょう。

一般化しているCW略語をなるべく使用して、1ワードを短く工夫するのも、相手に優しい送信です。RECEIVER＝RX、WEATHR＝WXなどです。

もう一つは、なるべく同じ速度と一定のペースで送信することです。

強調したい単語でも、ゆっくり打つよりは、むしろ同じ速度で繰り返す方が効果的です。その理由は後述します。

受信の秘訣

ラグチュー上達の道は、何といっても暗記受信です。そしてワード単位のボキャブラリーをいかに増やしていくかにあります。

脳内の動作アルゴリズムは、あたかもワープロのワード候補アルゴリズムと考えれば良いでしょう。以下、コンマ何秒ごとかを細切れにして、送信者の送信状態と受信者の脳みその中の動きを追ってみましょう。

送信者　T
受信者　該当候補多数、絞り込み不能

送信者　TRA

3 ラバースタンプQSOの魅力とその先へ

受信者　TRAで始まるワードはいろいろあるな…
　　　　TRAC・・・TRACE, TRACK・・・
　　　　TRAD・・・TRADE,
　　　　TRAFFC・・・, TRAIL,
　　　　TRAIN・・・・

送信者　TRAN
受信者　TRANまで来れば、かなり絞れるぞ！
　　　　TRAN
　　　　TRANCEIVER
　　　　TRANSFER
　　　　TRANSIT
　　　　TRANSMITTER
　　　　・・

送信者　TRANCEI
受信者　ああ、これはたぶん、TRANCEIVERだな．
送信者　TRANCEIVER

以上のように順次絞り込んで予想できます。前後の文脈からも推定するので、さらに絞り込みは正確になるはずです。

一歩進めば、この脳内アルゴリズムが動作しだすと、QRMやQRN、QSBで何文字かが抜けても、推測受信ができるようになります。その裏を返せばボキャブラリー力と、スペル力が必要ということにもなるわけです。その意味からも一定速度の符号であれば短長点の抜け程度なら脳内補完ができるわけです。

このように、音→文字という動作から、一つのワードを丸ごと音の塊（かたまり）として認識できるようになってくれば、あなたはそのワードをCWラグチューワーとしてマスターしたことになります。CW音

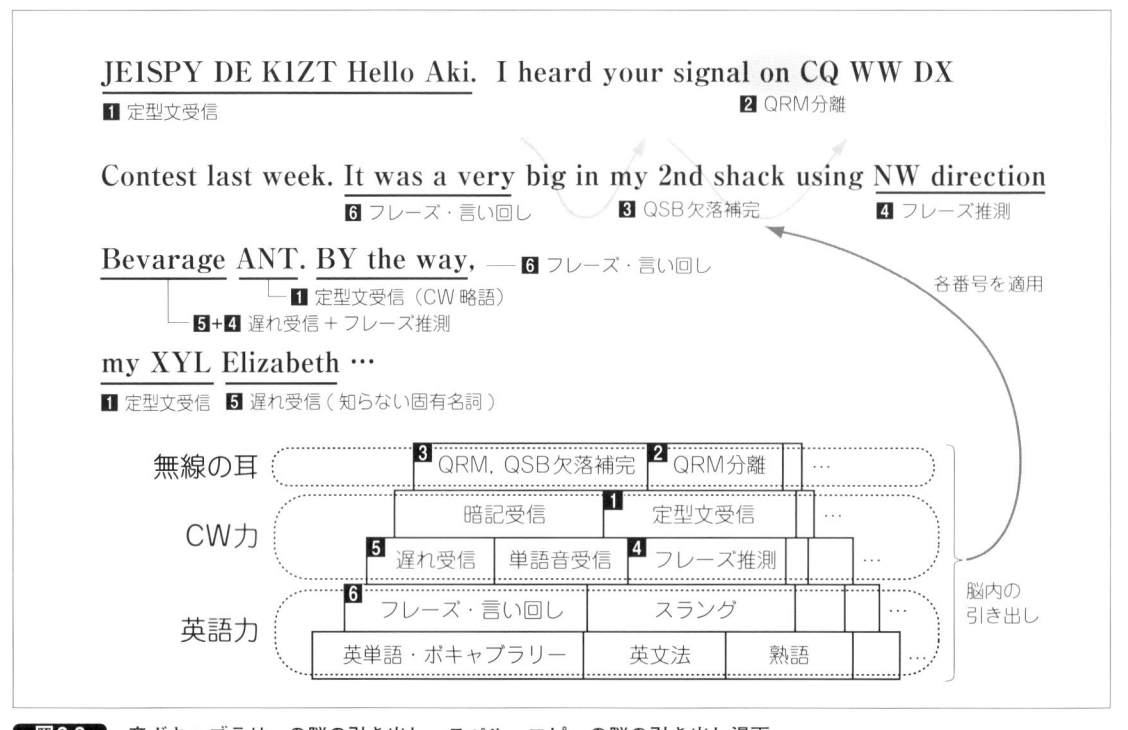

```
JE1SPY DE K1ZT Hello Aki.  I heard your signal on CQ WW DX
❶ 定型文受信                                        ❷ QRM分離

Contest last week. It was a very big in my 2nd shack using NW direction
                  ❻ フレーズ・言い回し    ❸ QSB欠落補完      ❹ フレーズ推測

Bevarage ANT. BY the way, ── ❻ フレーズ・言い回し
         ❶ 定型文受信（CW略語）
      ❺+❹ 遅れ受信＋フレーズ推測

my XYL Elizabeth …
❶ 定型文受信  ❺ 遅れ受信(知らない固有名詞)
```

無線の耳		❸ QRM, QSB欠落補完	❷ QRM分離 …
CW力	暗記受信	❶ 定型文受信	
	❺ 遅れ受信	単語音受信	❹ フレーズ推測 …
英語力	❻ フレーズ・言い回し	スラング	
	英単語・ボキャブラリー	英文法	熟語

各番号を適用 / 脳内の引き出し

図3-3 音ボキャブラリーの脳の引き出し，スペル・コピーの脳の引き出し漫画
脳が上記の文を受信中，この引き出しから，最適のツールを次々と繰り出せるトレーニングをするのがCWラグチュー

のリズムで条件反射できることが一般の英文ボキャブラリー・ビルディングと異なる点です．このあたりが欧文ラグチューの難しくハイレベルな点でもありますし，どこまでも自己研鑽が積める面白い点でもあります．始めのうちは，＊＊ING（トト ツート ツーツト）とか，AND（トツー ツート ツートト），THIS，WHATなど，頻度が高く，簡単なワードから音のリズムを頭に入れていけば良いでしょう．意識しなくとも自然と身についてくるものです．

このワードが増えはじめたら，ワード暗記受信についての，読者の脳内アルゴリズムの回路は完成し，エンジンがかかっていますから後は速度と量を増やしていけます．さらにレベルアップにチャレンジしましょう．

音のボキャブラリービルディング

すべてが音のボキャブラリーからでるわけではなく，そこの引き出しにないワードは文字コピー（遅れ受信）によります．音のボキャブラリー引き出しのストックを増やすことと，遅れキャラクター受信という，二つの引き出しの情報をスムーズにつなげていく脳内アルゴリズムの訓練がポイントです（図3-3）．それにプラスアルファ，英語力の基礎が支えになります．

特に伝統的な英語教育で育った日本人にとって，英文和訳，英作文ができても，「発音」による英会話は別能力であるのと同じに，CWラグチューの能力も，CW「音」による脳内回路を形成させることなのです．

第4章 スポーツ競技として

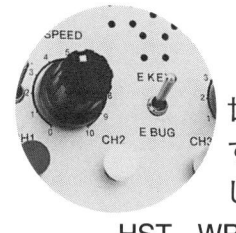

世界的にラジオ・スポーツという言葉が普及しています．アマチュア無線の技能面を競技としてさらに発展したものです．元祖はコンテスト，そして'90年代から，HST，WRTCが加わりました．
CWは言語によらない万国共通コードで，そのパフォーマンスは人の技能によります．さらにコンディションの読みと最適の作戦展開，技術力による設備改善でも勝敗が分かれます．これらをスポーツとしての競技にプロモートしてまとめ上げ，ハムの活性化と国際親善にも役立っています．
本章ではその魅力と動向，それに勝利するためのいくつかの具体的なノウハウを研究してみます．

4-1 コンテスト

コンテストの魅力

● その都度リセット

コンテストをハムの「お祭り」という方もいますが，その過程に「自己訓練」と「研究・改善」「ルール」があり，結果に「勝敗」がある点で，「スポーツ」が最適の表現だと思います．その最大の魅力は，勝敗の結果がその都度リセットされる面白さと緊張感でしょう．それに科学的・精神的の両面からチャレンジする面白さも加わります．しかも，同じコンテストにチャレンジするチャンスはたった年1回．同一基準での，設備や運用方法の絶好の評価フィールドにもなります．

競技としても，去年の勝者が今年も勝てる保障はどこにもなく，いつ，どんな新たな強敵が現れるかわかりません．あるいは自分自身の中にもそ

れが潜んでいます．設備の研究改善や運用作戦が成功するか？ コンディションや参加局数などの外因により，自己ベストの更新がかなわないかもしれません．これが毎回リセットされます．DXCCやアワードが過去からのQSO実績と時間の累積結果であるのと異なる点です．

● **毎回工夫，発展の余地がある**

成果が毎回リセットされることにより，自己努力とその結果確認をPDCA (Plan Do See Action) できる技術的・人的面白さがあります．前回の自己分析を行い，ロケーション，アンテナ，リグ，シャック全体のシステムアップ，コンディション，時間配分，運用ノウハウ，などを研究改良して，さらなる得点アップにチャレンジできます．時間，ルールなどが毎回コンテストごとに同条件なので，結果を客観的な数値として評価できる点は科学的判定基準に有効です．人的精神面も大変励みや，喜びにもなります．

特にCWの場合はフォーン以上に運用ノウハウを研究する余地が大きく，その努力がそのまま得点・成果に反映する点は，いっそうの魅力です．

最大の勝因は？

コンテストはスポーツと考えると，参加することにも意義がありますが，入賞や，最終的には優勝を目標とすれば，大きな励みになります．

それでは，勝利の秘訣は何でしょうか？ 古くから「ロケーション，設備，気力，体力，テクニック」と言われていますが，筆者はそれ以前に，「参加時間を確保する」だと思います．どんなにすばらしいハード・ソフトがあっても，時間がなければ，同じ土俵で競技できません．自分の体と頭を時間売りしている多忙な現在社会で，貴重な週末，24時間，または48時間を競技運用に拘束されること

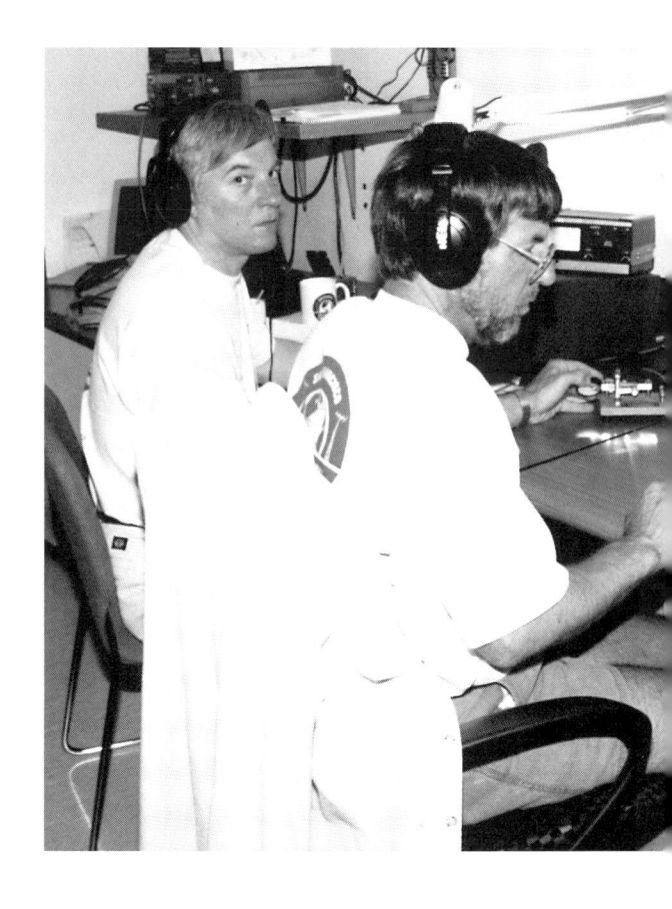

は，大きな価値と引き換えにコンテストへ参加することになります．しかし，趣味であるからこそ，その限りある時間を思う存分ぜいたくに使うことに，大きな意義があるのでしょう．

最近の潮流

● **年齢層**

第1章でハムの年齢の話をしましたが，コンテスターとDX'er (DXCC) 愛好家の年齢差は10歳くらいはあると思われます．24～48時間不眠不休で運用するコンテストは，それだけ若さが必要ということでしょうか．

一方で，10～20歳代の若手ニューカマーはみずから単独でこの世界に入る方は稀で，学校クラ

4 スポーツ競技として

ブ局で先輩の指導でコンテストの参加経験をして…，という場合がほとんどのようです．地域のOM局（クラブを含む）の直接の指導や影響で若い方が入門する，という事例が激減しており，さまざまな手法を活用しての若手育成が望まれます．

● '90年台から部門分け

'90年代，ちょうど日本ではコンテスト・ナンバーにオペレーター・ネームを付けるルール改定で騒然としているころでした．アメリカ主催のDXコンテストでパワー部門分けがスタートしました．ほとんどの局が1kWまで包括免許がOKでも，インターフェアなど外部要因から100Wまでのパワー制限での競技ニーズがあったためと思われます．ARRLやCQ Magazine主催の各種DXコンテストでは，今日までハイパワー部門よりもローパワー部門の参加者数のほうが多い状態が続いていることからも，うなずけます．

日本でも，JARL主催コンテストで数年遅れて

世界の各地域から選抜されたコンテスターが集い，コンテストのオペレーション・テクニックを競い合う世界大会の"WRTC"．入賞の要の一つがCW．写真はアメリカのCWコンテスターとして著名なW2GDとW0UA

ALL JAコンテストでCWを運用する神奈川高文連のクラブ局（JQ1YCK）．オペレーターは7N4XAN 藤田 佳祐くん
(Photo by JI1TJJ)

神奈川高文連のクラブ局（JQ1YCK）は，先生も生徒と一緒になってALL JAコンテストに参加．コンテストのCW運用は根強い人気がある　　　　　(Photo by JI1TJJ)

この制度が導入されました．前述のようにHF帯での移動運用が急増していた時期とも同期し，参加者に好評で，コンテストのエントリー数，得点ともに至上最高を更新する年が続きました．

特に，移動運用での体力消耗防止にCW運用は電話に比べて絶大な効果があります．当時20～30歳台の方々が最初は地方コンテストの開催地へ移動して行き，呼ばれて入賞する作戦（現地乗り込み）を実行しました．その後，そのノウハウを全国規模コンテストへ発展させ，固定局を抑えて立派な成績を上げるまでの運用手法に確立されました．さらにはDXコンテストにまでノウハウを拡大し，海外の無線雑誌でも注目されるにほどになりました．

旧来の常識では移動局に許可される上限50Wの出力制限で，48時間のDXコンテストで優勝を狙うのは常識破りのことでした．当時の若手コンテスター，CW'erの熱意と行動力，チャレンジ精神は高く賞賛されます．

● ベテラン化傾向，電信部門急増

2000年代に入ってからの顕著（けんちょ）な現象は，電話部門よりも電信部門の参加人数のほうが多いバンドが出てきたことです．特にローバンドにその傾向が強いようです．

これは前述のハム全体のベテラン化が原因と思われます．第1章で解説のとおり，特にここ数年は3.5MHzよりも1.8MHzの参加局数のほうが多いコンテストがあり，この傾向はますます顕著化しています．参加局数もローパワー部門のCWに人気が集中し，一部のバンドではハイパワー部門の電話は参加者が限られてくる傾向も見られます．特に日本の場合は，住宅事情，インターフェア，年齢による体力などの事情があるためと思われます．

● 都市化，移動局急増

重複する点がありますが，国内外のコンテストで移動局の入賞が急増しています．これは，都市化による住宅事情，インターフェア，リグの小型高性能化，ライフスタイルなどが関係していると思われます．そして，オールバンドのリグ，アンテナなどシャック一式ぶんを移動地で設営し，複数バンドの同時運用系統でコンテストにフル参加します．電波が飛びやすく，このように大がかりにアンテナを展開できる「名所」は，意外と限られているので，週末のコンテストに備えて，木曜日や金曜日から，「場所取り」が行われるほどです．

特に，V/UHFを含むコンテストの場合，その場所に最適なアンテナの設営位置，時間ごとの運用バンドの切り替え，ターゲットとするエリアのコンディションに沿った適切な運用選択とビーム方向などなど，作戦展開があります．それはコンテスト以前の設営段階から始まります．

ローバンドのダイポールは，何番目のガードレール支柱にポールを立て，ワイヤの先端をどの立ち木の下から何番目の枝に縛るか？といった具合です．このようにして，性能と飛びが実証されているアンテナを確実で最短の時間と労力で建設できるか？で，勝負が決まっていきます．これらは，

ローバンドのコンテストでは弱い信号の断片をノイズの中から拾い上げ，つなぎ合わせてコールサインをデコードするイメージ．**集中力が勝負**　　　　（Photo by JH0NZN）

長年（何度も）同じその場所での運用実績から，場所ごとに独自に確立されるノウハウです．自分がそのロケーションでのデータを蓄積して，運用ノウハウを確立した場所が取れるか？で勝敗のかなりの部分が決まってしまうのです．これらの基礎の上にCWの技量が加わるわけです．

● クルマ移動と担ぎ上げ

　山頂へ移動すれば最高のロケーションでの運用ができます．特に大票田である関東平野の人口密集地を見渡せる独立峰では，V/UHFの見通し波で圧倒的に有利です．しかし，車では行けないため，すべてが人の背による登攀作業になります．筆者の大学クラブ局の親友で，その後，一緒に仕事もしているあるコンテスターの実例を紹介しましょう．

　コンテスト前週の週末に山の麓まで車で入り，そこから何往復もしてオールバンドぶんの機材を山頂へ担ぎ上げます．そして，山麓の秘密の場所（藪の中）へ隠しておきます．コンテスト週末にそれを掘り出し，山頂へ建設します．コンテスト終了後，撤収してとりあえず，山麓の藪へ退避しておきます．そして翌週末，全機材を再び何往復もして，山から担ぎ下ろします．

　このように，平日は筆者とともに仕事をしながら，週末のわずかな時間に心・技・体，全力で取り組むことで，数々のスコアを記録更新していきました．気力，体力といっても24/48時間にわたってCWを打ち続けるのはあたりまえで，その前段階で，このような熾烈な勝負があるわけです．

● 国内コンテスト固定回帰

　ごく最近から，従来移動運用で入賞を重ねた方々の中で，固定運用を始める方が現れています．なぜ，自宅を飛び出したコンテスターが再び戻りつつあるのでしょうか？実際に伺ってみますと，

4 スポーツ競技として

- 20〜30歳代と異なる家庭環境となり，休日は自分だけの時間ではなくなり，家を空けられない．仕事の環境も変わり，山で週末を過ごし，仕事へ直行というわけにいかなくなった．
- シャックが複雑化し，スクラップ＆ビルトが大変．特にSO2Rの安定運用が勝利の鍵．
- 移動でその都度シャック構築するシステム信頼性，安定性のリスク大．

などです．

　かつての若手で日本のコンテスト移動界を背負って牽引したこの年代の方々も，ライフスタイルの変化による運用法の変更を強いられているようです．

　ハムの局数が急増した'90年代は都市近郊の高い山へ移動して，V/UHFの無尽蔵な局数を稼ぐのが得点源でした．しかし，近年のV/UHFはお聞きのとおりの局数減少ぶりです．したがって，オールバンドで，いかにたくさん，とにかく聞こえる局を取りこぼしなく拾い上げれるか？で勝敗が決まるようになってきました．そのため，可能な限り多くのバンドを同時にタイムシェアリングしてルール制限下，一人で運用できるか？それにより参加局を限界まで搾り出せるように運用するか？で僅差の勝敗が分かれる世界になっています．

　こうなると，シャックのシステムアップはより複雑化するので，移動運用でその都度スクラップ＆ビルトで再構築すると，わずかなミスやテクニカルトラブルが致命傷となりかねません．多少，電波の飛び具合を犠牲にしても，安定した固定シャックで普段からのシステムアップと操作完成度を上げたほうが有利と考えるコンテスターも増えてきました．

● スーパー・ステーションの圧倒的実力

　あえて，この節を後回しにしたのは，実力では圧倒的巨人ですが，数では限られていること．さ

らに，このようなOMは本書をご覧になるまでもなく，ご自身の世界を創造し，築いていらっしゃるからです．

今，日本で普通の固定局は，20～30m高クラスのタワーに，HF帯の5～7エレ八木程度のマルチバンド・ビーム・アンテナ．ローバンドは2エレ～ダイポール，タワー・シャントかスローパー．出力1kW程度．が標準と思われます．換言すると，便利な生活圏にある都市部の自宅での設備は，一般にはこれが上限界ではないでしょうか？

入門者の方への紹介のため，さらにハイグレード局の実態を見てみましょう．HFバンドごとに独立した30m以上のタワーを建設し，5エレ以上のモノバンダーを最低でも1本，できればスタックにして利得と指向性を稼ぐ．7MHzはフルサイズ4エレ程度．3.5/3.8MHzはフルサイズの3エレ八木か2エレクワッド程度．1.8MHzは4本程度のタワー・シャント位相給電バーチカルでビームを切り替え，受信は4方向へ展開した，各々数百m長のビバレージ・アンテナ．特に，ビバレージは長ければ良いというものでなく，波長で最適長が決まるので，1.8MHz専用で，できれば斜めに下がった，適度に接地導電率がほどよく悪い大地に設置すると，よりFBな特性が得られます．このクラスがスーパー・ステーションの構成になります．

スペース確保と，インターフェア，人工雑音の問題を解決するため，山の上などへシャックを構築します．

北米や東欧のスーパー・ステーションとDXコンテストで張り合ったり，世界記録を更新するためには，雑魚である日本国内からの運用では，この程度の設備が必要です．こういったスーパー・ステーションによって，数々のレコードが更新されることは，大変貴重なことと思います．

個人の高い実力を証明する方法として，個人所有でスーパー・ステーションを建設するのは理にかなっていますが，費用，労力，保守を考えると，大変なことです．この点，電波法上でゲストオペ，設備供用がOKとなったことが追い風になって，共同所有としたり，オーナーは個人でも，保守協力を条件に，有志へシャック開放しているケースが増えています．それでも日本国内には，このクラスを常備しているスーパー・ステーションは数えるほどしかいません．

日本でも包括免許制度が許可となれば，現在海外にあるようなレンタル・シャックが国内でも開設できます．これにより，多くの方が，より安いコストと労力でスーパー・ステーションでのすばらしい運用体験を積むことができます．その結果，日本のコンテスト界やDX界から，今以上に世界を凌駕するハイレベルで優秀なオペレーターが育つはずです．

このクラスの局は昼間でも7MHzのCWでランニングしてDXから呼ばれ続けます．筆者が海外から運用したとき，山頂に3.5MHzフルサイズ3エレ八木を上げている局とQSOしましたが，S9$^+$20dB！ほかのJA局はまったく信号の存在すらわからないほどの差でした．

● パワー部門分け廃止の動き

国内コンテストは'90年代にパワー分けルールがスタートし，前述のようにローパワー部門の参加割合が躍進しました．これは資格の問題よりも住宅事情とインターフェア，ライフスタイルなどが理由と考えられます．

その表裏に，ハイパワー部門に注目してみますと，王道であるマルチバンド部門の得点はスーパー・ステーションの活躍で記録更新が続きました．しかし，シングルバンド・ハイパワー部門は，そのときどきの浮き沈みが次第に激しくなりまし

4 スポーツ競技として

ハワイのコンテスト・ステーションからCQ World Wide DX CWコンテストに参加する日本人ハム．世界中からパイルアップを浴びながらの運用はコンテストのトリコにしてくれることだろう
(Photo by JA1DXA)

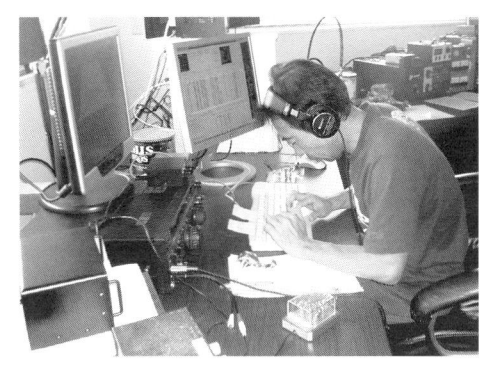

現代のコンテストにはロギング・ソフトが欠かせない．ポイント，マルチ管理をはじめ，デュープ・チェック，総得点集計などPCが瞬時に行ってくれる
(Photo by JA1DXA)

ハワイのコンテスト・ステーション"KH6YY"．世界ランキングで上位に名を連ねるコンテスターは，このようなビッグ・アンテナを使って運用しているケースが多い
(Photo by JA1DXA)

た．すなわち，強豪局が参加した場合は，圧倒的な点数になりますが，そうでない年は，ローパワー部門の得点のほうが高くなり，参加局数もローパワー部門のわずか数割，もしくはわずか数局というアンバランスの現象が出始めてしまいました．

これに目をつけた作戦で，実際はローパワー運用でも，ログをハイパワー部門へ提出して入賞する作戦も登場してきました．これも立派な戦略です．

そのため，2000年代半ばから，国内コンテストや，ARRL DXコンテストでは，シングルバンド部門でのパワー分けルールを廃止する動きがでてきました．

同じ日本でも，海外主催のDXコンテストへの日本人参加者を分析してみると，どのバンドもきっちりハイパワー部門の得点のほうが凌駕しています（参加局数はやはり下回りますが）．

いろいろな要因が考えられますが，DXコンテストにはベテランが参加するため．あるいは，国

内コンテストは，どのバンドもほぼ常時コンディションはひらけているので，24時間電波を出し続ける必要があり，インターフェアの点で1kW運用が難しい，などの理由があるのではないか？と思われます．DXコンテストのシングルバンド部門であれば，コンディションのひらけるときだけ電波を出せば，ハイパワーによって，短時間で有利な作戦展開ができ，インターフェアの点でも時間的リスクが低いこともあるのかもしれません．

「パワーが大きいほうが勝つに決まっている」と思われがちです．事実，そのためオーバーパワー議論から，ナンバーにパワーID（H，M，L，P）が付けられました．しかし，柔道や相撲のように，「柔よく剛を征す」の例えがあります．雁屋哲氏原作の漫画「美味しんぼ」で，海原雄山の贅を極めた「至高のメニュー」がスーパー・ステーションなら，山岡士郎と栗田ゆう子の「究極のメニュー」がローパワー・ステーションです．究極vs至高の対決の面白さは，ハムのコンテストの世界にもあります．

● **DXコンテストの移動入賞**

最近はDXコンテストでも特にローバンドで電波の飛びやすい良い場所（海岸や湿地など前述のシミュレーションどおり）へ移動して，一般固定局よりも大きなアンテナを上げて優勝するローパワー局が増えてきました．160mバンドで，ヘリウムガス気球のフルサイズ・バーチカル（**写真4-1**）を上げたり，長さ数百mのビバレージ・アンテナを受信専用に張るなど，本格的な設備まで登場しています．都市部の自宅では叶えられない夢を知恵と行動力で実行する姿はハムの象徴で大変すばらしいと思います．

● **グローバル化，アジア新興国参加増**

相互運用協定の普及と海外レンタル・シャック

写真4-1 160mバンドのバルーン・アンテナ（アンテナ線はイメージ）での運用例
(Tnx to JH1GVY)

が気軽に利用できるようになり，日本人が海外からDXコンテストに参加する事例が急増しています．特に太平洋方面はコンテストごとにQRVがあるほどです．

一方，2000年代に入り，東アジア，特にBY（中国），韓国（HL）からのコンテスト参加が急増しています．なかでも中国は1×1（B1Aなど）のコンテスト用にCW符号構成上有利な特別コールサインが免許になるようで，ロシアなどと同様（R5Mなど），今後同じアジアとして手ごわいライバルに急成長しています．共産国家でコンテスト用の特別コールサインが許可となるのですから，民主国家の日本でもコンテストに合わせた，運用に有利な特別コールサインを実現して欲しいものです．

4 スポーツ競技として

法的に合理的根拠がないためかは不明ですが，8J7YAGIなどの文字数が多いコールサインはOKなのですから，IARUコンテスト時の8N1HQなどを，わかりやすいJA1Aなどとして，CQ WWやオールアジアなどに都度配布すれば世界の競合と競える下地ができます．ヒタヒタとアジア・東欧新興国の足音が後ろから迫る今，このあたりの制度の柔軟性が強く求められます．

CW作戦研究

ここまでは，コンテストの潮流を紹介しましたが，それに添って，どのようにCWの運用をしたら良いか？を研究してみましょう．

本節では，テーマと紙面の都合もあり，マルチ局での人員配置，運用バンドのローテーション，設備面（リグ，アンテナの選定，改造，構築，そのほかアクセサリー類，システムアップなど）については他書に譲ることとします．おもにCWの運用技能面にスポットを絞って紹介します．

● 参加部門の選択

コンテストに参加するには，まずその目的が何かを明確にすることが重要と思います．とりあえず参加してみるのか？ 優勝を狙うのか？ 強豪が予想されるので入賞を目標とするのか？ 勝敗は関係なくアワードのためか？ あるいは短時間に多くの局とQSOしてデータを蓄積しリグやアンテナ，電波環境などの技術評価のためなのか？ はたまた，次回勝利のための設備やロケーションのための偵察参加なのか？ 入門者を帯同しての育成・トレーニングが目的なのか？ などなど，目的によって運用方法も変ってきます．

◆ QSOの目的

たくさんQSOしたい．珍しい場所とQSOしたいなど．あるいはアワードなどのためのQSLカード収集目的など，勝敗は考えず，とにかく参加することが目的です．たくさんQSOしたいなら，大きなコンテストのオールバンド部門の参加となります．

◆ 入賞

コンテストにより上位何位かまではアワードが出るので，これが目的です．順位を上げることが最大の目的ですので，作戦展開が大切になります．例えば参加者が少ない小規模コンテストのマイナー部門を狙ったり，エリア別入賞を狙い，参加者が少ないエリアへ移動するなど，コンテスト開始前からの戦略段階から勝負は始まっています．

◆ 優勝

どの参加者にも絶対勝つ作戦展開が必要です．場合によっては，自己ベストやワールドレコードの更新も狙う場合があります．最強のライバルの動向によって，どのような戦略を練るかから始まります．

◆ 実験

短時間で全世界規模のとても多くの局とQSOチャンスがあるコンテストは，電波の「飛び具合」を実験するまたとないチャンスです．ロケーション，アンテナ，リグ，付属装置など，実際の電波伝搬による実践テストにはうってつけです．

◆ 偵察

次回参加のための雰囲気やロケーション，設備テストなどの意味で，試し打ちをします．

◆ 教育

特に，学校クラブ局で新人にコンテストの空気を触れさせるため，運用を体験させるため，団結の他旗印とする．年間行事とするなど，教育題材にも最適です．

● 手打ち or 自動送信の選択

筆者の友人で長年，全国コンテストの個人CWマルチバンド部門で優勝を続けているオペレー

ターは，今もエレキー手打ちと大学ノートへの紙ログ．暗記または大学ノートでのデュープ・チェック・シートです．千局以上のオールバンドのデュープは，コンテスト時間中はほぼ頭に入っているとのことで，どんな脳ミソの構造なのか？ 不思議です，hi．おそらく，彼の脳のデータベースには，コンテスト参加局がおなじみ局リストとしてすでにメモリされているのだと思います．この事実からも決してツールだけが勝敗を分けるものではないことがわかります．

紙ログとまではいわずとも，ログ・ソフトを使っても，CW自動送出機能をどのように使用するか？の選択枝があります．

筆者の経験ではCQの繰り返しは明らかに自動送信が有利です．何と言っても疲労が少ないですし，その間に別の操作を平行してできます．具体的には，ほかのバンドのワッチや，SO2R対応，その他局設備の操作です．しかし，S&Pのときや，特にパイルアップを呼びに回る場合は，手打ちがとても有利と感じます．それは，ブレークイン操作を用いて，文字の隙間，符号の長短点の隙間で自分の受信周波数と，スプリット運用の場合，送信周波数にいるパイルアップ参加局の動向までワッチできます．手打ちなら，必要に応じていつでも送信操作を自由自在にできます．オートキーイングの場合，入力してしまったコールサインの途中でストップしたり，一文字の符号の途中で止めるなどの細かく相手やパイルアップの状況に合わせた対処ができないからです．

そのほか，比較的暇なとき，知り合い局から呼ばれた場合，ちょっとハンドル（名前）を打って，軽い挨拶や情報交換すると，気分転換になりコンテスト中の清涼剤になってホッとします．それには，パドルによる手打ちがしっくりきます．

もう一つは，キーボードで高速打鍵するには，どうしても両手が必要です．するとリグのダイヤル操作ができません．かといって，片手入力ではブラインド・タッチの高速打鍵ができず不利です．しかし，パドルであれば高速度でも，相手のスタンバイのタイミングにピタリと合わせて自在に送信できます．かつ，符号を送りながら，リグそのほかの操作をあまった片手でできます．

こういったことから，リアルタイム・キーイング機能のあるロギング・ソフトに，パドルを組み合わせて使用するのが臨機応変な運用ができFBだと思います（**写真4-2**）．

● **右脳での人間バンド・スコープ**

よほどのスーパー・ステーションで，呼ばれ続けるがまま，各バンドを順次ランニングのみすれば勝てる，という恵まれた方は稀でしょう．普通はランニングとS&Pをうまく組み合わせて運用しないと得点が伸びません．

その場合，バンド全体の今の状態が頭の中にイメージとして入っていれば有利です．どのあたりの周波数で誰がランニングしているか？ 誰がどの方向へS&Pしつつあるか？（これはごく一部しかわかりませんが）などが頭の中にイメージとして常時入って，S&Pとランニングを状況に応じて切

写真4-2 キーボードと手打ちの運用風景

4 スポーツ競技として

り替えます．

例えば，ランニングすると，自分の周波数だけを聞き，ナロー・フィルタで受信している場合など，わずか数百Hzずれて呼んでも応答がない局がいたりします．

これに対し，常に自分の周囲だけでなく，バンド全体の動向を掴んでいる局とでは，作戦展開に大きな差がでてしまうのです．最近はバンド・スコープ付きのリグも多いので，活用すると良いでしょう．しかし，ノイズ・レベル以下の弱い局やQRMに埋もれている局などは，なかなかスコープではわかりません．やはり自分の耳でのワッチと頭へイメージとして刻みつけることです．

第7章で紹介するCW Skimmerというソフトウェアは，今後パラダイム・シフトをもたらしそうです．

● CWフィルタの選定法

コンテスト中のCWフィルタはどのように選択したら良いのでしょうか？

一般には，160m～40mバンドのローバンドは200～300Hz程度，20m～10mバンドのハイバンドは500～1kHz程度のようです．しかし，さらに状況に応じて動的なフィルタ選択操作をこまめに行うと，より効果的です．

比較的バンドが空いているときS&Pは1～2.7kHzで複数局を同時にワッチします．自分が次に呼ぶ局をQRMとして裏で聞きながら今のターゲット局とQSOするのです．ローバンドなどで混み合って来た場合は500Hz程度のフィルタでこれを行います．

一方，ランニングする場合，このままでは帯域が広すぎてQRMに弱いので，やや狭くして500～1kHzを選択しておき，周波数がズレてコールしてくる局も取りこぼしなく受信します．自分がナンバー交換する局以外に何局が少しずれたりして裏に控えているかを瞬時に把握しておきます．一方，とても弱いノイズカツカツの局がコールしてきたり，強力なQRMがかぶってきたとします．その場合は素早く100～200Hz程度のフィルタに切り替えて，できるだけ，1発でフルコールをコピーできるようにします．このためにも，片手は常に空けて自由にして置いたほうが有利なのです．

● BFOキャリア・ポイント（リバース選択）

最近のリグは，CWでのBFOのキャリア・ポイントをUSBとLSBの二つが選択できます．これはどう選んだら良いのでしょうか？好みにもよりますがダイヤルを回してピッチがゼロビート方向に近づくように設定するのが聞きやすいです（図4-1）．ダイヤルを下から上方向へワッチしていく

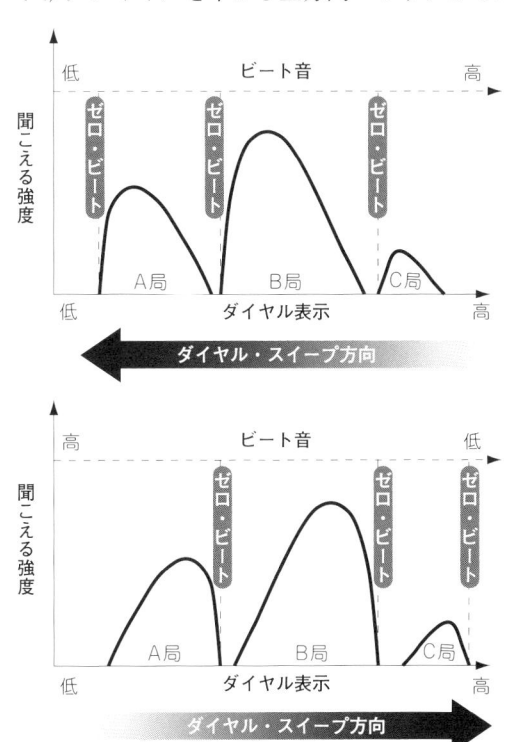

図4-1 ビート音とダイヤル周波数関係

なら，USB設定という具合です．混信があった場合には，それを避けるためにキャリア・ポイントを切り替えるのも有効です．

● CQを出しながらバンド全体をワッチする

CQを出している間も，常にバンド全体の動向を掴んでおきます．具体的には，A/B二つのVFOを用いて，A-VFOでランニングし，フル・ブレークインまたはVOXで，スタンバイした直後はB-VFOで自分の周波数をワッチし，直後に，B-VFOを回して，バンド内を順次ワッチします（**図4-2**）．

この際，あまり長時間ワッチしていると，ランニング周波数をほかの局に取られてしまったり，CQの回数が減ってしまうので，長くても数秒でランニングに戻るようにします．狭いローバンドなら1回のスタンバイでバンド全体をワッチできます．ハイバンドの場合は，周波数帯を何分割かして，何度かに分けてワッチすれば良いでしょう．

特にシングルバンド部門の参加者は最近，バンドによっては減少傾向にあります．そのバンドに存在する局をいかに取りこぼしなく，くまなく拾い上げる，というよりも，掘り起こすような運用が必要です．

一方，参加者によっては，ランニングだけで呼ばれなくなったら，ほかのバンドへQSYする体験参加や実験参加の局もいます．これらの局がそのバンドでランニングしている限られた時間にS&Pで拾いあげねばなりません．一方，入賞に勝敗を掛けたマルチバンド参加局は，あるバンドへQSYしてくると，まず，空き周波数を探しながら聞こえる局を片っ端からS&Pします．空きが見つからない場合にはそのままほかのバンドへQSYしてしまう場合もあります．このような場合は，こちらがランニングしていないと，この局とはQSOできないことになります．さらにマルチオペ・シングルTX局などは，時間効率の悪いバンドは，ラン

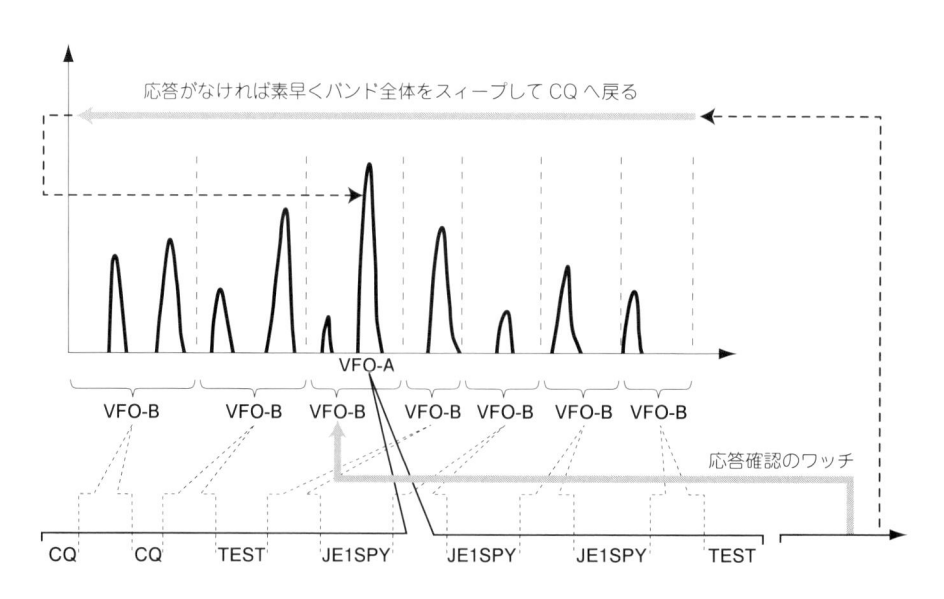

図4-2 ランニングS&Pのイメージ図
符号のすき間でバンド内にどの程度の局がいるかワッチしておく．
VFO-Aでランニングしながらフル・ブレークインでVFO-Bをスィープしながら符号のすき間をワッチする

4 スポーツ競技として

ニングかS&Pいずれかだけ，しかもわずかしか運用時間を裂きません．

したがって，ランニングとS&P両方を同時に継続することが，時間軸で見た場合，もっとも密度の濃い取りこぼしのない運用ができるわけです．

● **CQを出しながら，マークした局を呼ぶ**

上記のランニングしながらのS&Pで，未交信局がランニングしているのを発見したとします．1回目のCQのスタンバイの合間で，その周波数をメモリに入れるなり覚えるなりします．次のCQのスタンバイで，タイミングが合えば，コールします．相手のCQスタンバイのタイミングと合わなかったり，パイルアップに呼び負けた場合は，無理せず，自分のランニングへ戻ります．そして，再度CQのスタンバイの際に，同じことを繰り返します．こうして，自分がランニングしつつ，その隙間で相手をコールしていきます（図4-3）．

ランニングしている最中もVFO-Bのほうをターゲット局に合わせて，フル・ブレークインか，セミ・ブレークインで相手のCQのタイミングを聞きながら，自分のCQを出します．そして相手のスタンバイに合うように，自分のCQを終わらせるようにします．コンテスト開始直後の呼ばれている時間は無理ですが，CQの空振りが多くなる中盤以降は有効な方法です．

● **複数バンド同時受信，パラレル受信**

マルチバンド参加の場合，以上のような技を一つのバンドで使うだけでは不十分です．ほかのバンドも可能な限り，取りこぼしのない運用が必要です．

もっとも簡単な方法は，一つのバンドでランニングとS&Pをやりながら，別に完全に独立した1系統のリグとアンテナを用意して，ほかのバンドをS&Pします．これは1バンドとは限らず，2〜3バンドを同時にワッチしてもOKです．そして，

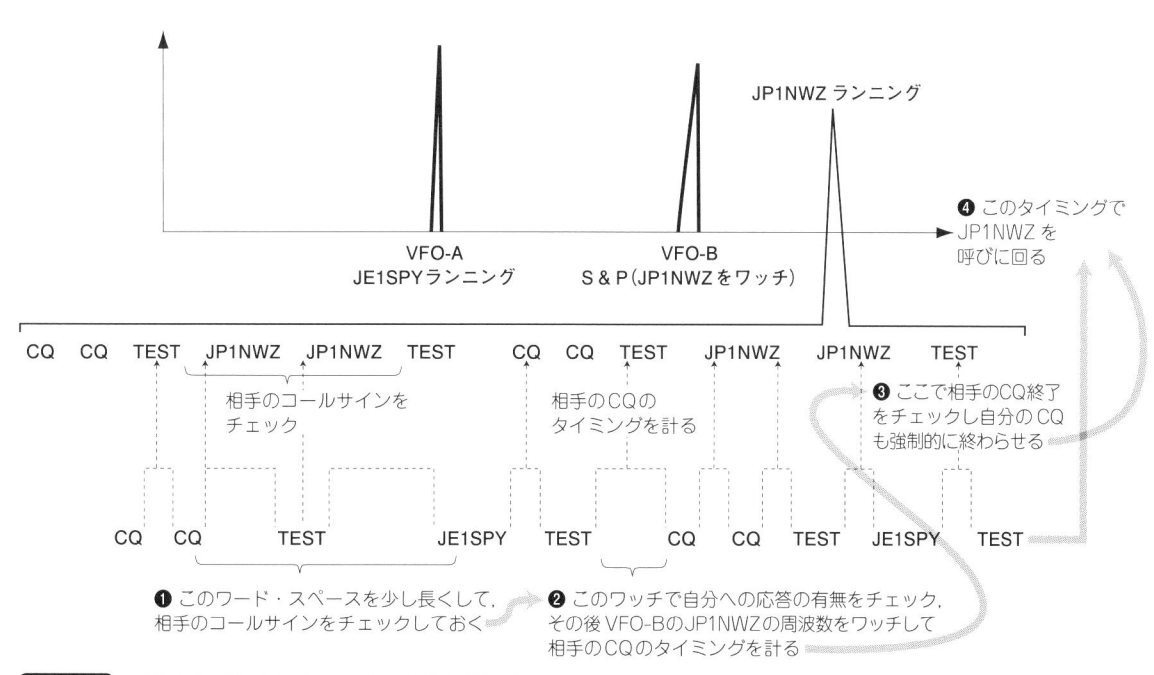

図4-3 ランニングしながらターゲット局を呼ぶ例

新しい局やニューマルチが発見できたら，ランニングを一時中断し，素早く，ほかのバンドでのQSOを済ませて，ランニングに戻ります．

この際，注意すべき点はルールです．10分間ルールといって，一度電波を出したバンドには10分間以上止まらなければならない，というルールを設けているコンテストもあります．また，ニューマルチをとる場合には，この限りでない，という特例を設けているコンテストもあります．特にDXコンテストの場合，いろいろですので，よくルールを研究したうえで，設備構築と戦略造りを行ってください．

● SO2R

さらに，最近特に発展しつつあるのが図4-4に示すSO2R (Single OP 2 Running) です．すなわち，一人で2系統の無線機とアンテナで，2バンド交互にCQを出します（シングルオペで2バンド同時発射はルール違反となるので，交互という点がミソ）．そして，応答があったバンドで素早くQSOします．ワッチしていると，CWの技量抜群であるはずの局が変なタイミングで応答しているのを耳にします．こんな場合はSO2Rをやってるな！とわかります．

さらに究極の方法として，SO2Rをやりながら，もう1バンドの独立したリグとアンテナでS&Pをやります（図4-5）．最新鋭の局はSO3Rをやっているとも聞いています．

SO2Rはコンテスト用のロギング・ソフトが対

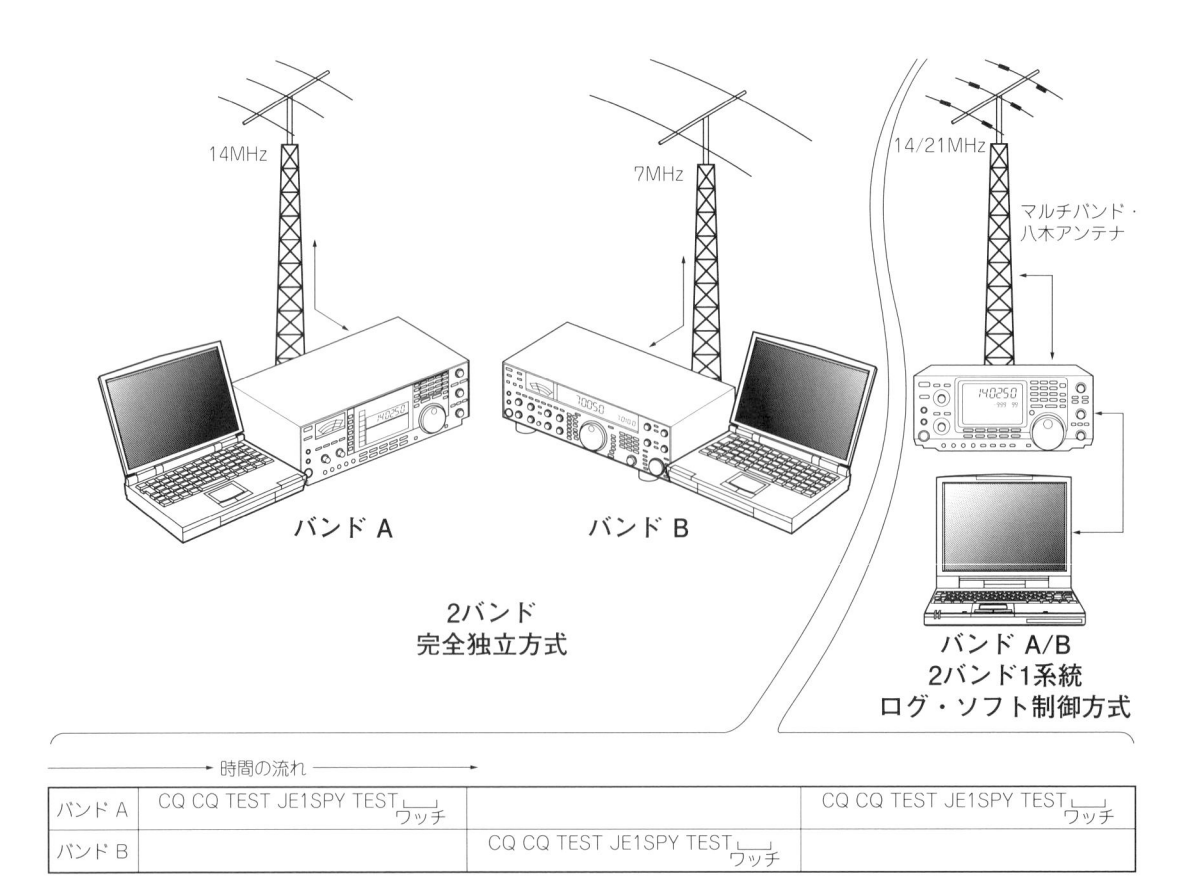

図4-4 SO2R (Single OP 2 Running) の概要

4 スポーツ競技として

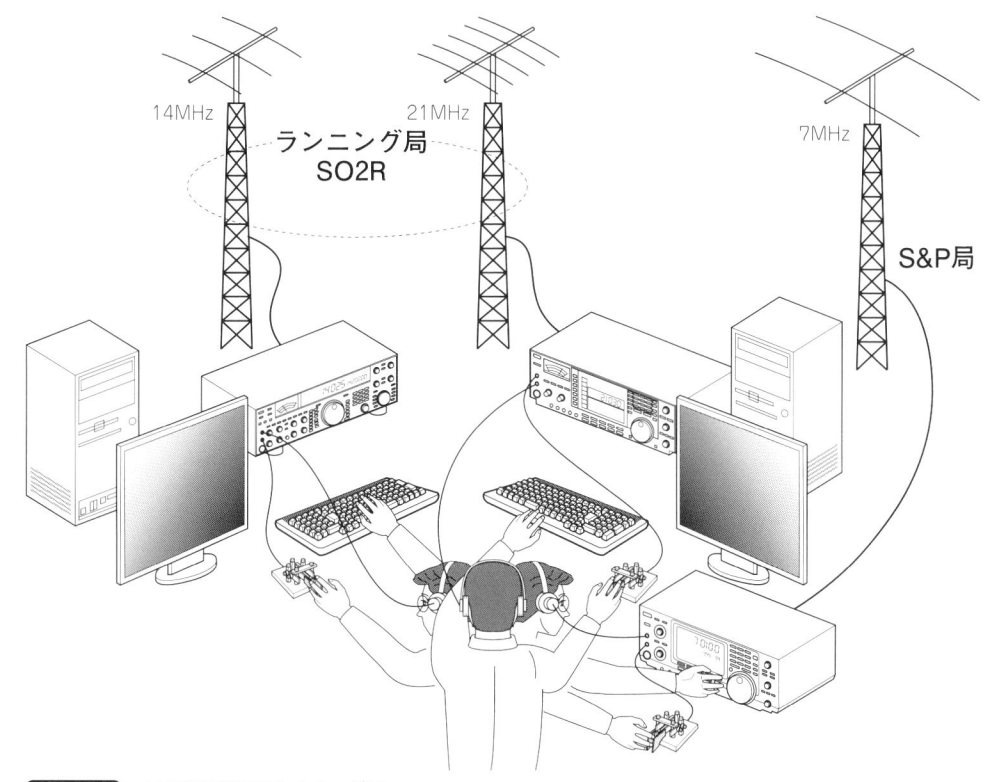

図4-5 11面千手観音のイメージ図
最近のシングルオペ・マルチバンド部門は，いかに多くの操作を同時にこなせるか？ で勝負が決まる．
あたかも仏像の11面千手観音のようだ！

応しているので，1台のパソコンでOKですが，人によっては，パソコンまで含めてバンドごとに独立しているほうが，直感的に自分の運用バンドがわかりオペレートしやすいという意見もあります．

いずれの方法を取るかは，各自の好みで研究してみましょう．

第7章で，これらに使用するCW用ソフトウェアを紹介します．こういった機能実現のため，リグ制御とネットワーク機能がソフトウェアの必須条件となるわけです．

● **あらかじめ呼んで来る相手を予測してCQを出す**

S&Pしていると，CQを呼びに回っている局も耳に入ります．その局と自分が未交信の場合，その局がどちら方向（例えば上から下方向など）へ向かってS&Pしているかを調べ，次にワッチするであろう周波数に先回りしてCQを出してみます．ほぼ予想どおり，呼んでもらえます．あらかじめ呼んでくる局が予想できるわけです．

● **コールサインを聞かなくてもワッチ局にデュープをわからせるCQの出し方**

デュープQSOは時間の無駄ですし，ログ整理を考えるとできるだけ避けたいものです．コールされてデュープ・チェックするだけでも時間の無駄です．そこで，究極の方法はランニング中，聞いている相手にデュープをわかってもらえればベストです．

具体的にはどうしたら良いのでしょうか？

◆ チェンジアップ

ログ&キーイング・ソフトのメモリで,

「CQ CQ TEST JE1SPY JE1SPY ＋＋＋＋ TEST－－－－」

という具合に,最後のTESTのみの送信スピードを上げる設定ができます.この速度の上げ具合に特徴を持たせることで,CQを聞いている局は,コールより,その音の特徴で覚えていてくれますから,間違えて呼ばれることがありません.TEST以外にCQ部分やCQ TEST全体の速度を上げても良いでしょう.

◆ 符号の特徴化

現在あるログ・ソフトではできませんが,例えばPICを使用したエレキーで,任意のデューティー比やWEIGHTの符号を記憶できファームウェアをプログラミングすることができます.

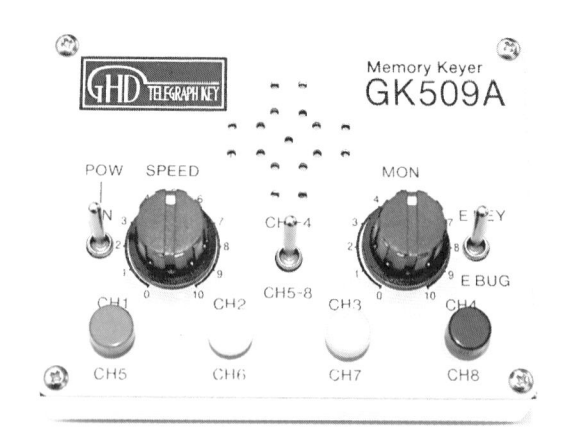

写真4-3 GHDキー社製GK509Aメモリ・キーヤー
縦振り電鍵のような特徴ある符号もメモリできる

GHDキー社製のGK509A(**写真4-3**)というメモリ・キーヤーが一例です.

これにより例えば最後の「TEST」のTの文字

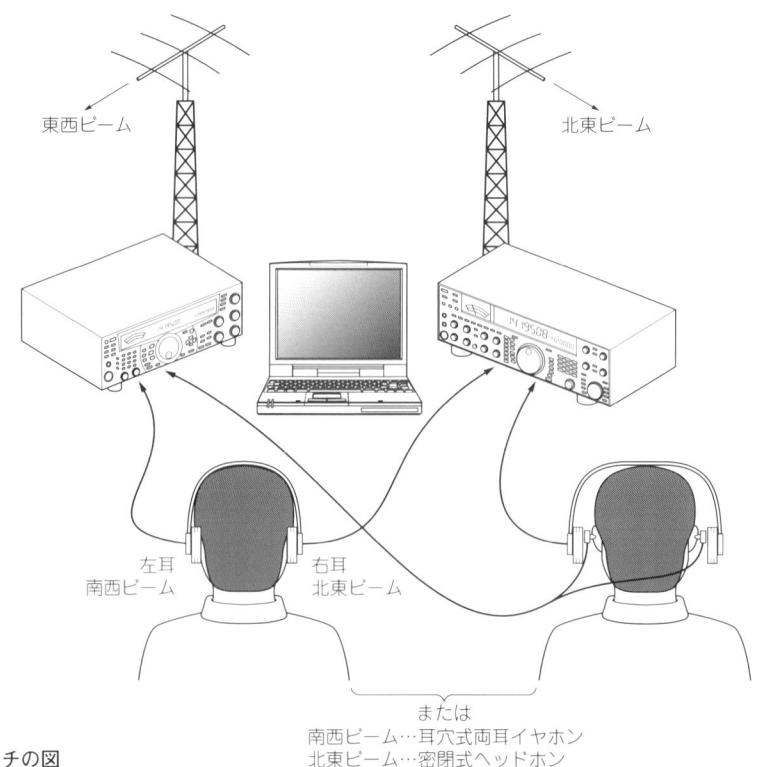

図4-6 両耳別ワッチの図

114

4 スポーツ競技として

をとても長いスペースにするなどして，他局にない特徴を持たせることで，一目でわかるCQにできます．符号全体をあまりに特徴的にしてしまうと，了解度や時間効率の問題がありますので，そのトレードオフとなります．

● 片耳ずつか，両耳が有利か？

前述のSO2Rをしながら，もう1バンドをワッチする場合，あるいは，シングルバンド参加の場合は，東と西，あるいは，アメリカと太平洋，ヨーロッパと太平洋など，2方向ビームの独立したリグとアンテナで，交互に切り替えながらCQを出し，受信は常に両方同時にワッチ，などの作戦があります．

その際，リグのスピーカーで聞く方法もありますが，両耳のヘッドホンで聞いたほうが弱い信号を確実にコピーできます（図4-6）．ヘッドホンの場合，左右の耳で違う系統を聞いたほうが有利なのでしょうか？ あるいは，2系統を混ぜて，両耳で聞いたほうが有利でしょうか？

個人差にもよりますが，筆者は異なる系統の信号を同時両耳で聞いたほうが聞きやすいと感じます．一番簡単な方法は，耳穴式の両耳イヤホンで1系統を聞き，密閉式のヘッドホンで，もう1系統を聞きます．両耳からランダムに入るノイズは，さまざまな位相関係ですから，ある確率で，左右が瞬間逆位相の振幅になるノイズが偶然あるとします．するとこの瞬間は打ち消し合う可聴音ベクトルになるのでノイズ音を感じにくくなります．それ以外にも両耳で聞く自然感もあるのかもしれません．

● 電子ログ提出

近年，ほとんどのコンテストは電子ログの提出を奨励しています．海外コンテストは図4-7に示すCabrilo（キャブリロ）フォーマットをサーバー

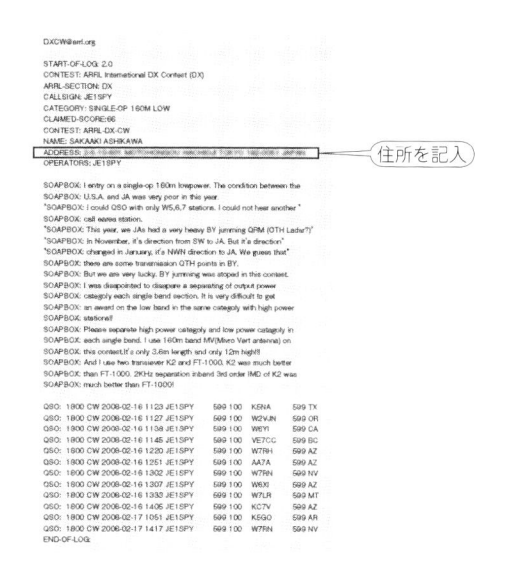

図4-7 Cabriloフォーマットの例

主催者にとって，集計は大変な作業．電子ログは，そのボランティアに少しでも協力できる

図4-8 JARLフォーマットの例

JARLコンテストの電子ログ提出者は50％程度．可能な人は電子化に協力しましょう！

115

上のロボットで受け付けます．図4-8に示すのはJARL主催コンテスト独自のフォーマットです．

これらを作成するログ・ソフトについては第7章で紹介します．

4-2 HST（Hgih Speed Telegraph）

HSTの歴史

HSTは旧ソ連を中心とした東欧で，軍通信兵のCW技量向上とモチベーションアップのためにスタートした軍事訓練がルーツです．1983年にモスクワで開催された第1回 Reg 1（ヨーロッパ）大会

表4-1 1997年，HSTブルガリア大会の記録

1997年 HSTブルガリア大会の記録より抜粋

受信OM部門　　速度（PARIS）

順位	コールサイン	文字	数字	混合
1	EU7KI	330	500	290
2	UA4FBP	310	540	240
3	RV9CPV	330	430	280
4	EU7KQ	300	450	190
5	YO4RHC	240	390	230
6	Z32TO	230	310	210
7	LZ1IK	210	300	200
8	HA3OV	190	300	200
9	UT5UO	230	310	160
10	Z32OK	220	250	180
12	JE1SPY	180	250	170
17	JH9CAJ	150	190	150

PED

順位	コールサイン	局数
1	HA3OV	43
2	LZ1BP	36
3	EU7KI	35
4	UA4FBP	33
5	DL2OBF	33
6	RV9CPV	29
7	Z32TO	28
8	DF4PA	26
9	JE1SPY	26
10	EU7KQ	24
11	Z32OK	24
14	JH9CAJ	18

RUFZ

順位	コールサイン	得点
1	HA3OV	61230
2	EU7KI	58170
3	LZ1BP	53163
4	DF4PA	52985
5	Z32TO	52206
6	UA4FBP	51659
7	RV9CPV	50787
8	EU7KQ	42631
9	Z32OK	41667
10	DL2OBF	38099
11	JE1SPY	32723
18	JH9CAJ	21727

受信OT部門　　速度（PARIS）

順位	コールサイン	文字	数字	混合
1	UA3VBW	290	440	240
2	EU1EE	240	360	190
3	EW8NU	220	320	190
4	OK2BFN	220	300	180
5	LZ1FI	210	260	200
6	YO9ASS	160	250	180
7	LZ2YJ	180	240	170
8	JA1OQG	170	220	150
9	9A2AJ	180	210	160
10	JA2CWB	160	210	150

PED

順位	コールサイン	局数
1	UA3VBW	22
2	YO9ASS	22
3	LZ1FI	21
4	Z31DZ	21
5	Z32MB	19
6	OK2BFN	18
7	YU7AL	17
8	LZ2YJ	15
9	9A2WJ	15
10	EU1EE	14
11	JA2CWB	14
12	HA3HE	11
13	JA1OQG	8

RUFZ

順位	コールサイン	得点
1	UA3VBW	42328
2	OK2BFN	34983
3	9A2WJ	29850
4	LZ1FI	28325
5	Z31DZ	22603
6	EW8NU	22578
7	LZ2YJ	22441
8	EU1EE	19067
9	JA2CWB	18726
10	Z32MB	18295
11	JA1OQG	16760

1995年ハンガリー大会，1997年ブルガリア大会に日本選手4名が参加した．1995年ハンガリー大会ではJA2CWB 栗本OMがプラクティス部門で銅メダルを獲得．JA1OQG 松田OMも総合5位入賞を果たした．

4 スポーツ競技として

が元祖です．その後，東西融合とともに，世界的なCWスポーツに発展させるべく，1995年からReg 1大会がHST世界選手権大会に発展，スタートしました．

毎回80名程度の世界のCWトップガンが競い合います．HSTはその性質上，アマチュア無線のジャンルのなかでも若年層が厚い競技です．しかし，2007年からは50歳以上部門が新設され，HSTにも高齢化が伺えます．

日本選手は，JA2CWB（銅メダリスト），JA1OQG，JH9CAJ，JE1SPY（1995年，1997年），JL1WFD（1999年）が参加しています．

競技内容の変遷

1991年のReg1ベルギー大会までは，もっぱら暗号文の送受信速度を競う競技でした．1995年の第1回ハンガリー世界大会から高速コールサイン受信（RUFZ）がプラクティス部門として新設されました．1997年の第2回ブルガリア世界大会では，さらにパイルアップ受信（PED）競技が加わります．

その後，パソコンOSがMS-DOSからWindowsになり，競技ソフトもRUFZ XP (by DL4MM & IV3XYM)とMorse Runner (by VE3NEA)に変更されました．

誰でも歓迎！

HSTでぜひお伝えしたいのは，参加基準は年齢のみで，技能の足キリがないことです．極言すればCWを知らなくても参加OKです．0点でも失格でなく，ちゃんと公式記録として残してくれます．

参加方法はIARU HST委員会メンバーまたは大会ホームページへ直接申し込むか，日本の場合はJARLを通じて手続きをする二通りがあります．大会の参加費は宿泊食事込みで300ユーロ程度なので，現地までの交通費がネックです．以下は委員キーマンのプロフィールです．

HA3NU：プラクティス部門の立役者．1995年まで現役選手でした．HST運営のためヨーロッパ中で勢力的に活躍している紳士です．

DL4MM：インターネット上での広報を一手に担っています．HST情報の世界への窓です．

EU7KI：みずからが最強のメダリスト．1997年に，かの有名な世界チャンピオンUA4FBPを破り総合優勝に輝いた若きエースも，今は開催者兼務で大会をプロモートしています．競技用ソフトウェア開発をプロモートするなど，多彩な活躍をしています．

どの程度の実力なのか？

表4-1に日本選手が出場した1997年のHSTブルガリア大会，表4-2（次頁）に1999年のHSTイタリア大会の記録の一部を示します．特にハイレベルの20～40歳OM部門を中心にまとめてみました．文字は300 PARIS，数字は500 PARIS，コールサインは600 PARIS台が世界記録といったレベルです．暗記受信可能なコールサインのほうが高速であることから，世界新記録は耳よりもハードコピーの速度がネックになっていることがわかります．

HSTのチャンピオンは，1995年まではUA4FBP Olegでした．彼は世界的に著名なCW文献「The Art Et Skill of Radio Telegrapy」William G. Pierpont N0HFF（JARL A1 CLUBの訳本『電信の匠と技』）の中でも紹介されています．彼をくだ

表4-2　1999年，HSTイタリア大会の記録　　　　　　　　　　　　　　　1999年 HSTイタリア大会の記録より抜粋

受信OM部門　　速度（PARIS）

順位	コールサイン	文字	数字	混合
1	RV9CPV	360	430	270
2	EU7KI	330	410	270
3	EW8NW	300	470	270
4	UA4FFP	300	440	250
5	YO4RHC	250	350	230
6	JL1WFD	230	320	190
7	LZ1IK	230	300	190
8	Z32TO	200	340	170
9	HA3OV	190	290	190
10	HA1CW	200	260	170
11	PA4AO	160	260	190
12	DL2OBF	180	250	170

送信OM部門　　速度（PARIS）

順位	コールサイン	文字	数字	混合
1	EU7KI	290	434	262
2	RV9CPV	252	308	252
3	HA3OV	230	253	203
4	PA4AO	221	217	210
5	UA4FFP	244	276	179
6	YO4RHC	232	290	203
7	OK1CW	196	210	180
8	LZ1IK	198	201	193
9	EW8NW	242	174	225
10	OK1DX	181	187	171
11	DF4PA	190	189	173
12	JL1WFD	169	183	173

PED

順位	コールサイン	局数
1	HA3OV	47
2	RV9CPV	45
3	Z32TO	41
4	EW8NW	39
5	DL2OBF	39
6	UA4FFP	37
7	HA1CW	36
8	EU7KI	35
9	PA4AO	35
10	JL1WFD	31
10	YO4RHC	31
11	DF4PA	26

RUFZ

順位	コールサイン	得点
1	RV9CPV	108561
2	HA3OV	101087
3	EW8NW	99716
4	UA4FFP	91423
5	EU7KI	86810
6	DF4PA	82243
7	Z32TO	77143
8	DL2OBF	60987
9	YO4RHC	56020
10	JL1WFD	51041
11	PA4AO	50587
12	HA1CW	50471

当時大学生だったJL1WFD 竹村氏は不屈のトレーニングの末，日本選手として単身初参加．世界の強豪と互角の立派な成績を収めた．

写真4-4　HST世界チャンピオンのEU7KI Andrei（左）とRV9CPW（HSTは女性参加も盛ん）

し，王座交代を果したのが1997年大会でのEU7KI Andreiです（写真4-4）．筆者は，二人の王者が入れ替わるブルガリア大会で両者とまみえました．

いかにして高速受信するか？

高速CWは速記かタイプが用いられています．筆者が第1回のHST世界大会に参加した際，UA4FBP Olegから教えてもらった直筆メモを写真4-5に，彼の競技風景のようすを写真4-6に示します．

4 スポーツ競技として

彼から聞いた話では，幼いころから日々の練習を重ね，各自独自の筆記文字を使用しています．受信は数文字の遅れ受信です．

ほかに，機械式タイプライターを用いる選手も一部いますが，基本的には同様の方法です．競技のCWが鳴り止んだ直後にタイプの印字音も止まる事実が証明しています．

スポーツとして

HSTは1分間というCWとしては極短時間でいかに実力を出し切るか？ の短距離競技であり，究極にはメンタル競技でもあります．最後は，自分と記録との戦いです．ギネスブックの高速CW受信記録は5分間のようで，N0HFFもこの点の優劣を指摘しているようです．しかし，この点は技量の差というより，ルールの差で，K1と総合格闘技のどちらが強いといった比較と類似の議論になります．

もう一つの魅力は，CWに全身全霊をかけた仲間が全世界から一同に集まり，直接まみえることです．そこには，国家，民族，言語，宗教，貧富，政治などの違いを超えたスポーツの共通価値があります．

高速CW受信の謎を解く

読者が興味あるのは，300～600 PARISものCWが選手たちにはどのように聞こえているのか？ ということでしょう．300 PARISあたりから，特に短点の数が普通では聞き分けられなくなります．400 PARISくらいから，1ワードの塊が短点だけで打っているドットやダッシュのように聞こえてきます．つまりHSTは短点・長点がいくつ，といった聞き方はもはやできない領域なのです．

実際，訓練を積むと，耳の時間分解能が次第に研ぎ澄まされてきます．そして，CWのトーンとマーク，スペースを構成するクリック音が渾然一体となった独自の「音」から，新たに本来の文字をイメージできるようになります．これを筆者は「音色モールス」と名づけました．

事実，世界の強豪は大会の際，（普通の）モールス符号として聞こえる100～200 PARISあたりはヘッドホンをかぶりません．脳の神経回路を「音色モールスモード」に切り替えているため，外乱を避けたいがためと思われます．HSTの訓練はこの新たな音と符号の関係づけである「音色受信」モードができあがるように脳の神経回路の構築訓練することだと思われます．

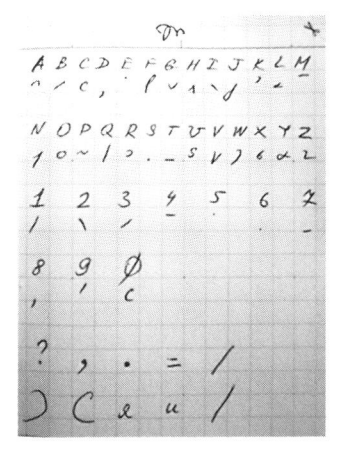

写真4-5　UA4FBP直筆の速記記号

写真4-6　1995年までの世界チャンピオン UA4FBPの競技風景
速記文字を普通文字に清書中のようす

そんなこと言われても，ピンとこないよ，という方は，RTTYを思い浮かべてください．45.5 BAUDTのRTTY符号は約430 PARISに相当します（書籍『モールス通信』参照）．RTTY運用になれてくると「RY RY RY」とか，「CQ CQ」などは，ディスプレイを見なくても，音を聞いただけですぐわかると思います．すべての文字について，この境地に達したのがHSTといえばおわかりいただけるでしょうか？

以上は，人体生理科学には素人の筆者が自分の体験だけの感覚だけから述べています．これらをスポーツ科学や，脳神経医学的見知から専門的に解析できると新たな発展があるかもしれません．

100m世界新記録保持者，アサファ・パウエル（ジャマイカ）選手の場合を例に挙げてみましょう．スプリンター一家の遺伝子を受け継いで生まれた彼は，日本人トップアスリートの朝原宣治選手の2倍の筋肉を生まれつき持ち，弛まぬトレーニングと本能的な反射神経でそのパワーを100％引き出すフォームを身に付けた超人的肉体のアスリートです．小さな予選会でリラックスして走ると脊髄反応で筋肉が動き，9秒7台の世界新記録を更新しています．

しかし，世界選手権などここ一番の大舞台では，緊張のため脳からの神経回路に筋肉が支配され，脊髄からの指令が届かないことが，スポーツ科学的に解明されたそうです．そのため本来の実力が出ず，彼は無冠の帝王と言われています．北京オリンピックでの彼の金メダルは筋肉ではなく神経回路制御系統いかんにかかっていることが科学的に証明されたのです．

HST競技もスポーツ＋医学の観点から人間科学的究明が進めば，さらなる新たな記録領域への飛躍があることでしょう．CWもスポーツ科学の見地から分析される日を期待します．

高速送信の世界

送信についても，HST独自の世界があります．もっとも重要なツールであるパドルは，とてもストロークが大きく，バネの硬いシングル・レバーのパドルが使われています．実際体験してみますと，特に数字の場合，レバーの動きが単純なので，指の動きがよりストレートに伝わるシングル・レバーのほうが，高速での誤符号を防げます．わずか1分間の集中力勝負ですので，ダブル・レバー＆アイアンビック動作などの省力化は意味がなく，むしろ機能が複雑だけに，高速時の左右の同期タイミングのズレによる誤符号を招きやすく，不利となります．さらに，パドル自体の設計パラメータにも秘密がありますが，詳細は第6章で解説します．そのなぞは以下の操作方法にあります．

世界記録保持選手たちのパドル操作は，とても大きく，力強い指のストロークでパドルが飛んでいってしまうほどです．そのため，粘土や万力で机に固定したり，片方の手でパドルを持って操作しているほどです．

例えば，写真4-7に示すように，パドルを抱え込むような，独自の送信姿勢をとっています．このスタイルは近年「オールド・スタイル」と呼ばれているようで，最近は，より通常の運用スタイルに近い，写真4-8，写真4-9に示すような姿勢に変わってきています．

● **高速電信の効果**

HSTのいわば「音色受信」の技量は，普通のQSOでは身に付かず特別な専門トレーニングが必要です．それは，ある意味，孤独な自問自答の戦いと感ずることもあります．だとすれば，300 PARIS以上の高速電信など，競技だけの技巧に留まり，実用QSOには役立たない，お祭り騒ぎの大

4 スポーツ競技として

食い競争みたいなものなのでしょうか？ いえいえ，どうして，実際自分でトレーニングを積んでみると以下のように，普段のDXやコンテストで，絶大な威力を発揮することを実感できます．

1920年代，陸上競技で「人間機関車」との異名を誇ったエミール・ザトペック選手（チェコスロバキア）は，当時，誰も成し得なかったインターバル・トレーニング（間断負荷練習の一種）の特訓をみずからに課すことで，強靭（きょうじん）的な心肺能力を得て，世界記録を続出しました．今は，これを発展させた，マラソンのQちゃん（高橋尚子選手）で有名な酸素の薄い高地トレーニングが有名です．これと同様に，高速CWの過負荷状態に耳と脳を慣らすことで，さまざまな機能アップを図ることができます．

筆者が参戦のため毎日トレーニングを重ねていたころ，聴感の分解能感覚が極端に研ぎ澄まされました．

時間軸分解能が上がる

基本は，時間軸での分解能が極端に研ぎ澄まされてきます．これは，どのような技に有効なのでしょうか？

● フル・ブレークインでの効用

前述のフル・ブレークイン運用の際，短点と長点の隙間をとてもワッチしやすくなります．リグの送受復帰時間の差がとても気になりますし，その性能の優劣に敏感になるほどです．

● パイルアップでの時分割ワッチ

パイルアップの際，フル・ブレークインの隙間で受信し周囲や，相手局のスタンバイ状況がとてもよくわかるようになります．さらには，この一瞬の隙間で，トーンの差による周波数軸での分離

写真4-7　RA4FFPの送信のようす
パドルをかかえ込むオールド・スタイル

写真4-8　プラクティス部門の世界チャンピオンHA3OVの送信のようす
普通のQSOに近いニュー・スタイル

写真4-9　OT部門の世界チャンピオンUA3VBWの送信のようす
HST選手は左利きが多い．右脳受信と関係がある？

121

聞き分けを行い，2次元的な受信を行えるようになります．

● デュアルワッチでの時分割

ランニングしながらのS&Pも符号の隙間でバンド状況を探れ，これによりさまざまに有利な作戦展開が図れます．

インセンティブの重要性

CWの新たな普及という点で，HSTをスポーツとして一般人にインセンティブを与え，世界選手権はもとより，オリンピック競技とできればすばらしいことと思います．日本のTVで人気のある，「SASUKE」や「鳥人間大会」なども，外から覚めた目で見れば無意味という人もいますが，実際に参加している方々が一番幸せを感じているのと同じと思います．

HSTにチャレンジしよう！

2001年以降，日本からの参加者はなく，申し込めば誰でも参加できる状況です．IARU HST委員会はおおらかで，その場の飛び入り参加もOKでした．

特に16歳以下の部門も新設されました．通常の青少年スポーツで世界選手権に出場するには，気の遠くなるような修練と，膨大な予選を勝ち抜き，実力と運に恵まれないとチャンスを掴めません．

一方，ハムのコンテストではいきなりCQ WW DXコンテストへ参加できますが，直接自分の肌で海外の仲間と触れ合う機会は持てません．WRTCは普段からの多くの国内外コンテストでの優秀な成績の積み上げで，事前審査の関門通過が必要です．

しかし，HSTはすべてがフリーパスです．旅費と時間（職業を持つ大人には，これが最大の難関）さえ都合が付けば純粋にラジオ・スポーツへ情熱を注ぐ，東欧世界に直に触れ合うチャンスが開けています．

帰りの旅行カバンには，一生風化することのない，思い出と夢と誇りをいっぱいに詰めて帰国することでしょう．ぜひ，時間のある学生時代に，卒業記念旅行の選択枝に加えて見てはいかがでしょうか．

話は脱線しますが，近年，日本の閉塞感から，個人の方々がボストンバックいっぱいの期待プラスアルファを詰めて，エマージング諸国へ旅立っています．HSTというテーマで，あなたも冒険家ジム・ロジャーズのように，未知のロシアや東欧の友人と触れ合う旅をすることで，意外な人生が開けるかもしれません．

4-3 WRTC（Word Radiosport Team Championship）

コンテストのスポーツ性を究極まで追及し，人間の運用技量を競い合います．平同(びょうどう)なエリア，出力，アンテナを用いて，二人一組となり，特別コールサインを使い，レフェリー監視の元，指定のシャックにIARUコンテストの24時間，缶詰となり，得点を競う競技です．

モードはCWに限りませんが，オペレーターの運用能力を競い合うスポーツであることは，CW'erとコンテスター両者のチャレンジを誘い，CWの普及・発展にとても有望です．

WRTCの歴史

表4-3に過去のWRTC開催年，開催国，歴代入賞者を示します．アメリカが発祥の地であり，上

4 スポーツ競技として

表4-3 WRTC歴代開催地と入賞チーム一覧

K1TO/N5TJ (ex KR0Y) の圧倒的強さがわかる．コンテストの勝因は運用技量が大きいことが証明された．2006年はこのチームは不参加だった

年度	開催国	優勝	2位	3位
1990	Seattle, USA	K1AR - K1DG	W9RE - K7JA	KR0Y (N5TJ) - KQ2M
1996	San Francisco, USA	KR0Y (N5TJ) - K1TO	K4BAI - KM9P (W4AN)	K6LL - N2IC
2000	Bled, Slovenia	K1TO - N5TJ	RA3AUU - RV1AW	K1DG - K1AR
2002	Helsinki, Finland	K1TO - N5TJ	RA3AUU - RV1AW	DL2CC - DL6FBL
2006	Florianopolis, Brazil	VE3EJ - VE7ZO	N6MJ - N2NL	K1DG - N2NT
2010	Russia（予定）	—	—	—

位入賞メンバーが一目でわかります．

日本選手はJE1CKA/JE1JKL（1990年），JE3MAS/JH4NMT（1996年），JM1CAX/JO1RUR，JH4NMT/JK3GAD，JH4RHF/JA8RWU/（2000年），JE1JKL/JM1CAX（2002年），JK2VOC/JA2BNN（2006年）といった方々が参加しています．

参加するには？

競技に参加するためには，開催委員会が定めた一定の基準を満たす必要があります．まず，各地域または国ごとに定員が決められ，選考基準は年間を通じた国内外コンテストでの成績です．詳細は各年の大会ごとに発表されます．これは，開催地で人数ぶんのシャックを確保しなければならない事情があるためと思われます．

そこで，参加できない人のために，インターネットを通じたさまざまなバーチャル参加が用意されています．筆者は直接の参加経験はありませんが，ネットでの参加を毎回楽しみにしています．日本から特別コールサインのWRTC局を呼んで

WRTC2006 に参加した日本人チーム

PW5Nのコールサインで世界の強豪とコンテスト・テクニックを競い合った日本人チーム　　（Photo by JK2VOC）

WRTC2006ブラジル大会の日本代表で参加したJK2VOC 福田さん，JA2BNN 野瀬さんチーム．コールサインは，PW5N．写真は左から，JK2VOC，シャックを提供してくれたZZ5JOI ロベルトさん，審判のKC1F Stuさん，JA2BNN　（Photo by JK2VOC）

日本チーム"PW5N"のアンテナ．従来のWRTCに比べると条件の良いビーム・アンテナが使われた

（Photo by JK2VOC）

123

QSLカードを集める．電子メールでログを送り，WRTC局との交信数を競うコンテストに参加し，記念のTシャツをもらう．各局に詰めているレフェリーから刻々と送られ大会Web上にリアルタイム登録される得点をネットで観戦する．それを見ながら，各WRTC局の運用方法，信号強度などを分析してみる．競技終了後，局とオペレーター，ロケーション，得点などが公開された後，その相関関係，過去の成績との比較など，緻密な分析を行ってみる．などなど，従来のコンテストとは一味違った参加方法と楽しみ方が広がっています．

同じオペレーターが入賞

表4-3（前頁）からわかるように，過去5回のWRTCにおいて，K1TO/N5TJチームが3回優勝しています．そのほか，3位までで，複数回出てくるコールサインにK1DG，RA3AUU，RV1AWなど世界的に著名なオペレーターが名を連ねています．この事実は，人の運用技量が，運，リグの違い，コンディション，コールサイン，ミクロ的ロケーションなどを凌駕してコンテストの勝因であることを証明しています．

ロケーションだけではない

WRTCは開催地の事情で，エリアは近接できても，ミクロ的ロケーションまでまったく同様にはできません．そこで，ブラジル大会の結果（表4-4）とロケーションと順位を分析してみましょう．

筆者は現地を見ていませんが，参加者の情報によれば，海に突き出て，海水に囲まれたり，湖に面して水際のマジックが期待できる局が入賞したかといえば，そうでもありません．小高い丘の上などの抜群のロケーションも決定的勝因とはならなかったとのことです．

WRTC2002を制したOJ3A（N5TJ/K1TO）チームのオペレーション風景．左からレフェリーのG4BUO Dave，メイン局で運用するN5TJ Jeff，サブ局でマルチを探すK1TO Dan

CQ World Wideコンテストのシングル・オペレーターのオールバンド部門で世界記録を持つN5TJ

WRTC2002で2位の好成績を収めたOJ8Eの若手ロシア人チーム．写真手前がRV1AW，奥がRA3AUU

4 スポーツ競技として

普段はフロリダからコンテストにアクティブな K1TO

言語はハンディか？

　英語のネイティブ・スピーカーがSSB運用で有利では？と思われますが，RA3AUU，RV1AW，DL2CC，DL6FBLなど非英語圏の選手も入賞しています．各年の全データを見ても，ネイティブが上位に集まる相関関係は特に認められません．前述の日本選手の皆さんも，海外運用の経験が豊富で英語が流暢な方ばかりです．

CW比率がやや上
（ベアフットゆえか？）

　それでは，CWとSSBの運用比率はどうでしょうか？モードごとの得点比率を見てみると，上位入賞局は，CWの運用比率がSSBを上回っています．これはWRTC局はベアフット運用であることも要因ではあります．この比率データからすれば，CWの技量が勝敗を分けることも確かです．

高速電信が必ずしも有利にはならない

　それではCW技量が勝敗を握るとすれば，HST上位者とWRTC順位は相関関係があるのでしょうか？そこで両大会の参加者を分析してみましょう．
　HA3OV，HA3NU，DL2CC，DL2OFBはHST常連選手です．特にHA3OV AntalはHST筆者も2大会で競技を共にし，RUFZとPEDの驚異的技量に驚愕しました．プラクティス部門では圧倒的世界チャンピオンです．その後も普段，ときどき彼とはCWでQSOし，彼の卓越した実践的CW技量は実感しています．しかし，彼ですらWRTCでは入賞を果たせていません．
　一方，DL2CCともHSTで共に競技しましたが，彼の順位は振わず，筆者は彼の実力にまったく気づきませんでした．しかし，WRTCでは2002年に3位，2006年に6位とFBな成績で入賞を果たしています．これより，高速電信の能力が必ずしもWRTCの勝因とは限らないことがわかります．
　別の視点から分析するため，2000年のスロベニアでの結果を見てみましょう（表4-5 128頁）．いずれの入賞局もレート100〜140局/時間のほぼ一定ペースを維持しています．彼らの実力をすれば300〜400局/時間レートをさばくテクニックのポテンシャルは十分備えていますが，この程度のペースでオペレートしているのです．審判・選手両方で参加経験豊富なJE1CKA 熊谷OMも，優勝

表4-4 WRTC2006ブラジル大会の順位

各局の順位と使用リグは大変興味深いデータ. ロギング・ソフトの詳細は第7章で解説

順位	WRTCコールサイン	オペレーター	スコア	無線機A	無線機B	ロギング・ソフト
1	PT5M	VE3EJ - VE7ZO	2439380	FT-1000MP	IC-775DSP	CT-Win
2	PW5C	N6MJ - N2NL	2317456	MARK-V FT-1000MP	FT-1000MP	CT-Win
3	PT5Y	K1DG - N2NT	2098060	IC-756PRO Ⅲ	IC-756PRO Ⅲ	CT-Win
4	PW5X	UT4UZ - UT5UGR	2024496	MARK-V FT-1000MP	MARK-V FT-1000MP Field	N1MM
5	PT5D	IK2QEI - IK2JUB	1987080	MARK-V FT-1000MP	MARK-V FT-1000MP	N1MM
6	PT5P	DL6FBL - DL2CC	1978320	MARK-V FT-1000MP	FT-1000MP	WT
7	PT5N	9A8A - 9A5K	1962177	TS-850SAT	TS-2000	WT
8	PW5Q	N0AX - KL9A	1958928	IC-756PRO Ⅲ	IC-756PRO Ⅲ	N1MM
9	PT5R	RW3QC - RW3GU	1945174	FT DX 9000D	MARK-V FT-1000MP	WL
10	PT5Q	W2SC - K5ZD	1944320	IC-756PRO Ⅲ	IC-756PRO Ⅲ	WL
11	PT5L	YT6A - YT6T	1937647	MARK-V FT-1000MP	Drake R4C	WL
12	PT5K	KH6ND - N6AA	1907788	FT-1000MP	FT-1000MP	WL
13	PT5W	LY2TA - LY2CY	1871793	FT-1000MP	TS-850SAT	TR-Log
14	PW5W	RA3AUU - RV1AW	1845432	FT DX 9000D	FT DX 9000D	WL
15	PT5B	OH2UA - OH4JFN	1804495	MARK-V FT-1000MP Field	MARK-V FT-1000MP Field	WT
16	PW5B	SP7GIQ - SP2FAX	1769625	MARK-V FT-1000MP	FT-1000MP	WT
17	PT5I	YL2KL - YL1ZF	1747392	IC-775DSP	IC-775DSP	WL
18	PW5U	XE1KK - XE1NTT	1698200	IC-756PRO Ⅲ	IC-7000	WL
19	PT5X	PY2NY - PY2EMC	1683825	MARK-V FT-1000MP Field	MARK-V FT-1000MP Field	WL
20	PW5K	ES5TV - ES2RR	1659948	FT-1000MP	FT-1000MP	WT
21	PT5E	K1LZ - LZ2HM	1504464	FT-1000MP	FT-1000MP	WL
22	PW5Y	K4BAI - KU8E	1492416	FT-1000MP	IC-756PRO	CT-Win
23	PT5U	K5TR - KM3T	1489911	IC-756PRO Ⅲ	IC-756PRO Ⅲ	CT-Win
24	PW5V	RW4WR - UA9CDV	1457868	FT-1000MP	FT-1000D ?	TR-Log
25	PW5Z	YO9GZU - YO3JR	1441440	MARK-V FT-1000MP Field	FT-1000MP	WL
26	PW5I	ZS4TX - N2IC	1431848	TS-850SAT	TS-850SAT	N1MM
27	PW5O	S50A - S59AA	1404920	IC-756PRO Ⅲ	IC-756PRO Ⅲ	WL
28	PW5G	IZ3EYZ - 9A1UN	1362812	MARK-V FT-1000MP	K2-100	WT
29	PW5L	LZ4AX - LZ3FN	1359579	MARK-V FT-1000MP Field	FT-1000MP	N1MM
30	PW5D	K1ZM - K1KI	1349969	FT-1000MP	FT-1000MP	CT-Win
31	PT5J	N6BV - AG9A	1333789	IC-765	IC-765	CT-Win
32	PW5F	F6BEE - W2GD	1308496	FT-1000MP	IC-756PRO Ⅱ	WT
33	PT5V	9A6XX - DJ1YFK	1295728	FT-1000MP	K2-100	WT
34	PT5G	N9RV - K3LR	1212120	IC-765	IC-756PRO Ⅲ	CT-Win
35	PW5A	LU1FAM - LU5DX	1168500	FT-1000MP	FT-1000MP	N1MM
36	PW5M	PY2NDX - UU4JMG	1147722	FT-1000MP	IC-728	N1MM
37	PT5C	OH1JT - OH2IW	1136600	IC-756PRO Ⅲ	TS-850SAT	WT
38	PT5A	5B4WN - 5B4AFM	1128519	FT-1000MP	FT-1000MP	WT
39	PW5P	OZ1AA - SM0W	1098880	MARK-V FT-1000MP	MARK-V FT-1000MP	WT
40	PT5O	HP1WW - N5ZO	1095276	IC-746PRO	IC-746PRO	WT
41	PT5T	PY2YU - PY1NX	1055240	FT-920	FT-1000	WL
42	PT5F	RA3CO - RW3FO	960690	IC-7800	IC-756PRO Ⅱ	N1MM
43	PW5T	UA9AM - RZ3AA	938685	FT DX 9000D	FT-1000MP	N1MM
44	PW5J	P43E - WA1S	878712	IC-756PRO Ⅲ	IC-756PRO Ⅲ	WL
45	PW5N	JK2VOC - JA2BNN	842289	TS-2000SX	FT-897D	Zlog Win
46	PW5E	BA4RF - BA7NQ	534744	IC-756PRO Ⅲ	IC-756PRO	WL

4 スポーツ競技として

COLUMN WRTC2006ブラジル大会の上位3局の設置状況

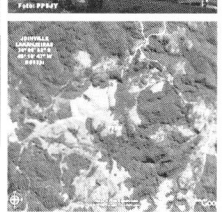

優勝したPT5Mのロケーションとオペレーター（VE3EJ, VE7ZO）. 水辺は近くになく，2位，3位の局に比べて有利なロケーションというわけではない （Photo by JH4RHF）

2位のPW5Cのオペレーター（N2NL：左，N6MJ）とロケーション．海に囲まれた半島という抜群のロケーションだったが惜しくも優勝を逃した．オペレーション・テクニックはロケーションに勝るという実例か?!

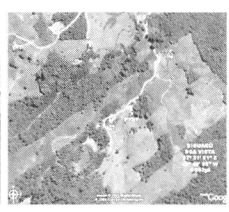

3位のPT5Yのオペレーター（N2NT：左，K1DG）とロケーション．1位のPT5M同様丘の上だが，海を眺望できるぶん，有利なロケーションと思われる．2位のPW5Cほどは水際ではない

局のオペレートを聞いていると，目の覚めるようなパイルアップさばきというより，一定のペースで淡々とコツコツQSOを重ねていく印象とレポートされています．

パイルアップの受信能力は有効か？

それでは，パイルアップを聞きわける技量と順位の関係を見てみましょう．大変興味深いデータ

表4-5 WRTC2000スロベニア大会の上位5局の48時間のQSOレートを1時間ごとにグラフ化したもの

各オペレーターの実力をもってすれば300〜400局/時間レートのパイルアップさばきは十分可能．しかし，出力100Wにトライバンダーという設備のせいもあるが，ごく平凡な100〜140局/時間程度の一定ペースでコツコツと局数を積上げているようすがわかる．このあたりがコンテスト勝利の要因であるようだ

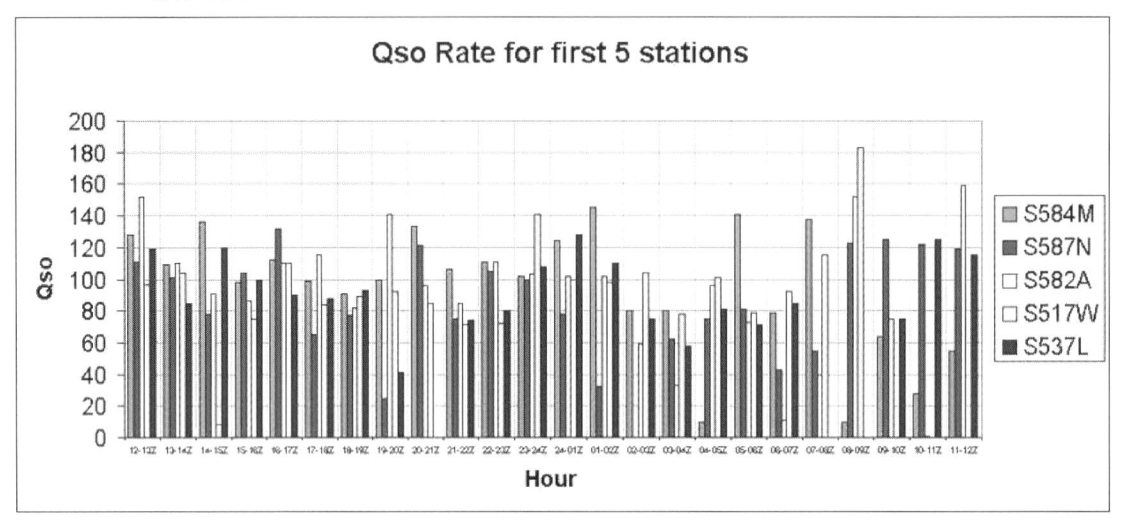

に2002年フィンランド大会でCWとSSBのパイルアップを聞き取るアトラクションが実施されました．全世界のトップ・コンテスターが同条件で競技した，とても貴重な「性能測定データ?!」です，hi．早速見てみましょう．

パイルアップ上位者にはK1TO，N5TJなどWRTC入賞者のコールサインが並びます（**表4-6**）．「WRTC上位者はパイルアップ聞き分け能力に優れる」ことはいえそうです．しかし，HA3OV，DL2OBFなどHST＆パイルアップ上位者が必ずしもWRTCで上位とはいえません．

一方，K1DG，DL6FBL，DL2CCなどパイルアップの成績が上位でなくとも，WRTCでは上位入賞を果たしています．さらに興味深いのはパイルアップ順位だけを見てもCWとSSBで差が大きい場合も見受けられます．WRTC2002の結果を**表4-7**に示します．

以上より，コンテスト・オペレーターの実力は，実にいろいろな要素で構成されており，それを裏

表4-6 WRTC2002フィンランド大会でのパイルアップ・アトラクション結果

パイルアップ CW			パイルアップ SSB		
順位	コールサイン	スコア	順位	コールサイン	スコア
1	N5TJ	64	1	9V1YC	48
2	K1TO	62	2	N5TJ	47
3	5B4ADA	60	3	G4BUO	42
3	RW3QC	60	4	RW3QC	41
5	9V1YC	59	5	K1TO	38
5	OH6EI	59	6	JE1JKL	37
7	KQ2M	57	7	W7WA	36
8	HA3OV	56	8	KQ2M	35
9	DL2OBF	55	8	HA1AG	35
10	HA1AG	54	10	N6TV	34
11	DL1IAO	50	10	K2UA	34
12	K6LL	49	10	PP5JR	34
13	LY2TA	48	10	DL6FBL	34
14	JE1JKL	47	14	OH2XX	33
14	N6TV	47	14	K3NA	33
14	N6ZZ	47	16	LY2TA	32
14	RW4WR	47	16	N6MJ	32
18	K1DG	46	18	K1ZZ	31
18	K1ZM	46	18	G4PIQ	31
20	UT4UZ	45	20	ZS6EZ	30

4 スポーツ競技として

表4-7 WRTC2002フィンランド大会の最終結果

順位	WRTCコールサイン	オペレーター	マルチ	CW QSO	SSB QSO	QSO トータル	スコア
1	OJ3A	N5TJ/K1TO	438	1709	1073	2782	1626900
2	OJ8E	RA3AUU/RV1AW	426	1701	926	2627	1614591
3	OJ2V	DL2CC/DL6FBL	473	1575	893	2468	1620760
4	OJ3R	N6MJ/N2NL	436	1683	1022	2705	1569344
5	OJ8K	KQ2M/W7WA	394	1594	1222	2816	1535352
6	OJ5A	VE3EJ/VE7ZO	437	1534	1101	2635	1526878
7	OJ1M	K5ZD/K1KI	457	1611	908	2519	1489574
8	OJ6E	UT4UZ/UT3UA	416	1596	1041	2637	1494540
9	OJ5W	LY1DS/LY2TA	416	1971	667	2638	1477400
10	OJ5M	DK3GI/DL1IAO	440	1717	817	2534	1460164
11	OJ6W	OE2VEL/OE9MON	416	1333	1227	2560	1459955
12	OJ6C	RW1AC/RW3QC	395	1776	1000	2776	1460739
13	OJ5U	N6RT/N2NT	432	1633	802	2435	1441314
14	OJ8W	9A9A/9A5E	373	1219	1559	2778	1406864
15	OJ7M	SP3RBR/SP8NR	403	1749	901	2650	1498917
16	OJ2F	N6TJ/N6AA	397	1476	952	2428	1411344
17	OJ3T	RZ9UA/UA9MA	395	1652	1056	2708	1397115
18	OJ2H	N5RZ/K2UA	410	1871	688	2559	1378083
19	OJ8A	K1AR/K1DG	432	1848	534	2382	1395966
20	OJ2J	HA1AG/HA3OV	408	1735	867	2602	1401380
21	OJ3N	N2IC/K6LL	405	1640	873	2513	1356583
22	OJ4M	K3LR/N9RV	366	1760	882	2642	1373008
23	OJ3D	W4AN/K4BAI	389	1749	781	2530	1368045
24	OJ2Y	UA2FZ/RW4WR	421	1502	887	2389	1347621
25	OJ4N	ON6TT/ON4WW	416	1200	1060	2260	1323144
26	OJ2Q	YU7BW/YU1ZZ	381	1887	856	2743	1340438
27	OJ6X	OH1MDR/OH1MM	438	1609	658	2267	1301460
28	OJ7C	ES5MC/ES2RR	393	1658	847	2505	1306144
29	OJ2Z	G4PIQ/G4BWP	419	1451	891	2342	1283814
30	OJ6N	OK2FD/OK2ZU	379	1516	930	2446	1213158
31	OJ1S	SP7GIQ/SP2FAX	371	1959	539	2498	1266594
32	OJ5T	SM5IMO/SM3SGP	386	1662	719	2381	1205592
33	OJ7X	S50A/S59AA	379	1333	1209	2542	1284745
34	OJ4S	JM1CAX/JE1JKL	392	1434	855	2289	1200112
35	OJ7N	YL2KL/YL3DW	382	1620	772	2392	1251340
36	OJ3X	5B4ADA/5B4WN	386	1584	726	2310	1220648
37	OJ7S	N5KO/N1YC	389	1875	302	2177	1128960
38	OJ1X	K1ZM/N6ZZ	370	1408	946	2354	1241856
39	OJ5E	OH6EI/OH2XX	402	1399	660	2059	1126400
40	OJ1F	NT1N/AG9A	397	1690	411	2101	1100075
41	OJ5Z	F6FGZ/F5NLY	375	1218	798	2016	1085348
42	OJ8N	YT1AD/YU7NU	359	1753	582	2335	1065766
43	OJ7W	UA9BA/RN9AO	368	1587	581	2168	1043535
44	OJ6K	VE7SV/VE7AHA	351	1677	580	2257	1046331
45	OJ4A	DJ6QT/DL2OBF	347	1457	709	2166	1002708
46	OJ1C	LU7DW/LU1FAM	322	1234	1101	2335	989349
47	OJ7A	PP5JR/PY1KN	333	1055	1208	2263	987972
48	OJ1N	EA3AIR/EA3KU	340	1374	766	2140	964965
49	OJ8L	S56M/S57AL	345	1140	780	1920	882016
50	OJ1W	ZS6EZ/ZS4TX	369	1311	412	1723	903756
51	OJ6Y	IK2QEI/I4UFH	339	1420	501	1921	873167
52	OJ4W	UN9LW/UN7LAN	297	1187	706	1893	710127

返せばこういったデータを積み重ねた分析と研究を行えば、まだまだトレーニング方法や強化の余地があり、興味が尽きません．

どんなリグが使われているか？

読者の興味の一つに，世界のトップ・コンテスターはWRTCでどんなリグを使っているのか？願わくば，読者もそのコンテスト必勝リグを手に入れ，実践に供してみたいのではないでしょうか？

そのドリーム・リグのリストを2006年ブラジル大会のデータからまとめたのが**表4-4** (p.126)です．

YAESU，ICOMのリグが上位を占めるのはうなずけます．YAESUではFT-1000MP，ICOMではIC-756シリーズが圧倒的です．各メーカー最上位の100万円リグが意外と少ないのは，購入コストと海外まで運ぶ重さ，コンテストなるがゆえ必要な瞬時の軽快な操作性などの理由からでしょうか？

意外なのはQRPマニアのキット教材と思われがちなK2が愛用されている点です．これはローバンドCWを強く意識した選択と思われます．同じ意図からドレークR4Cが1台あります．

以上の選択肢は，メインとサブというオペチーム構成とマルチバンド・オールモード運用というミッションでのリグ選択です．これがシングルバンド，シングルモード，DXハントといった別のミッションからの価値判断では，異なる選択肢となると思われます．基本性能，特にインバンド狭帯域，ハイレベル多信号特性では抜群の定評があり，ARRLラボラトリー・テストのデータも常にトップクラス．海外のローバンドDX'erにも絶対の信頼があるTEN-TEC ORIONやコリンズ51-S1などがチョイスされないことからもうなずけます．じっくり時間をかけてDXを追うDXCCレースと，瞬時のアクションが勝敗を分けるコンテストの違いでしょう．

F1レーサーとゴーカート・レーサー

日本人選手として立派な成績をマークされたJE1JKL 中村OMの言葉に「ゴーカート・レーサーとF1レーサーがゴーカート・コースで競えば，ゴーカート・レーサーが勝つだろう．しかし，F1レーサーがちょっと訓練すれば勝敗は逆転する」とおっしゃっています．

筆者もまったく同感で，QRPやWRTCのようなシンプルな設備でオペレーターの技量によりコンテストやDXを極めるのは，とてもすばらしいことだと思います．しかし，新しい世界を体験し，本格的なオペレーターに成長するには，ぜひ，ビッグガン設備での運用経験を積むこともとても大切だと思います．その領域に自分をおいてみると，今まで気づかなかった世界が見えるようになり，新たな展望が開けてきます．

その境地を体験してから，再びQRPやベアフットの領域へ戻り，運用テクニックを磨いたオペレーターが，再度，ビッグガンに戻ったとき，とても高いパフォーマンスを発揮すると思います．

現に日本のビッグガン・コンテスターの中には，国内外のコンテストにハイパワー部門とQRP部門で交互にエントリーされいる方もおられます．今後もWRTCでの日本人オペレーターの活躍を期待しましょう！

第5章 実践運用ノウハウ

　本章では，CWの醍醐味でもある，実践運用でのノウハウについて紹介します．どちらかといえば，中級者向けで，初心者には難しい点があるかもしれません．しかし，普段からこれらを心がけると，技量は上がります．ローパワーと小型アンテナ，厳しいロケーションでもDXと交信できたり，コンテストで入賞したり，アワードを集めたりできます．SSBとは一味違う体験ができ，なぜ，こんなシンプルなシャックで，すばらしい成果が出せるの？と不思議に思われることでしょう．国内外，どんな場所からでも実用的な運用を楽しめ，読者のハムライフの幅も広がります．もちろん，ビッグ・ステーションで，これらの技を駆使してオペレートすれば鬼に金棒です！

5-1　リグの進歩が変えたパイルアップ

　CWでもっとも技量を発揮できるのが，パイルアップを呼んだり，さばいたりするシーンではないでしょうか？ここではまず，最近のパイルアップについて考え，それに有効なCWテクニックを研究してみましょう．

世界一といわれたJA局のマナーが低下？!

　かつて，世界中のDX'erやDXペディショナーから，JA局のパイルアップは世界一統制がとれ，

最高のマナーと絶賛されていました．ヨーロッパの無秩序さに比較すると，JA局に呼ばれると気持ち良い，とまで言わしめました．

一方，最近になって，JA局のパイルアップのマナーが低下した，との感想を一部のベテラン・ハムからよく耳にします．果たして，どんな原因があるのでしょうか？

マナー低下よりレベル差の拡大か？

従来から"ドッグパイル"と例えられるように，一本の餌の骨に群がる野犬の群れの呼称です．あるいは，1匹の子羊を狙う利害の対立した野生オオカミの群れとでもいえましょうか．

表面的に考えると，かつては10〜20歳代の若年層オペレーターが多かったので皆純粋で指定をよく守りましたが，今はオペレーターが高齢化したため，あるいはカムバック・ハムが増えたためマナーが不徹底となっている？ などとも言われているようです．

しかし，最近，パイルアップの傾向が上記の野生から，より知的で高度なものに変化しているようです．例えば，空から黄金の羽が振ってくるものとします．これを捕った人はいくらでももらえ，その拾い方に特に法律はなく，マナーがあるだけとします．われ先に奪いあう中で，長い歴史を経て，知的紳士たちはさまざまなルールすれすれのマナーの中での奥義を編み出したのです．リグの高性能化がこの奥義を可能としました．これと，従来の野生的人種が混在し始めている点が，より事を複雑化しているようです．

この問題は，以下に考察するように，これらを駆使できるオペレーターとそうでない方の差が，昔に比べて格段に開いてきているための現象ともいえるのではないでしょうか？ つまり知的紳士がルールすれすれのマナーで競い合う中に，それを

パイルアップはスリルが楽しい！

知らないワイルダーが，自分の方法で，突進していく．それに紳士がギリギリの技で応戦し，双方がエスカレートするという構図です．

かつてのように，技量もリグもほぼ横並びの場合は，呼ぶ方法もマナーもだいたいが同じようなレベルだったわけです．

同時に，免許制度やリグの発展で，世界的に誰もが海外運用を簡単にできるようになりました．呼ばれる側の個別技量差も広がって，上記の紳士の美技に対応できる局とそうでない局，入り乱れて呼ばれていることももう一つの要因です．

呼ばれる側が皆，1960年代を代表する著名DXペディショナーのドン・ミラー (ex W9WNV) であり，ガス・ブローニング (ex W4BPD) でしたら，混乱はきっと起こらないのでしょう．

設備面

前述のような卓越したビッグガンは，1〜2回呼んで応答を待てば，コールバックがある余裕あるスマートな運用でも十分です．

一方，アパマン・ハムや，モービル運用専門のピーナツ・ホイッスルは，一発応答はまず不可能なので，それぞれのテクニックを使うことになり

ます.

　おのずと両者の間では,パイルアップに対応する運用方法は異なってくるはずです.JA局のマナーが絶賛された時代は,これほどの差(例えば家にシャックがない方など)はありませんでした.
　さらに,リグを見ても,
❶ フル・ブレークインはあたりまえ.
❷ 送受切り替え時間のDSPによる高速化(数ms以下).
❸ サブ受信機内蔵のリグが標準化.2波同時ワッチは常識.
❹ 高級機はバンド・スコープ実装.
❺ DSPによりIFフィルタ帯域100Hz以下が可能.
　以上のように最近の新鋭機の性能には目を見張ります.一方で往年の名機であるFT-101やTS-520クラスのリグも立派に実用になりますし,愛用しておられるOMも数多くおられます.両者のリグで適用できるCWテクニックは雲泥の開きが出てきます(決してこれらの伝統的リグを否定しているわけではありません).このあたりもパイルアップに際してのCWテクニックの大きな格差の一因かもしれません.
　それでは,上記の要因による技量の差を一つひとつ見ていきましょう.

最新リグ vs 在来リグでの運用法比較

　最新機能をフルに活用した運用法と,旧来のリグを使用した局が同じパイルアップで呼び合った場合を想定して比較してみましょう.

● デュアル・ワッチの常識化

　DX QSOの第一人者で,伝説的なCWの名手だった故JA1ANG 米田OMが『CQ ham radio』誌に長年連載された「How to QSO」で繰り返し「DXにはメイン・リグのほかにサブ受信機を必ず1台使いましょう」と提唱しておられました.その実践理論が現在は,1台のトランシーバにSUB-RXとして常備されることで,各社のHFリグとして完成した姿になりました.かつてはVFO-A/Bとしてスタートし,シグナルワン社のCX-7で形ばかりのサブ受信機が初めて組み込まれた時代からは,隔世の感があります.ちなみに,初めての本格的2波同時受信は1980年代後半に発売されたIC-780でした.

　単純なVFO-A/Bで,自分の周波数は聞こえない状態でDXを呼ぶのと,DX局をスプリットで呼ぶパイルアップ局の両方を同時に聞きながら呼ぶのとでは,全体像の把握力に絶対的な差ができます.したがって,応答率に雲泥の差が出ることはいうまでもありません.2波同時受信は,もはや常識なのです.しかし,旧式リグ1台のみ愛用の方は,この世界は未体験ゾーンなので,ご存じなくとも仕方ないことです.つまりマナーとは次元が異なる問題なのです.

● DSPによる超狭帯域IF

　IFフィルタがDSP化されたリグの場合,帯域幅100Hz以下まで絞れます.アナログ・フィルタに比較すると群遅延特性が良好なのでリンギングもさほど顕著ではありません.帯域100Hzの世界でパイルアップを聞けば,DXの信号にかぶるパイルアップは1～2局程度で,ほぼ完全に分離して聞き分けられます.つまり,パイルアップではなくなるのです.

　一方,アナログ・リグの場合,一般的には250HzのオプションCWフィルタがもっとも狭いです.500HzのCWフィルタしか入れていない方もいます.DSPに比べ2.5～5倍以上広い帯域幅なので,オンフレの場合,パイルアップの密度が2.5～5倍以上濃く聞こえてしまうわけです.当然,

コールバックがわからなかったり，DX局のスタンバイのタイミングが聞き分けられない確率も高くなってしまいます．

「こんなすごいパイルアップ，1～2回呼んだら静まるまで待つのがマナーだな」と感じてしまいます．一方のDSPでは隙間だらけのスカスカ状態にしか聞こえず，呼ぶ余地はまだまだたくさん残っているのです．

● DSPによる送受切り替え時間の高速化

さらに，DSP制御による送受の切り替え時間は半導体スイッチング回路をmsオーダーでソフトウェア的に設定できます．一方，アナログ・リグはリレーの動作時間，すなわち，電磁石が接点金具を吸引する機械的速度が限界です．これは致命的な差です．瞬間を争う，特にCWのパイルアップではmsオーダーの時間差でDX局の動向が把握できるか否かが分かれます．

アメリカ開拓時代のガンマン同士の決闘での早撃ちの差みたいなものです．早く抜ける（早く聞ける）ほうが有利なのです．

● フル・ブレークインの常用

フル・ブレークインは1980年代のFT-ONEで初めて搭載されて以来，今のリグは常識となりました．上述のDSP送受切り替え，DSPフィルタと組み合わせて使ってみると，パイルアップが周波数軸と時間軸で分離でき，実際は隙間だらけであることがよくわかります．一見オンフレのパイルアップでも，故意と偶然の組み合わせでわずかにずれて呼んでいる局の隙間でDX局の送受・スタンバイの動向がはっきり聞き取れるのです．

このテクニックを駆使して，隙間時間/周波数をフル活用して呼んでいる局を，旧来のコリンズ・タイプのダブル・スーパークラスのアナログ・リグと500Hz程度のアナログCWフィルタだけの局が聞くと，まったくのルール無視，切れ目なく呼び続けるロングコールと感じてしまいます．

kWクラスのリニア・アンプはハイパワー電力を開閉するアンテナ用パワー・リレー制御の高速化がネックです．DSPリグを使用していてもリニア・アンプのネックでフル・ブレークイン運用をしていない局も多々います．現在市販されているリニア・アンプの多くは，フル・ブレークイン対応になっています．

一方，DSPによる高速フル・ブレークインを常用している局は，全2重方式に限りなく近く，常時聞きながら呼んでいるので，自分ではルールは当然守って，DXが受信状態，かつ他局が呼んでいるタイム・スロットだけ，皆と共に呼び，他局がスタンバイしたら，自分も黙るという原則で運用し，例えばコールサインの文字の途中ですら，聞きながら中断可能なのです．このようにルールは必ず守って，マナー良く運用していると考えています．

この両者を比較すると，ハードウェアとそれを活用する技量が，明らかに異なる次元同士が同じ土俵で競い合っていることになってしまっています．

「1～2回呼んだらDX局から応答あるまで待ちましょう」というスケール密度の価値観と，「文字符号の隙間までフル活用すべき」という時間密度の濃い世界では，簡単にかみ合いません．

DX側の技量もフル・ブレークインに対応できる場合では，これを活用しないと非常に無駄な時間を空費することになり，必ずしも正しい選択肢ではなくなります．

「こんなに時間・周波数で隙間だらけなら，まだまだレートが伸ばせる！お互いにもったいない！」ということになります．

5 実践運用ノウハウ

COLUMN 忘れえぬCWシーン　その1

1970年代のIARUコンテストでのことでした．当時，DXにコンテストにと目覚しい活躍をされ，CWの腕も超一流の日本の著名DX'er/コンテスターの方が7MHz CWバンドのローエッジでランニングしながら，もの凄い超人的ペースでW（アメリカ）をさばいていました．筆者は，その超高速CWと快適なリズムのパイルアップの波に聞きほれていました．

そのとき，故JA1ANG 米田OMがショート・コールされました．と，素早くナンバー交換した後，ランニングしていたそのOMは米田OMに，「あなたが少年時，イギリスから日本へ帰国される船中でモールス通信を聞いたことがCWを始めたきっかけになったそうですね…」と打って，いきなり，欧文ラグチューが始まりました．少し重めのデューティーで，存在感のある押し出すような特有の高速符号でした．それに対して，米田OMの体験談が，ちょっと符号間隔を空けた独特の聞きやすい高速CWで延々と応答されました．

当時筆者は学生で，自作のポンコツ・リグでしたので，ただDXとQSOできれば良いだけのコンテスト参加でした．機関銃のように打ち出される，高速CWでのラグチューのやり取りを，我を忘れて聞き入っていました．そのときの美しいCWと芸術的とも感じた技は今も鮮明に筆者の耳に残っています．

5-2　パイルアップさばきテクニック

前項はおもに，リグの最新機能を使いこなす場合の有効性に着眼してみました．以下にパイルアップに関するおもにオペレーター自身のさまざまなCWの技量面に絞った考察をしてみましょう．

CQとQRZの使い分けと回数

基本は，お客さんの待ち時間を極力短くしながら，その間も楽しく遊んでもらうことです．QSOの裏で何局待っているか？ 新たに待っている局が増えたか？ などをスタンバイごとに瞬時で把握します．1局のみ待っていればTUのみでIDは不要です．普段2回出すCQもQSO直後は1回として，空振りしてから2回出せば十分です．

パワーと速度

DXやコンテストでFBな成果を上げるには，パワー（出力）は大きいほど有利です．しかし，インターフェアなどの周辺環境，ライセンス制限などの事情によりベアフットやQRPでの運用を強いられることもあります．あるいは，参加部門や特記事項を狙って，みずからローパワーでチャレンジする場合もあるでしょう．

それでは，パワーに適するCWの速度はあるのでしょうか？ 以下に検討してみましょう．

● ハイパワーQRSでパイルアップを作る

かつてはJARL主催コンテストに1.9MHz部門がありました．当時はわずか5kHzのバンド幅（1.8MHz帯は未開放）で24時間に200局以上もQSOするので，いかに周波数を確保するかがポイントでした．そこで，あるOMの作戦は500Wフルパワー（当時）と60字/分程度のゆっくりしたキーイングで常時，呼ぶお客さんをためておき，いつもパイルアップになるようにして周波数を確

保したのです．

一つ欠点は，よわーい局がゆーっくりした信号でロング・コールを繰り返されると，その隙に誰かに周波数を捕られてしまいます．

ローパワーでこれをやろうとしても，呼んでくれるお客さんが集まる強い信号でないと成功しません．

● ローパワーでハイスピード

ローパワーの弱い信号の場合はどうなのでしょうか？　一見，ゆっくり送信したほうが了解度が上がりそうな気もします．しかし，ベテランの場合，ノイズやQRMに埋まりがちな弱い信号は，ある程度高速（100～150字／分程度）のほうが，補完作用が働いてコピーしやすいようです．その意味では，信号が弱いDX QSOは相手の技量も国内QSOよりは高いこともあり，速めが最適のようです．これはHF帯に限らず，衛星通信のスピンのかかったQSBなどでもいえることです．厳密にはノイズのパルス長や，周期，QSBの周期などにより，最適速度があるはずです．しかし受信者は機械ではなく人間なので，自分がその日のコンディションで聞きやすいと感じた速度が最適と考えて良いのではないでしょうか．

いかに上手に呼ばれるか？

● **主導権は呼ばれる局が握ろう！**

パイルアップをさばき，短時間でいかにたくさんの局とQSOするかを目標と考えます．中には意図的にパイルアップを造り出し，それを大きくして楽しむ方もおられますが，これは例外と考えることにしましょう．

上述のようにパイルアップに群がる呼ぶ側はワイルダーであったり，狡猾(こうかつ)なジェントルマンだったりするわけです．したがって，呼ばれる側が積極的にパイルアップを仕切る必要があります．それができない場合は，呼ぶ側の紳士的マナーだけに頼る他力本願となります．制御する技量がない珍局が野生の群れに囲まれた場合は，制御不能のパイルアップになります．つまりパイルアップとは，呼ばれる側の技量と呼ぶ側のマナーのバランスによる綱引きというわけです．それが無理なら，コントロール局に助けてもらうことになります．

● **ルーレット方式は論外**

今はほとんど耳にしませんが，某DXペディションで有名？となった方式です．筆者が体験したのはハム解禁直後のBY局（中国）を呼ぶW局（アメリカ）でした．

バンド内にBYと交信したい局が広がって延々呼び続け，その中の誰かの周波数にBY局が都度QSYしていき，応答する方式です．あたかも回転するルーレットのいずれかの数字に球が止まる例えから，こう呼ばれていました．

この方法は，ターゲット局ご本尊が今どこにいるのかがわからず，バンド内を混乱に陥(おとしい)れ，悪意のパイレーツ（ニセモノ）と本物の区別も付きにくい，運だけが頼りの最悪の方法と言われました．リボルバー拳銃によるロシアン・ルーレットそのものですね！

● **間を取るのはどうか**

世界から呼ばれる立場のDX局の中には，パイルアップが静まるまで黙って待ち，誰かをコピーする．あるいは，コールサインの一部をコピーできても，すぐには応答せず，パイルアップが静まるまで待ってから間を開けて応答を返す運用法を取る局もいます．この方法を考察してみましょう．

まず有効な場合を考えてみます．この局が全世界が熱望している程の珍局ではなく，しかも高速

でさばくのが苦手な初心者の場合，電波が十分飛ばない（ローバンドなどでコンディションが厳しい場合も含む），スプリット運用できない事情がある，などのときは，メリットはあります．または，こういう独特のクセのあるオペレーターであることで有名な場合もOKかもしれません．

一方，デメリットとなる場合を考えてみましょう．もし，この局と多くのDX'erが交信を熱望しているとします．応答がない時間，果たして，呼ぶのをやめてくれるでしょうか？きっと，応答が返るまで，何らかの方法で呼び続けることでしょう．その結果，パイルアップは自己制御を失い，カオス状態に暴走し始めます．そのままQRTすれば当然パイルアップは収まるでしょうが，たまに間を開けて応答が返るだけに火に油を注ぎます．そのクセを皆が理解して，しかも，我慢強い紳士たちに限定されたパイルアップでないと，制御できなくなります．

この方法をまとめますと，呼ばれる局の技量よりも呼ぶ局の技量が上で，皆マナー良く「呼ばれる局のクセや技量に合わせて手加減して呼んでくれる」ことが可能な場合は有効な方法です．前述のオオカミはおらず，黄金の羽を拾う紳士たちだけが珍局を労りながらパイルアップを自主制御する，呼ぶ側主導の運用法といえましょう．したがって，この方法で運用する局のパイルアップが混乱することをすべて呼ぶ側のマナーが原因，とすることには無理があると考えられます．

● まとめてコピーするのはどうか

かなり長い時間にわたり，呼ばせ放題にして，その間で次々と複数局のコールサインをまとめてコピーします．そして，応答を始めるや，1 QSOが終わるごとにQRZは出さず，まとめてコピーしておいた局を次々呼び出して交信していく方もいます．

前述の方法よりも効率は上がり，一見，QRZやID送出の回数が少ないぶん，QSOレートは上がるように感じます．しかし，コピーしている間，呼ばせ放題ですから皆が延々と呼び続けます．すでにコピーしてもらっている局も，それを知るすべがありませんので，コールバックがあるまで呼び続けます．前述の間を取る運用と同じで，ワイルダーが多い場合，パイルアップはますます激しくなります．それを聞きつけた局がさらに加わり，潰しあいは緩和しません．したがって，時間が経過するほど，コピーしにくくなるはずです．

一方，このようなパイルアップに出会ったとき，何となくストレスを感じてしまうのは筆者だけではないのでは？そうです，わくわくできる回数が少ないのです．

パイルアップはQSOするという最終目的のほかに「スタンバイするごとにコールバックをワクワクしながら期待する」これ自体に遊びの要素があるのです．例えQSOできなくとも，参加できた人はきっと「呼んで楽しめた」という満足感もあるはずです．この方法は，この「呼んで・遊べて・楽しめた」と感じる回数を減らしてしまうのです．

パイルアップを提供する局は，呼んでもらうお礼に，この遊びの要素もサービスしようとするなら，この方法は必ずしも最適とはいえません．

● コールサインの文字指定

パイルアップでもっとも重要なのが指定です．しかし，これも度を過ぎるとゲーム性がなくなります．

凄いドッグパイルになったからと，JA1A…の局，次JA1B…の局と厳密にやっていれば，待ちくたびれたお客さんは去っていくでしょう．長時間待つ間，コンディションも変わるかもしれません．

オープン戦で呼び合う場合，呼ぶ側も，あり得ないプリフィックスなどでコールバックがあったとき，絶対にパイルアップに加わっている可能性がないとわかります．ですから，この場合は，サフィックスが数文字合っている局がコールしてしまうでしょう．相手がDXペディション局か，コンテスト局でのランニングかでも対応方法は異なります．コンテストの場合は，とにかく短時間でたくさんQSOすることが命題ですから，指定に厳密になりすぎることは双方にとってマイナスです．

このあたりの「空気が読める」ことも，パイルアップをお互いに楽しいものにするには大切です．

● IDをたまにしか送信しない

パイルアップを緩和するため，あるいは，わずかでもレートを上げるため，IDを送信しないで，何局もQSOしていく事例を見かけます．新たに聞きつけた局はコールサインがわかるまではパイルアップに参加できません．パイルアップを緩和するには，一時は有効かもしれません．電波法でもIDは10分間に一度行えば良いとされています．

しかし，パイルアップはゲームという価値観から考えると，10分間待たされる局は決して楽しいとは感じないでしょう．先鋭的オペレーターならコンスタントに300局/時間レートは稼げます．10分間という時間は，50局と交信できることに相当します．特にコンテストにおいては，致命的な方法と言えます．

この方法が有効なのは，完全にパイルアップを把握できておりQSOの裏で待っている局数を掴んでいて，新手の参加者が増えていないとわかっているとき，あるいは，1回だけ呼ばせたコールでも同時に2局程度をコピーできたとき，連続1～2回程度が適当な用法でしょう．

● スプリットが最良の方法

さまざま検討をしてきましたが，詰まるところ，スプリット運用・オープン戦がもっとも理想的なパイルアップ・ゲームの形式であると考えられます．それは，数ある著名な世界的DXペディションで，世界屈指のトップクラスのオペレーターたちが例外なく採用している方法であり，1ペディションで何万局という実績を上げていることからも証明されています．

その運用方法は，

❶ パイルアップの状況に応じて，呼ばせる周波数指定（幅）を変えていく．
❷ 受信する周波数をある程度の規則性を持って変えていく．
❸ 原則コールサイン1発コピーで1局ずつ拾っていく．
❹ 原則，スタンバイの都度IDを打つ．
❺ もっとも早くスタンバイする局（早く打ち終わる局）へ応答する．
❻ 早いキーイングの局から拾えばレートが上がる．

などです．

スプリット運用のイメージ図を**図5-1**に示します．ただし，コンテストの場合は，よほどの珍局でない限り，スプリットは採用せず，オンフレのQSOです．

● 思わず聞き入ってしまうパイルアップさばき

ワンバイワンで整然とさばかれるパイルアップが続く状態は，確かに効率は良いです．しかし，さばくほうも呼ぶほうも，何か事務的で味気なく物足りなさを感じます．ロギング・ソフトとファンクションキーで淡々とパイルアップを事務処理していくという感じです．

ここでは，「思わず呼びたくなってしまうパイルアップさばき」「思わず聞き入ってしまうパイル

5 実践運用ノウハウ

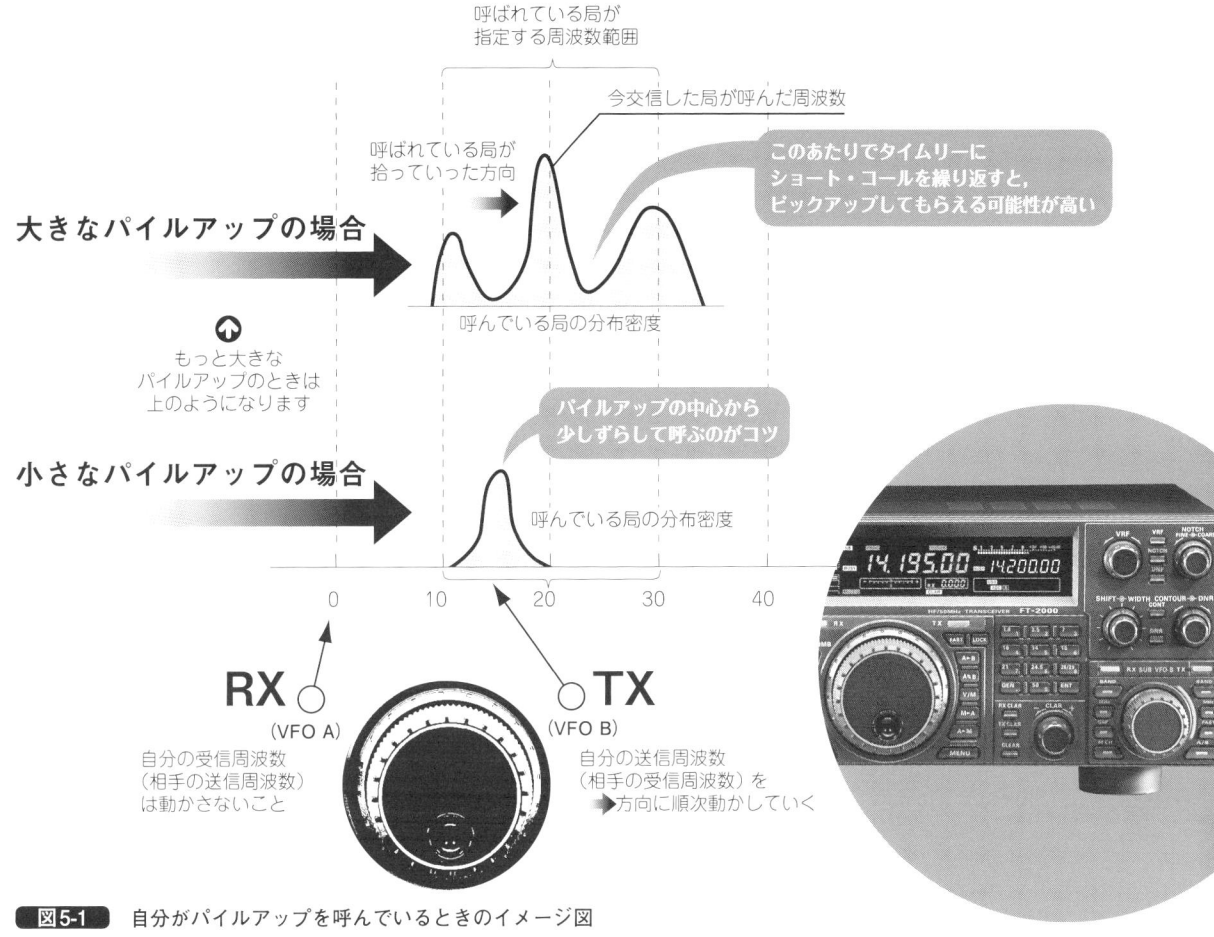

図5-1 自分がパイルアップを呼んでいるときのイメージ図

呼ばれる局がスプリット運用に不慣れなときは，拾う方向が乱れて，指定幅内でランダムな周波数が不連続に迷走することもある．場合によっては，アナウンスなしで指定幅外まで広げて拾う場合もある．そのクセを見抜くことも重要

アップさばき」を研究してみましょう．

① IDの方法，リズム，文字間のタイミングなどに変化をもたせる

1 QSOが終わった直後のIDもTUのみだったり，コールIDを入れたり，そのIDもスピーディーにつなげて打ってみたり，一文字ずつ区切ってじっくり打ってみたり．DXペディションの場合なら，ときどきQSLインフォメーションを交えたり，オペレーター名を付け加えて，パイレーツでないことを知らしめたり…とさまざまな変化を付けたりすれば，聞く人たちを楽しませることができます．

コンテストですら，最後のTESTを送信ごとに少しずつ変化を持たせ，つなげて打ったり，文字間隔にわざと変化をもたせたり，速度変化をつけたりすると，聞いていても非常に人間味を感じ，思わず呼んで，応援したくなってしまいます．このあたりのテクニックは，ログ・ソフトのファンクションキーだけの運用よりも，手打ちのエレキーと組み合わせることにより，味が出てくるものです．

トントントンと数局さばいて，ちょっと一呼吸おいて，ID方法を変えたり，リズムに変化を持たせると，さばくほう，呼ぶほうともに，陣中涼ありという感じにさせられます．

著名なDXペディショナーのこういった一流オペのようすを聞いていると，「あーこのオペレーターはパイルアップさばきを心から楽しんでいるなあ」という感覚が地球の裏からでも伝わってくるようです．

② 情報をアナウンスする

パイルアップになっていたとしても，ときどき，使用リグ，現地の天候，同時に運用中の他バンド状況，今後の予定など，短いメッセージを打つのです．DXクラスター全盛の時代ですが，やはり現地の生アナウンスは聞いていても迫力があり楽しいものです．しかも，それが著名オペレーター直々のCWによるものであれば，録音しておきたくなるほど，価値が感じられます．

③ 知っている局にはハンドルやちょっとした挨拶を

レートを稼ぐパイルアップでも，知人が呼んできた場合，ハンドルを打つだけでも双方の気持ちが和みます．ましてや，GLでもHiでも数文字のメッセージが入ると，お互いに気持ちが伝わります．フォーンでは味わえない以心伝心の境地です．

これはDXペディションやコンテストですら，疲労回復と気分転換にきわめて有効です．第三者が聞いていても，超人的ハイペースでパイルアップをさばきながら，これだけ余裕があれば，まだ余力を残している技量の高いオペレーターだな，と安心してくれます．ミスコピーなくQSOしてもらえるな！あせって呼びまくらなくても大丈夫，拾ってもらえる！と印象付けられます．

5-3 CWの技量を100%引き出すリグの活用ノウハウ

前述のパイルアップさばき同様，呼ぶ場合もリグの持つ性能を極限まで引き出してあげれば，オペレーターの技量は100%発揮されます．古くは人馬一体の例えでしょうか．

S&P時の効果的なフィルタ選定法

S&Pの際のフィルタ選定法を考えてみましょう．第3章では，特に初心者の場合，狭いフィルタで1局ずつ聞いていく方法を紹介しました．

しかし，この方法では竹筒で大空を飛ぶ鳥を探すように，あるいは，小枝の葉だけを見ながら森を歩くような不便さを感じるでしょう．ワッチに時間を要し，DXとのQSOチャンスを逃したり，コンテストでも時間あたりのQSOレートが延びません．いずれ，この方法では限界の壁に付きあたるのです．

● フィルタ帯域と聴感

まず，フィルタの帯域幅と聞こえ方の特徴を考えてみます．一般論としては，混信やノイズが多い場合は500Hz以下のナロー・フィルタを選択します．特に250〜180Hz程度になると，ノイズが低減され，CW信号だけが浮き上って聞こえFBです．しかし，欠点が二つあります．

① リンギング

アナログ・フィルタの場合，その帯域特性によってはリンギング（ノイズ音やCW音が尾を引くように響いてちょうど，洞窟の中で鐘を叩いたような聞こえ方）で非常に了解度が悪くなることがあります．これはフィルタ帯域内の遅延時間差によるもので，同じ帯域幅でもフィルタにより異なり

5 実践運用ノウハウ

ます．それゆえ，各メーカーの無線機がどこのメーカーのフィルタを使用するかで，ブランド独自のCW受信音に特徴が出ます．この差はナロー・フィルタほど大きくなります．DSPによるデジタルフィルタは，理想特性に近いため，リンギングはかなり改善されています．

② 周辺ワッチ

もう一つは，帯域幅が狭いということは，闇夜のスポットライトか，竹の筒で景色を覗くようなもので，ターゲット局のみしか聞こえません．したがって，交信の相手が固定されたラグチューや，どうしても交信したいDX局をじっくり聞く場合はナロー・フィルタでOKです．

しかし，S&Pでバンド内あちこちワッチする場合は，広めのフィルタで，数局が同時に聞こえる状態で，リグのメイン・ダイヤルを回すのが有利です．これをトーン（ピッチ）の高低で聞き分ける耳を訓練することです．

● シーンによる使い分け

上記の特性を発揮できる使用方法は，じっくり時間をかけてワッチするDXハントはナロー・フィルタで丹念にS&Pします．

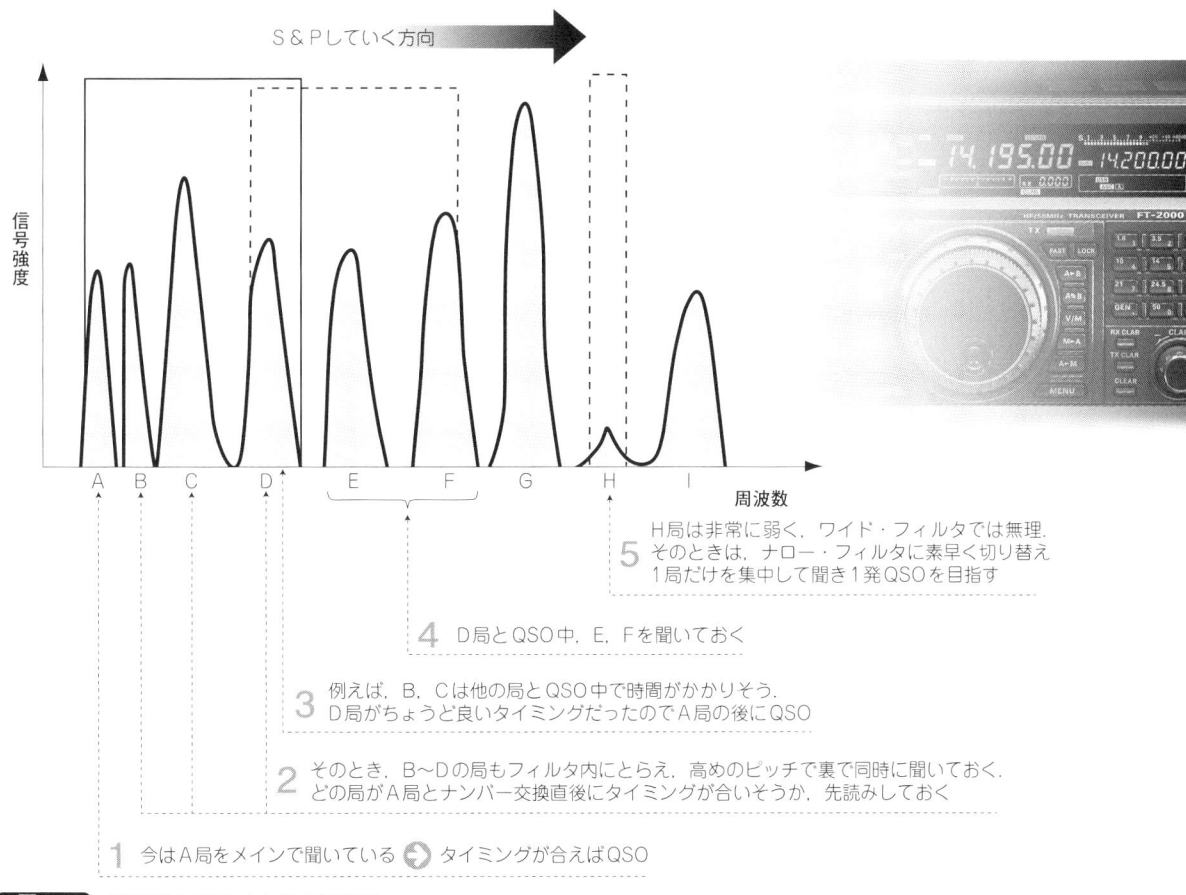

図5-2 効果的なS&Pノウハウ概念図

1 今はA局をメインで聞いている ⇒ タイミングが合えばQSO

2 そのとき，B〜Dの局もフィルタ内にとらえ，高めのピッチで裏で同時に聞いておく．どの局がA局とナンバー交換直後にタイミングが合いそうか，先読みしておく

3 例えば，B，Cは他の局とQSO中で時間がかかりそう．D局がちょうど良いタイミングだったのでA局の後にQSO

4 D局とQSO中，E，Fを聞いておく

5 H局は非常に弱く，ワイド・フィルタでは無理．そのときは，ナロー・フィルタに素早く切り替え1局だけを集中して聞き1発QSOを目指す

一方，瞬時を争うコンテストでのS&Pはワイド・フィルタとナロー・フィルタを頻繁に切り替えるのが良いでしょう．ワイド・フィルタで複数信号を同時に聞きながらダイヤルをスィープして，魚眼レンズのようにカメレオン・ワッチします．ターゲットの局が見つかったら，素早くナロー・フィルタに切り替え，鷹の目のズームアップ・レンズのようにワッチします（前ページの図5-2）．

フル・ブレークイン運用による相手との再同期取り直しとQSO確率アップ

　フル・ブレークインは今やCW運用必須の手法です．前述のパイルアップ時のみならず，1対1のQSOに入った後も，有効活用することで，極限状況でのQSO成立の確率を上げることができます（図5-3）．

　ノイズ，QSBなどの中，ノイズ・レベルかすかすのDX局からコールバックがあったとします．

　こちらからレポートを送信している途中で，相手がこちらの信号を確認できなくなり，再度送信を始めてしまったとします．

　従来の手動スタンバイや遅いVOXオペレーションの場合，こちらがレポートを送信し終わるまで，相手の動向はわかりません．最悪，双方同時送信が重なった後，再受信に入り，相手はこちらがフェードアウトしたと判断し，そこでQRZ？と出されて，パイルアップがリセットされ，せっかくの交信チャンスを見す見す逃してしまいます．

　しかし，フル・ブレークインの場合，こちらがレポートを送っている途中で，DX局が再度こちらを呼び始めた瞬間，レポートを中断して，相手のタイミングに合わせ直せます．相手がスタンバイした瞬間に再度，レポートを再送してみます．つまり，ここで相手に再同期を取り直せることで，QSOの確率をアップできるわけです．

　パイルアップの中で，DX局と同時打ちでレポートを打ち合っている光景を見かけます．その後，双方同時受信に入って，見合って見合ってになっ

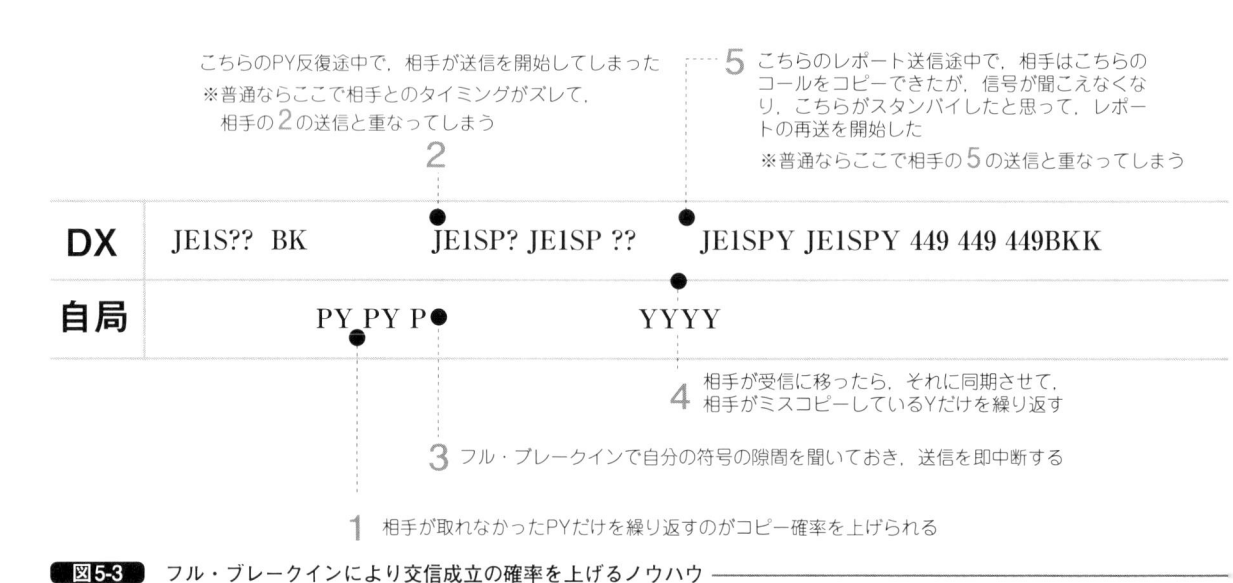

	こちらのPY反復途中で，相手が送信を開始してしまった ※普通ならここで相手とのタイミングがズレて，相手の2の送信と重なってしまう		5　こちらのレポート送信途中で，相手はこちらのコールをコピーできたが，信号が聞こえなくなり，こちらがスタンバイしたと思って，レポートの再送を開始した ※普通ならここで相手の5の送信と重なってしまう
	2		
DX	JE1S??　BK	JE1SP?　JE1SP　??	JE1SPY JE1SPY 449 449 449BKK
自局	PY PY P●	YYYY	
		4　相手が受信に移ったら，それに同期させて，相手がミスコピーしているYだけを繰り返す	
	3　フル・ブレークインで自分の符号の隙間を聞いておき，送信を即中断する		
	1　相手が取れなかったPYだけを繰り返すのがコピー確率を上げられる		

図5-3　フル・ブレークインにより交信成立の確率を上げるノウハウ

このQSOの場合，フル・ブレークインを使って，自分の送信符号の隙間で相手（DX局）を聞いていることにより，②，⑤，⑦の3回のタイミングで相手との同期を取り直すことができた．つまりQSO成功チャンスを3倍に増やせたことになる！

5 実践運用ノウハウ

COLUMN 忘れえぬCWシーン その2

1980年代初め，ある年，筆者はCQ WW DXコンテストで160mバンドを運用していました．W（アメリカ）を探してワッチしていると，短点ばかりの超高速CWが凄い勢いでWのパイルアップをさばいていました．

これはいったい何だろう?! というのが第一印象でした．そして，よく聞くとKH6IJとIDしていました．

これがかの有名なハワイの野瀬OMでした！ 初めてその伝説的なキーイングを聞き筆者は釘づけになりました．

ローバンド・コンテスターは，比較的ゆっくりしたCWながら一定ペースで着実にQSOを重ねるタイプが多いのですが，超高速CWで一定ペース一発コピーという点が伝説のCW'erといわれる所以なのでしょう．

てしまっているのです．これがフル・ブレークインならなあ… と感じるシーンはしばしばです．

もし，DX局側もフル・ブレークイン運用をしていれば，鬼に金棒です．実際，筆者はそのようなケースに遭遇した場合は，とてもシビアーなコンディション下でも，実に気持ちよく交信が成立して救われた経験が数多くあります．ぜひ，お勧め

したい方法です．

フル・ブレークイン，PLLのロック・タイム

これはオペレーターの技量とは別の問題ですが，特にスプリット運用でフル・ブレークインを使用している場合，リグのPLL特性によっては，

---

7 やはり，こちらの送信途中で，相手が送信を開始してしまった
※普通ならここで相手とのタイミングがズレて，相手の7の送信と重なってしまう

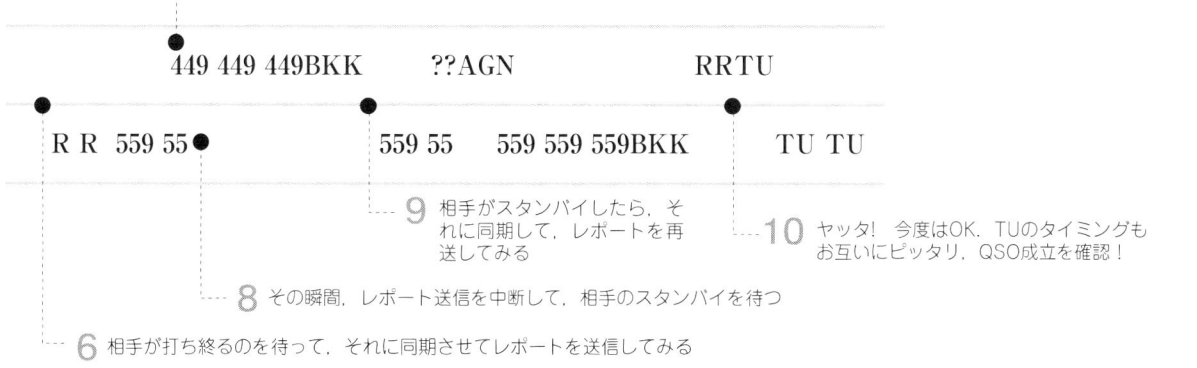

449 449 449BKK   ??AGN   RRTU

R R 559 55   559 55   559 559 559BKK   TU TU

9 相手がスタンバイしたら，それに同期して，レポートを再送してみる

10 ヤッタ！ 今度はOK．TUのタイミングもお互いにピッタリ．QSO成立を確認！

8 その瞬間，レポート送信を中断して，相手のスタンバイを待つ

6 相手が打ち終るのを待って，それに同期させてレポートを送信してみる

電波の質に注意する必要があります．

つまり，VFO-A/Bの周波数間を瞬時に往復する動作となっているわけです．この場合，リグ内部のVFOを構成するPLL回路のプルイン・レンジでのロックイン・タイムの時定数と安定時間が最適でない場合，マーク時の過渡応答波形にFM成分を含み，「汚いCW」，「帯域が広がったCW」となっている場合があります．これはVFOのスプリット範囲をいろいろに設定して，一度，自分のリグの送信符号を別の受信機でモニターしてチェックしておくことをお勧めします．

もし，NGの場合，PLL周りの時定数は専門的には複雑な伝達関数を解いて設計しているはずなので，アマチュアが簡単には手を入れにくい領域です．回路図からこのあたりを読み解ける方以外はメーカーのサービス担当へご相談されることをお勧めします．

ノッチ・フィルタのCWでの意外な効果的使い方

ノッチ・フィルタは通常，帯域内のビート信号音を消すために使います．しかし，別用途として，さまざまなノイズを低減できる意外な効果があります．

具体的には，以下のように使用してみましょう．CW狭帯域フィルタを使用中の場合，ノッチ・フィルタをかけて，フィルタ帯域内でノッチ周波数を変化させてみます．ある点で，その場のノイズが劇的に低減して，目的信号がほとんど影響を受けないポイントが見つかる場合があります．

ただし，これはノッチのQ値（幅）深さ，IFフィルタの特性，CWのキャリア・ポイントなどなど，さまざまな要素が絡み合って効果を発揮するので，まったくのケース・バイ・ケース，偶然の積み重ねのようです．読者なりのノウハウを研究してみましょう．

CWフィルタの群遅延特性とIFシフトの効用

IFシフトはTS-820から設けられました（FT-901はWidthでした）．本来，フィルタ帯域内の混信を，IF通過帯域を逆方向へずらして追い出す目的で設けられています．しかし，CWの場合，ノイズから目的信号を浮き上がらせる意外な効果があります．

具体的には次のように使用します．

目的信号を好みのピッチで受信します．次にIFシフトをキャリア・ポイント側へ操作して，ノイズ音がゼロ・ビート側に近づくようにしてみます．あるポイントで，そのときのノイズ状態によって，目的信号がかなり浮き上がって聞きやすくなるポイントが見つかるはずです．

経験的にDSPのデジタル・フィルタよりも，アナログ・フィルタのほうが効果があるようです．これは単にノイズ成分がゼロ・ビート側に寄って，ノイズ音が低減される効果だけではないようです．すなわち，アナログ・フィルタは，その肩の部分へ寄るほど，群遅延特性は急激に変化します．つまり，さまざまな可聴周波数成分を含んだノイズのエネルギー主成分が，フィルタの肩の部分にかかることにより「音色」が大きく変化します．

この特徴から，目的信号はフィルタの中心付近にあるシングル・トーンなので素直な聞こえ具合です．一方，ノイズ音は上述の理由により，わずかなIFシフト幅で，大きく「音色」を変えます．したがって，相対的に目的信号が浮き上がる状態に追い込めるのではないか，と思われます．

DSPフィルタで同じ操作を行うと，ノイズ音全体の「音程」が低くなるだけで，ある点から，目的信号がストンとなくなってしまいます．

5 実践運用ノウハウ

COLUMN 忘れえぬCWシーン その3

　1990年後半の国際協力メンバーに日本人オペレーターも加わった，ニュー・エンティティーへのDXペディションでのことでした．

　日本人オペレーターはCWの腕でも日本のトップクラスの超一流OMでした．ローバンドでW（アメリカ）とJA（日本）同時にオープンした大パイルアップを物凄いペースでさばいていました．バンドが瞬間唸り，ピタッと静まる繰り返し，という表現がピッタリでした．

　そこへ日本の著名CWマンの方がショート・コールしました．

　すると，DXペディション・オペレーターのOMは，いきなり超高速和文で状況アナウンスをはじめました．全世界のDX'erが聞き入る中，超高速CWのやり取りが往復され，バンドは先ほどまでの喧騒が嘘のようにシーンと静まりかえっています．

　そこに居合わせた全世界のオペレーターが，その迫力と技の応酬に完全に飲まれ，聞きほれていたという雰囲気でした．

　と，ラグチューが終わりQRZが出されるや，ワッチしていた全世界のDX'erは我に返って，ましらのごとく，火の出るようなパイルアップに突入していきました．その静と動の対比は世界中が作り上げた芸術作品のように美しくありました．

　いずれも，筆者の生涯印象に残るCWのワンシーンです．

　デジタル・フィルタの限りなく1に近いシェープファクタと，フィルタの肩付近でも群遅延特性の変化が少ないため，位相が回らないためと思われます．

　この効果はアナログ・フィルタならではの特性を極限まで引き出すテクニックです．

APFの効果考察

　APF（オーディオ・ピーク・フィルタ）がリグに実装されたのはFT-101Zの後期とFT-901からでした．その単純な構造のわりに，絶大な効果があり，CW'erには好評でした．しかし，最近のDSPリグになってからは搭載しない機種も増えてきました．

　筆者の実験ではDSPと言えども，外付けにオペアンプで組んだシンプルなAPFを付けるだけで，劇的にCWが浮き上がって聞こえます．

　日本のリグ・メーカーのエンジニアの方や，アメリカの人気CWトランシーバのメーカーCEOの方々何人かと，この点をディスカスしたことがあります．皆さん異口同音に，「DSPで数十Hzまで帯域が絞れるのだからAPFは不要だ」といいます．しかし，筆者の実践体験では，DSPのIFフィルタは最狭でも150〜200Hz止まりとして，それ以上はAPFを使ったほうがマイルドで聞きやすいCWがノイズから自然に浮き上がって聞こえるのです．

　この原因はDSPと言えども，そのステージ以降に必ずノイズを発生するオーディオ・アンプを伴っていること．さらに，DSPのように急峻に切れるフィルタ特性よりも，ピークは鋭いが，中心付近だけは急峻なQ値を持ち，離調するに連れ，じょじょにスカート特性がなだらかになりQ値が甘くなるような，アナログ的特性のほうが離調状態からのチューニングの感触とノイズ低減による聞こえ具合を，人間の耳に合うように両立してくれているのではないかと思います．

　このあたりがCWを最終的に受信するのは機械のデモジュレータではなく，人間の耳であることが重要だと思います．DSPといえども，ぜひアナログのAPFは残してもらいたいものです．

● ピッチ

　大昔，AMとCWの時代はBFOのツマミでCWのピッチはゼロ・ビートから数kHzまで簡単に調整できました．しかし，SSBトランシーバが全盛となってからは，リグの構造上，CWピッチは800Hz時に相手にゼロインという設計が標準となりました．多くのCWマンは自分の好みのピッチでゼロインできるように，あらかじめRITやクラリファイヤーを常時ONにして，800Hzマイナスの自分好みのピッチぶんをプリセットしてCW運用していました．

　'80年代後半くらいから，CPUを搭載し，ファームウェアでリグの周波数管理をすることで，CWピッチを連続可変できるリグが再び登場してきました．

　では，どの程度のピッチが良いのでしょうか？
　現在の多くのリグは400～1kHz程度の可変範囲のものが多いようです．筆者は特別で250～300Hzが好みです．ですから新しいリグを使うときは，まずピッチ周りの改造から着手します．

　耳の感度だけを考えると数kHzくらいがピークだと思います．しかし，周波数分解能は，対数スケールなので，低い周波数ほど，よりわずかな周波数差を聞き分けることができます．一定のCWフィルタ帯域幅であれば，より分解能が高い低いピッチのほうが分離では有利です．

さらに，低音のほうが疲労感が少ないメリットもあります．

　一方で，ノイズ・レベル以下，カスカスの信号の場合は，やはり耳の感度ピークのある1kHz程度の高いピッチで聞く場合もあります．

　海外の著名CW'erがネット公開しているDX信号などを聞いても，低目のピッチを好むオペレーターが多いようです．

ダイヤル・ステップ

　アナログVFOだったころはダイヤルを回す速度と周波数変化の感覚は一致していました．しかし，光エンコーダなどを利用したデジタルVFOになると，操作性に違和感を感じるリグがあります．では，周波数ステップと1回転あたりの周波数変化率はどの程度が良いでのしょうか？

　筆者の体感ですが，瞬時を競うCWコンテストでのS&P運用では1回転1～2kHzでは遅すぎます．かといって，20Hzではピッチが荒すぎます．

　10Hzステップで1回転10kHz程度がスピーディーかつ繊細なチューニングも可能な最適の組み合わせと感じます．

　このパラメータですと，1局をじっくりチューニングするには，特に大柄の欧米人はちょっと早すぎると感じる人がいるかもしれません．しかし，

COLUMN　エコーアルファの法則？

　誤り訂正のほかに，人が聞きやすい符合のリズムがあります．
　世界的に有名なのが「EA (Echo Alpha) の法則」というのがあります．つまり，モールス符号で「トトツー」という具合に，短点の後にスペース，短点長点と続く符合構成は聞き取りやすいといわれています．

　そのため，世界的なCWコンテスター，CW DX'erは好んでEAのリズムのコールサインを取得しているようです．
　有名なのはCTの作者であるK1EA Kenですね．これに準ずるいろいろな組み合わせはあります．
　「AEA」「EW」など，符号のリズムとして非常に印象に残ります．

手先の繊細な日本人にはこれで十分だと思います。
　ダイヤルを回す速度によってステップ可変量が変わる方式はSSBで、広いバンドをワッチする場合は便利ですが、狭いCWバンドをワッチするときは、さほど切実な必要性を感じません。

AGCを切る

　特に、コンテストやパイルアップで混み合っているローバンドでは、超強力局が林立する隙間で、ノイズ・レベル以下で微かに聞こえるDXのCW信号をナロー・フィルタで聞く場合、AGCをOFFすると信号が一気に浮き上がる場合があります。
　この原因は、実際に自分が選択している受信IF帯域幅と、リグのAGCが動作している帯域幅が異なるため、近接ブロッキングが発生しているためと思われます。このあたりの詳細は第6章で再度詳しく研究してみます。
　ランニングしていて、弱いDXから呼ばれたとき、QSBとは思えない不自然なタイミングで、DX信号が沈んだり、急に浮き上がったりした経験があると思います。
　こういう場合は、素早くAGCをOFFしてみます。できれば、アンテナ段にステップATT（アッテネータ）を入れておき、そこで適度な受信レベルに調整できるようにしておくと、FBです。
　しかし、この方法は必ずしも受信状態が改善するとは限らず、ケースバイケースです。

リグとアンテナを
複数切り替えながら運用

　特にローバンドの場合、受信専用アンテナ（スモール・ループやビバレージ）をいくつか用意し、送信系もビーム方向や水平系、垂直系を、複数のリグへ任意・即時に切り替える仕組みを作っておきます。
　そのときどきのコンディションによって驚くほど信号レベルやS/Nが改善され、一通りだけの組み合わせでは不可能な局と思わぬ交信ができます。

5-4　人の技能によるテクニック

DXクラスターの威力と得失

　近年はDXクラスターなしでDXハントを行うのは、GPSとレーダなしで大海原を航海するに等しい盲目行為かもしれません。これほど普及したDXクラスターですが、多くの方が、このバーチャルな世界を「ワッチ」して、実際のお空を聞いていないことが多いようです。
　先日こんなことがありました。あるDX局と筆者がCWで交信直後からパイルアップになり、DX局はわずかずつ上方の周波数をピックアップし始めました。それに気付かず、相変わらずオンフレで潰して呼び続けるJA局がかなりいました。幸いDXクラスターへはまだ挙がっていませんでしたので、潰しあいを解消しようと考え、QSX UP 0.5kHzと打ち込もうとしました。これを筆者はミスタイプしてUP 5kHzと打ち込んでしまったのです。すると、その直後から、パイルアップの塊がいきなりUP 5kHzに発生して、何と！あっという間にこちら側へQSOの中心が移動してしまったのです。現実世界よりもDXクラスターのバーチャル世界中心にQSOが形成されている実証です。
　このように、DXクラスターへアップされたDX局は直後から集中的なパイルアップが発生する一方で、その数kHz横でCQを連呼中のアップされないDX局は誰からも呼ばれないという現象が見

られます．ネットのバーチャル世界と現実世界の2面性を象徴する現象だと思います．裏返せば，自分の耳で現実世界のお空をワッチすれば，パイルアップなしでDXと楽に交信できるということです．「DXクラスターを見ながら，アップされた以外のDX局を自分の耳でCWで探す」ことが，珍局ともっとも楽に交信するコツといえます．

人間誤り訂正機能？！

前述の「速い速度での符号補完」を突き詰めると，人間の頭の中で欠落した符号を補う，デジタル通信でいうエラー・コレクションが機能しているということです．

図5-4に示すように，CW符号の短点，長点が一部，ノイズや混信で欠落しても，時間軸上でのリズム（デジタル通信での基準クロックに相当）を頭が刻んでいて，欠落したタイミングで，その部分の符号を補うことができます．

したがって，この機能をできるだけ引き出すためには，符号を補完するための基準クロックが一定であること，すなわち，一定の速度と符号比率で送信されていることが大切です．つまり，コンディションが悪く，相手が中々コピーできない場合，その部分だけをゆっくり送信するよりも，一定の速度で何度も繰り返したほうが確率論と誤り訂正効果の点で有利です．

グレーライン・パス時の運用マナー

特に1.8MHzや3.5MHzはグレーライン伝搬を使いDXを狙います．ベストタイムは各地において数分から10分程度の場合がほとんどです．相手が自分のコールサインを確実にコピーしているか，自分も必死に聞いて，OKなら「599 TU」のみの最低限の応答で，待っている人を配慮するのがマナーです．

そんなとき，「(R) **DE JE1SPY** 599 599 **(B)** K」程度の送信でも，ほかにお待ちの方は，きっとじりじりしてワッチしているのです．確認ができていれば，太字部分は不要です．

符号の比率を考える
（各比率デューティー）

エレキー全盛で符号比率は1：3が普通ですが，味のある符号を求めて，バグキーでラグチューし

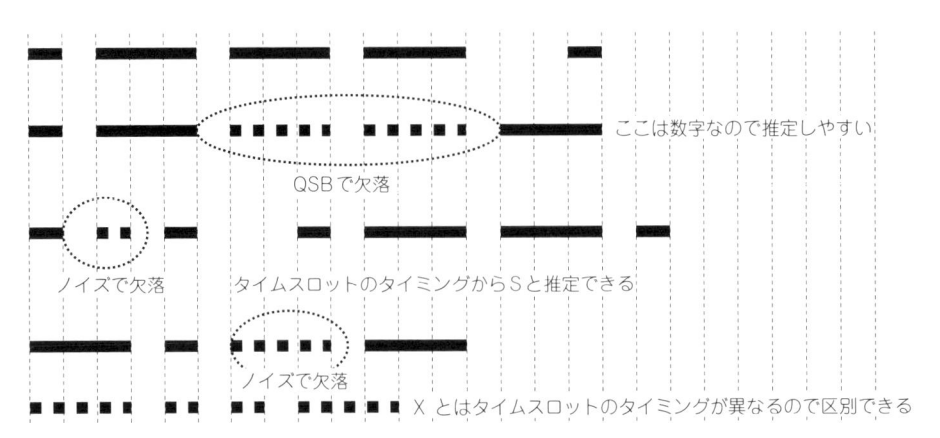

図5-4 人間の誤り訂正の符号概念図

一定のタイムスロットで正しく送信していれば，上記のように長短点が一部抜けても，符号に冗長があるので1，S，Yであることは，人間の脳で推定できる．つまり，符号誤り訂正機能が働くことになる

5 実践運用ノウハウ

たり，エレキーでもWeight機能を調整できるものもあります．

比率には諸説あるようで，最初に身に付けた短点の長さで受信の最高速が決まる，低速CWは長点が長いほど解読しやすい，などです．

第2章のコラムで紹介したように，短点，長点ごとに独立してデューティーを可変して，その日のバンド・コンディションや相手の状況，運用目的に合わせた符号に調整することも有効と思います（図5-5）．

今のところ，アナログ方式のエレキーか，バグキー，縦振り電鍵などしかツールがありませんので，PICマイコンを活用したファームウェアでの研究も楽しいと思います．

海外CW運用の魅力

近年は，ライセンスの国際化と海外旅行ブームで海外運用が手軽になりました．

一方では，リタイアしたシニア世代の方々が，仕事から開放された自由な時間を活用して海外運用を行うケース．あるいは，生活費や社会システムのコスト・メリットから，第二の生活拠点を海外へ築き，そこへシャックも構築して，日本と半々で生活されるなど，さまざまです．

● まずは手軽に

海外運用の成功の秘訣は，やはり場数と経験を積むことだと思います．その意味でも，休日の国内移動運用の手軽さで，例えば仕事での出張などでも，小さなCWトランシーバと折り畳んだワイヤ・アンテナを鞄へ詰めて運用することをお勧めします．

あるいは，盆暮れの休みを利用した，ご家族の海外旅行にもリグを持参して，海外でのCW運用を体験してみましょう．

小さなリグとワイヤ・アンテナでもCW & 海外という組み合わせの特徴を生かすと，日本では国内局のパイルアップにすら勝てない設備でも，数

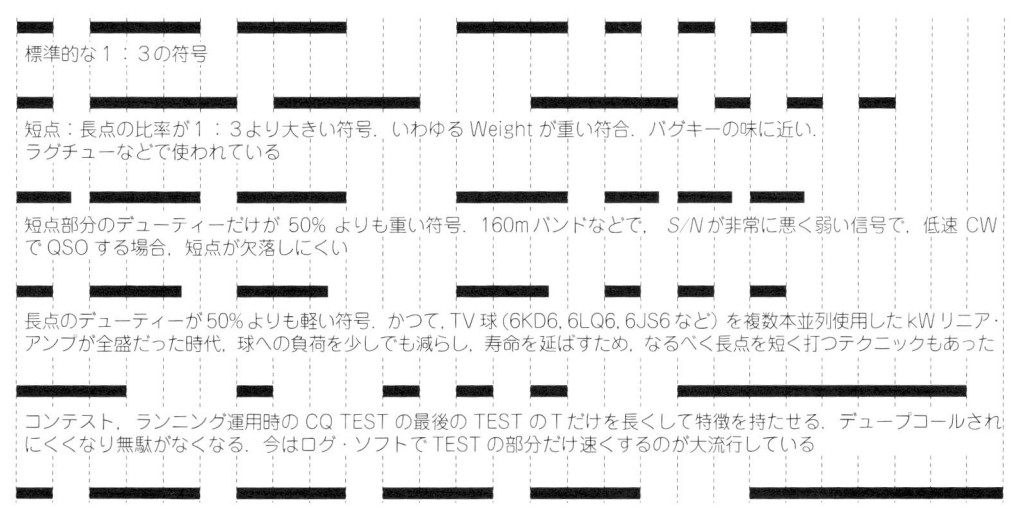

標準的な1：3の符号

短点：長点の比率が1：3より大きい符号．いわゆるWeightが重い符合．バグキーの味に近い．ラグチューなどで使われている

短点部分のデューティーだけが50％よりも重い符号．160mバンドなどで，S/Nが非常に悪く弱い信号で，低速CWでQSOする場合．短点が欠落しにくい

長点のデューティーが50％よりも軽い符号．かつて，TV球（6KD6, 6LQ6, 6JS6など）を複数本並列使用したkWリニア・アンプが全盛だった時代，球への負荷を少しでも減らし，寿命を延ばすため，なるべく長点を短く打つテクニックもあった

コンテスト，ランニング運用時のCQ TESTの最後のTESTのTだけを長くして特徴を持たせる．デューブコールされにくくなり無駄がなくなる．今はログ・ソフトでTESTの部分だけ速くするのが大流行している

数字のゼロをアルファベットの「O」で省略するのでなく，長い長点で省略する．アメリカン・モールスの名残

図5-5 長短点デューティーの図
CW符号は必ずしも理想的な1：3でなくとも，ケース・バイ・ケースでいろいろと変化をもたせると実用性と楽しさがアップする

COLUMN 騒音性難聴の注意

簡単にいうと，大きな音を聞き続けると，耳の感度が落ち，小さい音が聞こえなくなる現象です．筆者は医学の専門家でないので詳しいことはいえませんが，短時間であれば回復するようですが，長期間にわたり習慣化すると，慢性化してしまうようです．

図5-Aは，筆者自身の聴力を耳鼻科の専門ドクターに，無響音測定室で密閉型ヘッドホンを用いた専門測定装置で実測してもらったデータです．数百～3kHz程度の帯域部分だけ，ノッチ・フィルタを掛けたように音圧にディップが見られます．

筆者は特にCWを始めて30年以上，ワッチはヘッドホンを使い，広帯域フィルタを常用してきましたので，その結果ではないかと考えています．

加齢による高域の低下は良く見られる現象ですが，この独特の周波数特性にドクターは首をかしげていました，hi．

皆さんも，ノイズに埋もれた弱い信号などのワッチには，日ごろから耳をいたわりましょう．

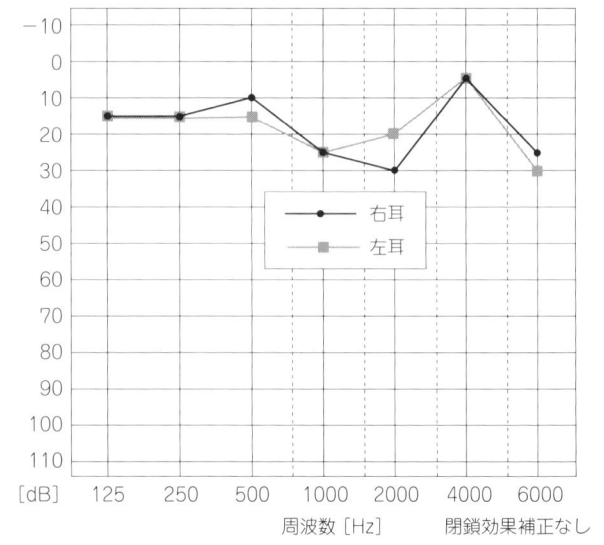

図5-A 筆者の聴感音圧周波数実測特性

日間の運用で数百～千局程度，あっという間に交信でき，必ずや病みつきになるものです．

● **相互運用協定を活用**

日本は，アメリカ，カナダ，オーストラリア，フィンランド，アイルランド，ペルー，ドイツ，フランス，韓国と相互運用協定を結んでいます．つまり，これらの国で，ハムの国家試験を受けなくとも日本の免許を根拠に原則運用できるわけです．

原則という点が味噌で，例えばアメリカ，フランスは事前手続きなしでOKです（オーストラリアも条件付きで無申請OK）．筆者はF/JE1SPYでコールサインの頭に現地プリフィックスを付けて即運用しました．しかし，韓国へ滞在した際は，日本と同じように，韓国の局免許を別に申請して，現地の監督官庁による落成検査を受ける規則でした．これは短期ビザ日数との整合性を考えると事実上は運用できないということでした．韓国で唯一運用する方法は，相互運用協定を根拠に現地局のゲスト・オペレーターとして運用する方法をとることです．

このように国によって事情がまったく異なるので，都度，渡航前に時間の余裕を見て十分な事前調査をするのが，成功の秘訣です．

● **レンタル・シャックの活用**

荷物の多い海外旅行に，重い機材は面倒という方は，現地のレンタル・シャックを活用すると良

5 実践運用ノウハウ

いでしょう．

　日本から近く，時差もない太平洋の諸島・諸国は，観光が重要産業なので，ハムは大切な観光資源として大変優遇されています．しかも，日本に電波はいつでも届きますし，ヨーロッパや，北米東海岸から見ると，大変な珍局になります．日本からカリブ海や西アフリカを探すようなものです．

　パラオは，日本との相互運用協定はないのですが，日本の4アマ・ライセンスで申請すると，オールバンド1kWで現地コールサインのライセンスを発行してくれます．しかも，手続きは日本の旅行エージェントが代行してやってくれます．類似したビジネス・システムは，世界各国にあります．最初は，サイパンや，パラオなどが手軽ですが，慣れてきたら，インターネットなどで調査して，経験者のアドバイスを受けながらチャレンジする

と良いでしょう．

● FCCライセンスを取得しよう

　本格的に海外運用をされる方はアメリカのFCCライセンスを取得されると世界が広がります．大きなメリットは，アメリカは世界の多くの国と相互運用協定を結んでいるので，FCCライセンスをベースに申請すると，日本の免許だけでは運用できない国から運用できます．

　筆者の一例ですがイタリアのARIへ問い合わせ，FCCライセンスをベースにイタリアのテンポラリー・ライセンスを申請したことがあります．日本から郵送で申請して，渡航時，ARIまでライセンスを受領に行くという指示でした．日本とイタリアとは相互運用協定はありませんので，もし，FCCライセンスがなければ不可能でした．

大きなリグは持っていけないビジネス海外出張でもシンプルなQRPリグとCWの組み合わせで手軽に海外運用が楽しめる．貴重な時間を活かせる

日本国内でもVEC制度によって，主要都市で試験が定期的に開催されています．インターネットなどで，VECを調べ個別に問い合わせると良いでしょう．

● CEPTライセンス

近年，ヨーロッパはEUにより統合され，通貨ユーロに代表されるようにあたかも一つの国家のように機能している部分があります．

ハムのライセンスも，いずれかの国のライセンスを取得するとCEPTライセンス制度で，加盟内どの国からも運用できる仕組みになっています．

筆者は残念ながら取得していませんし，日本でもFCCライセンスほどはまだ多くないようです．しかし，欧州へ渡航される機会の多い方はメリットがあります．しかし，その国の国家試験に現地の方と同様に受験して合格する必要があります（言語からするとイギリスが候補かもしれません．ドイツ語やフランス語が堪能な方は，幅が広がります）．

ヨーロッパでぜひお勧めしたいのがローバンド運用です．日本に比べ格段に広いバンド幅と，アメリカなどに比べ桁違いに高いエンティティー密度です．1.8MHzで一晩に数十エンティティーと交信できたり，昼間の7MHzでヨーロッパ各国からパイルアップを浴びたりと日本では体験できない面白さがあふれています．73kHz，500kHzや5MHzといった，相互運用協定ではQRVできない運用も可能になります．最新情報ではベルギーで501〜504kHzでの運用（出力は5W ERP）を許可したというニュースもあり，日本では夢のような世界が開けています．

パラオのレンタル・シャック

コバルト・ブルーの海がきれいな南国パラオにあるレンタル・シャック．アマチュア無線機器，アンテナ・タワーなど運用に必要な物はほとんど揃っているのでお手軽運用に最適

• パラオ・アマチュア無線ツアーのURL　http://www.api-japan.com/

アパマン・ハムの経験は海外運用で生きる

　私事で恐縮ですが，日本でのアパマン・ハム体験＆ノウハウは，海外からの運用時に非常に役に立つと実感しています．フランスへビジネス出張時，窓が開かないホテル室内から磁界ループ・アンテナでのローバンド運用．ドイツで，庭がまったくない市街地ホテルからの釣り竿を利用してのマルチバンド運用．ハワイの繁華街メインストリートの街路樹へ向けて，細いワイヤ・アンテナを展開して日本とアメリカ両方の知人と次々と交信したこと．そのほかハンガリー，ブルガリアで特別ライセンスで運用する際，免許は出すが，あなたは狭いホテルの部屋で，アンテナはどうするんだ？と不思議がられたこと．などなど楽しさは尽きません．日本のアパマン・ハムとしてのノウハウは海外で十分実用になります．むしろ，世界一の雑魚として通用する飛びが日本国内で実証できていれば，海外でCWと組み合わせれば相当楽しめる飛び具合に変貌します．

筆者が家族旅行でハワイ・オアフ島へ滞在してQRVした際のQSLカード．手軽な旅行でもCWならシンプルなリグと小さなワイヤ・アンテナで十分楽しめる．誰でも気軽にできる海外運用

COLUMN　200WPM競技＠HST2007ベルグラード

　人間はどこまで高速CWを聞き分けられるのでしょうか？　第4章でネックは記録速度なので，聞き取る速度の限界はHSTの世界新記録以上のところにあることは紹介しました．これを実証する公式イベントが去る2007年，HSTベルグラード・セルビア大会で行われました．
　RUFZ-XPを使用して公式審判員が立会いの下に，速度1000CPM（200WPM）の電信を受信する競技です．
　この1000CPMには，7人が挑戦し，YT7AWとDJ1YFKの両名が完全コピーし，ほかの2名が1文字エラーでコピーできたと報じられています．

RUFZ-XPで200WPMの速度で送信されたコールサインをYT7AWがコピーしたときの画面．1000CPM（＝200WPM）の表示が見える

200WPM競技で1位となり，HST委員のDL4MM（右）から賞品の特製Profie（パドル）を受け取るYT7AW（左）

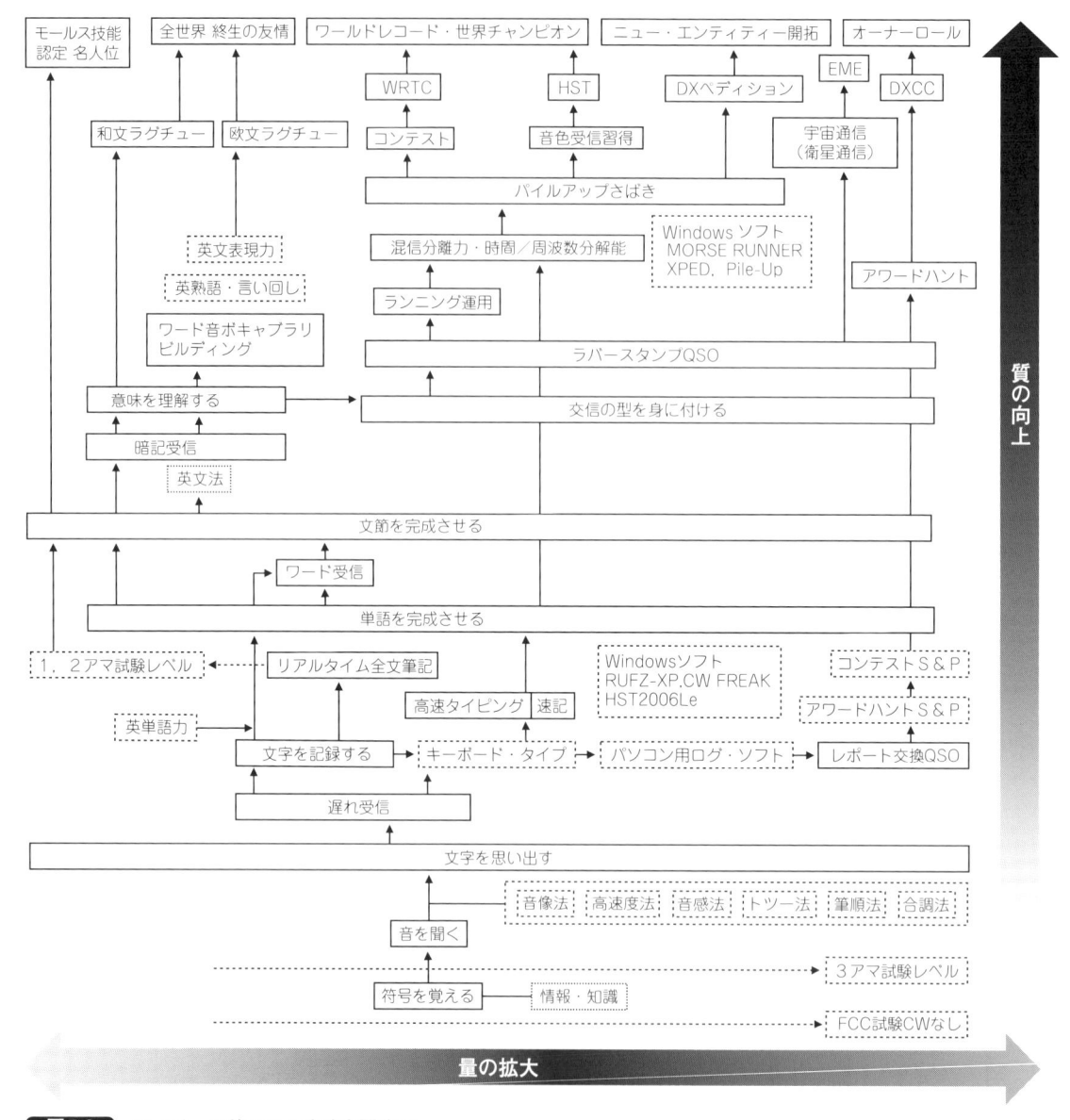

図5-6 アマチュア的CW上達時空関連図

5-5 運用編まとめ

　本章までで，CWオペレーターの運用方法についての話を終わらせていただきます．
　次章以降はソフトウェア，リグ，アンテナなどについて検討します．そこで，ここまでの流れを統括した図を紹介することで，第1章～第5章のまとめとします（図5-6）．

第6章 こだわりのツール選定

CW運用のツールには，ほかのモードにはない，独自の特性が要求されます．その究極がローバンドにおけるリグの受信性能です．一方，DX，コンテスト，ラグチュー，高速電信など，目的ごとにキーに必要な要求条件も異なってきます．各分野をきわめようとすれば，それぞれに目的を絞ったツールが必要です．
本章では，リグ，キー（電鍵・パドル），アンテナなどについて，CWの用途に最適な条件と選定法を検討します．

6-1 リグ編

　リグの性能にはさまざまあります．開発・設計・製造する立場では，高度な専門技術とノウハウが必要です．ここでは，CWを運用するオペレーターの視点から，どなたでも実行できる，「どのような点に注意してリグを選んだら良いか？」について検討してみましょう．
　なお，以下は受信機の基本である3S（感度，選択度，安定度）や通常条件での性能は十分であることが前提なので，これらには触れていません．

なお，論点を絞るため，操作性は別の問題として言及していません．
　図6-1（次頁）に筆者が考える究極のCW専用受信機のブロック図を示します．

● 最高級機が必ずしもCWに最適とは限らない

　DSP（Digital Signal Processor）とソフトウェアによって，21世紀に入ってからリグの進歩は著しいものがあります．ジェネガバ・オールモードで

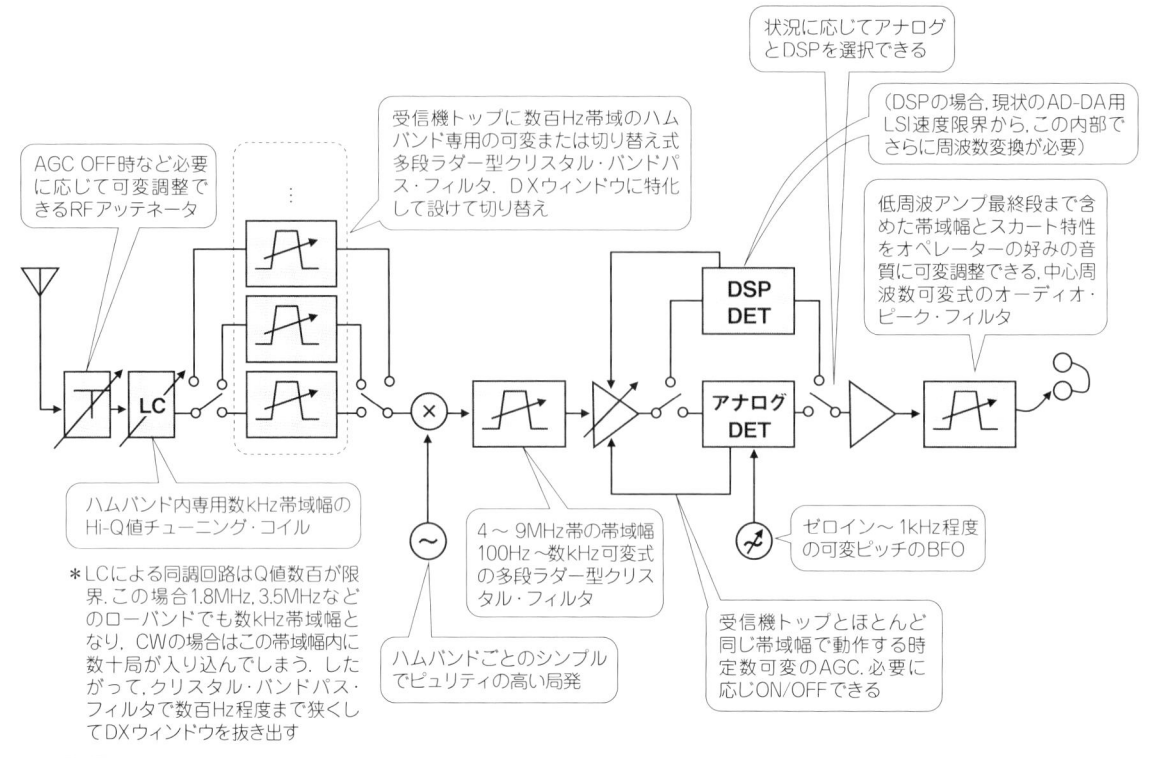

図6-1 筆者が想い描く究極のCW専用受信機の構成

図中ラベル:
- AGC OFF時など必要に応じて可変調整できるRFアッテネータ
- 受信機トップに数百Hz帯域のハムバンド専用の可変または切り替え式多段ラダー型クリスタル・バンドパス・フィルタ．DXウィンドウに特化して設けて切り替え
- 状況に応じてアナログとDSPを選択できる
- (DSPの場合，現状のAD-DA用LSI速度限界から，この内部でさらに周波数変換が必要)
- 低周波アンプ最終段まで含めた帯域幅とスカート特性をオペレーターの好みの音質に可変調整できる，中心周波数可変式のオーディオ・ピーク・フィルタ
- ハムバンド内専用数kHz帯域幅のHi-Q値チューニング・コイル
- ＊LCによる同調回路はQ値数百が限界．この場合1.8MHz, 3.5MHzなどのローバンドでも数kHz帯域幅となり，CWの場合はこの帯域幅内に数十局が入り込んでしまう．したがって，クリスタル・バンドパス・フィルタで数百Hz程度まで狭くしてDXウィンドウを抜き出す
- 4〜9MHz帯の帯域幅100Hz〜数kHz可変式の多段ラダー型クリスタル・フィルタ
- ハムバンドごとのシンプルでピュリティの高い局発
- ゼロイン〜1kHz程度の可変ピッチのBFO
- 受信機トップとほとんど同じ帯域幅で動作する時定数可変のAGC．必要に応じON/OFFできる

DX・コンテスト・ラグチューなど，全用途で最高の性能を目指した100万円リグは世界中の羨望の的です．いわば至高のリグです．

一方，CW運用だけに着目すれば，最高級リグが必ずしも最適の選択とは断言できません．むしろ，ほかのモードに要求する性能リソースをCW運用に特化すれば，コスト・パフォーマンスはアップします．それは，具体的に何なのでしょうか？

● 究極のCW受信機とは？

プラグイン・コイル方式の0-V-1で，久しぶりにローバンドのCWを聞くと，その静けさと澄んだCW音を改めて実感します．

「たった一本だけの能動素子，6BA6による，ミキサなしのグリッド再生検波」という究極の条件

から生まれる「音」です．静かなノイズ音の中から聞こえるこのCW音が目標です．

かつてコリンズ・タイプのダブル・スーパー全盛だった時代，先鋭的トップバンダー（160mバンド愛好家）は，受信機トップに1824kHzなどのDXウィンドウ専用狭帯域のクリスタル・フィルタを入れました．さらに，モード・スイッチも取り払ってハイフレIFフィルタ回りのストレー・キャパシティを低減してスカート特性を改善し，受信機トータルでの超狭帯域ハイレベルの多信号受信特性を究極まで追及しました．

- 2kHz以下の超狭帯域に多くの局が林立するローバンドCW独自の多信号対策．
- 複数の信号がノイズ以下からSメータ振り切れ状態まで，マーク・スペース間，msオーダーで

瞬時に往復するCW固有のダイナミック・レンジ対策．
- ノイズ・レベル以下，SSBよりも遥かに厳しいS/N信号を，人間の究極の耳が聞き分けられるCW独自の体感的な聞こえ具合．静かなセット・ノイズと聞きやすいCW音．

以上に集約されます．時代や方式が変わっても基本は同じです．

◆ CW専用モード機がもっとも有利

SSB兼用＋ジェネカバ化．このときからCWリグとしての性能追求と，あい矛盾する条件の葛藤が始まりました．アップ・コンバート，トリプル・フォース・スーパー方式….

読者の皆さんはCWで，目的のDXターゲット局を追っている最中，あるいは，コンテストまっただ中に，短波のAM放送を聴きたくなったり，Hi-Fi SSBの音を楽しみたくなるでしょうか？　答えはNOでしょう．その都度，用途に適した専用リグを使えば良いのです．

CW運用時はハムバンド内だけ，しかも数百Hz程度の帯域幅です．したがって，受信機の帯域幅をこれに特化すればコスト・パフォーマンスで有利です．AM放送の音楽やHi-Fi SSBのラグチューに必要な性能は低周波アンプ部に至るまで不要なのです．受信機の総合帯域幅を上流で絞り，後段への負担を軽減します．それにより，受信機全体の構成をきわめてシンプルにできます．

◆ アンテナ直下で帯域制限

近接の多信号特性を上げるには，帯域を絞ること，歪をなくすことです．理想的には入口のアンテナ直下でCW専用に受信帯域幅を絞ります．こうすることで，以降の後段への負担を軽減でき，シンプルな構成で多信号特性歪を抑えられます．

前述の0-V-1のバンド専用プラグイン・コイル（この帯域幅ではCWには広すぎるが）であり，トップバンダーがコリンズタイプ・スーパー，トップに入れた1824kHzのBPF（Band Pass Filter）がそれです．

◆ シングル・スーパー

歪をなくすには，発生源である素子を極限まで少なくするか，ハイレベルに耐える素子を使うかです．つまり究極は，発生源であるミキサは1段がベストです．

イメージ混信は前述のアンテナ入力部の狭帯域化で対策できます．AGC（Automatic Gain Control）に関係するIFアンプの発振などの問題は回路の工夫で回避可能です．

シンプルなシングル・スーパーでのもう一つのメリットがあります．それはセット・ノイズを低減できることです．ノイズの発生源はミキサと，能動素子なので，それが少ないほど有利です．

CWはノイズ・レベル以下の信号も判読できますし，符号スペース部分ではいつもノイズを聞いています．運用中は，信号そのものを聞くよりも，ノイズを聞いている時間のほうが長いのです．SSBのように深いAGCが掛かった状態で信号音がいかに聞こえるかの評価とは異なります．ノイズがどのように聞こえるかが，CW受信機では重要です．

◆ 帯域幅選択・可変

狭帯域が良いといっても，運用ノウハウで検討したように，S&Pを考慮すると2kHz〜100Hz程度で帯域幅を可変できることは必須です．しかも瞬時に操作できることです．

◆ SメータもAGCも不要？！

ノイズ以下ほどの弱い信号と能動素子が飽和するほど強力な信号が共存するCWは，SSBよりもはるかにダイナミック・レンジが広く，AGCの管理が難しくなります．いっそのこと，究極にはAGCもSメータもなくしたくなります．受信機

トップのRFアッテネータでのレベル調整で対応してしまうのです．ラグチューや，じっくりDXを追いかける場合はこれでも十分かもしれません．しかし，瞬時を争うコンテストの場合は，AGCがないとオペレーターは耳を痛めそうです．

◆ APF（Audio Peak Filter）

CWを復調するのはデモジュレータ・マシンではなく人間の耳です．したがって，耳に一番近いオーディオ段のノイズを低減することは重要です．APFは単純明快できわめて効果的です．ヒス・ノイズを発生しない受信機や，ノイズを出さないオーディオ・アンプはあり得ないからです．

● 最新リグをCWオペレーターの視点で見る

それでは，以上の視点から今定番となっているリグの受信部構成をCWオペレーターの立場で検討してみましょう．

◆ アンテナ段フィルタ

最新鋭のフラグシップ・リグは，最大Q値300程度のバンド内チューニング方式コイルが最高性能と思われます．数kHz程度の帯域幅ですので，CWの通常運用やSSBでは十分です．

しかし，ローバンドのコンテストやパイルアップでは，この帯域内に数十局のCWがQRVするので，後段はそれに耐える性能が要求されます．

◆ ルーフィング・フィルタ

現時点での最高級フラグシップで，第1 IFのルーフィング・フィルタは3kHz幅程度が最狭です．SSBでは1局分ですから十分ですが，CWはこの帯域に十数局がQRVすることはしばしばです．CW用に数百Hz幅程度がもう一つ必要です．しかし，アップ・コンバートの場合，40～70MHz程度の第1 IFでの，数百Hzの狭帯域フィルタは実現が難しいのです．したがって，CW専用のリグでは，この帯域幅でもルーフィング・フィルタが構成できる数MHz程度の第1 IF周波数が有利です．

◆ ヘテロダイン段数

現在はミキサ3段程度が一般化しています．ミキサ歪は素子と回路の工夫で対策しても，セット・ノイズはミキサの少なさに支配されます．ノイズ発生が少ない素子を使っているもの，ピュアリティが高いローカル・オシレータのものを選びます．

◆ IFフィルタ

第1 IF 40～70MHz帯の3kHz幅のルーフィング・フィルタではSSBなら1局ぶんなので，2ndミキサでの多信号IMDは発生し得ませんが，CWでは多信号が飛び込み，2ndミキサでのリスクが残ります．次の8MHz台のIFを設けるリグとそうでないものがあります．この周波数帯では，100～500Hz幅のCW専用フィルタが可能です．アナログ・リグ時代とDSP化過渡期は，この段に多くのオプション・フィルタが商品化されました．クリスタル素子がもっともコスト・パフォーマンスを発揮できる周波数だからです．455kHz帯 IFの場合も，サイズとコストは大きくなりますが，CW狭帯域のクリスタル・フィルタの商品がありました．

しかし，DSPが主流になってからは，コスト面から上記第2, 3 IFフィルタは簡素化するようになりました．最終IFをDSP化可能な十数kHz台とし，ここでデジタル処理とファームウェアで自在に理想特性を実現できるDSP化のIFフィルタにより，数百Hzの帯域幅以下に絞る構成をとるようになりました．

この構成はDSPに1局ぶんの信号しか入らないSSBではコスト・パフォーマンスの高い基本構成です．しかし，CW混雑時では以下の問題が残ります．つまりDSPの前段までの数kHz幅内に十数局以上の強力なものからノイズ以下の微弱なCW信号までが混ざり，それらが直接DSPへ飛び込みます．理論どおりの理想特性を発揮できるのは，

あくまで入力範囲が設計値内の場合です．瞬時でもオーバーする場合は演算が破綻(はたん)します．当然，ふだんはAGCが設計値どおりの理想動作をします．しかし，ローバンドでの究極条件の運用などでは，ある瞬間，DSP演算が破綻するリスクはゼロではないと推定されます．

◆ AGC動作帯域

上記は実際にオペレーターが聞いている帯域幅です．SSBの場合はこれと同じ帯域幅でAGCもかかります．しかし，CWの場合はそれが異なります．

AGCをオペレーターが聞いている信号だけにかけ，前段はAGCよりも広い帯域幅を受けていると，前段部には過負荷がそのまま飛び込み，飽和による歪からIMD特性が劣化します．それを防ぐためAGCが効く帯域幅をオペレーターが聞く幅より広くすると，帯域外の強い信号でAGCがかかってしまい，目的信号がブロックされることがあります．究極は「オペレーターが実際に聞いている帯域幅に受信機全体の帯域幅を統一すること」なのです．

それができないときは，各段ごとに何重にも

ハムフェア会場で米エレクラフト社のエリック社長（WA6HHQ）から同社の注目製品であるK2，K3リグについての設計思想を伺った筆者

AGCループを構成します．

◆ オーディオDSPとAPFの切り替え

既出章で前述のように，APFは人の耳との親和性から必須のアイテムと思います．しかし，広めの帯域受信時に有効なノイズ・リダクションなどはDSPの得意領域です．しつこいOTHレーダによるQRMの除去も可能になります．ただし，DSPは信号処理のためにLSIが使われます．ここで発生するノイズを考慮する必要があります．

さらに，背景雑音以下の弱いCWを，目的信号より高いレベルのノイズの中から正しく演算して聞きやすい音で再生できるか？ も，吟味したい点です．運用時の状況に応じてアナログAPFとDSPを選択すれば良いでしょう．

◆ オーディオ・フィルタ特性は連続可変

その特性は帯域幅，Q値，スカート特性の形状をその日のコンディションやノイズ，相手局の信号の聞こえ具合によって，連続的に可変してもっとも聞こえやすく調整できれば理想的です．聞きやすいCW音を実現するのにもっとも効果的なのが，オペレーターの耳と直接インターフェースするAF段のフィルタです．

以上は，誤解なきようお願いしたいのは，最新鋭機を否定しているわけではありません．あくまで究極のCW条件との比較です．CW'erの読者は自身の用途からどの機能をどこまで追及するかを選択してみましょう．

● ARRLラボラトリーのテスト・データ

日本では免許制度の関係もあり，リグを実際に購入して落成検査や外部団体の認定を受けた後でなければ上述のようなじっくり行う評価が，残念ですができません．

そこで有益なのがARRLラボラトリーの実測データです．ARRL（アメリカのアマチュア無線中継連盟）の機関紙『QST』誌上やインターネット上で見られます．

最大のメリットは，アマチュア・ユーザーの視点ながら，高価な測定器を持たない個人では無理な，無線機開発者レベルの実測データを客観的に掲載している点です．しかも，利害関係がない完全な第三者の立場からデータ分析しています．ある意味，容赦ない実践想定条件を測定器で作り出しての過酷な試験です．リグの購入前は，このデータを吟味すると良いでしょう．

CW用に特化したリグの評価ポイントは，測定器での「2kHzセパレーション3次IMDが90dB，ブロッキング・ダイナミック・レンジが130dB」，「ローカル発振器の4kHz C/N 120dB」などの狭帯域でのハイレベル多信号特性に絞られます．

測定データを見て，そのリグの性能をオペレーターとしてイメージできれば，ある程度リグの購入前に選別ができます．そのためには，測定器での実測データが，実際にどのようなシーンで，どう聞こえるのかを自分の耳で体験することが重要です．ですから実際の運用シーンで測定データに該当する状況を見つけ出し，自分の耳でDX信号を聞きながら，それを実感してみれば良いのです．これにより，データと聴感の対比を耳に覚えこませます．

● 実践シーンでどのように選ぶか

机上での検討はわかりました．それでは，測定条件に該当するのは，どのようなシーンで，その際は何に注意して受信評価すれば良いのでしょうか？

● ノイズに埋もれたCWの聞こえ具合

CW運用の場合は，信号よりノイズを聞いていることが遥かに多いのです．何よりノイズの聞こえ具合と，それに埋もれた弱い信号が聞きやすい

6 こだわりのツール選定

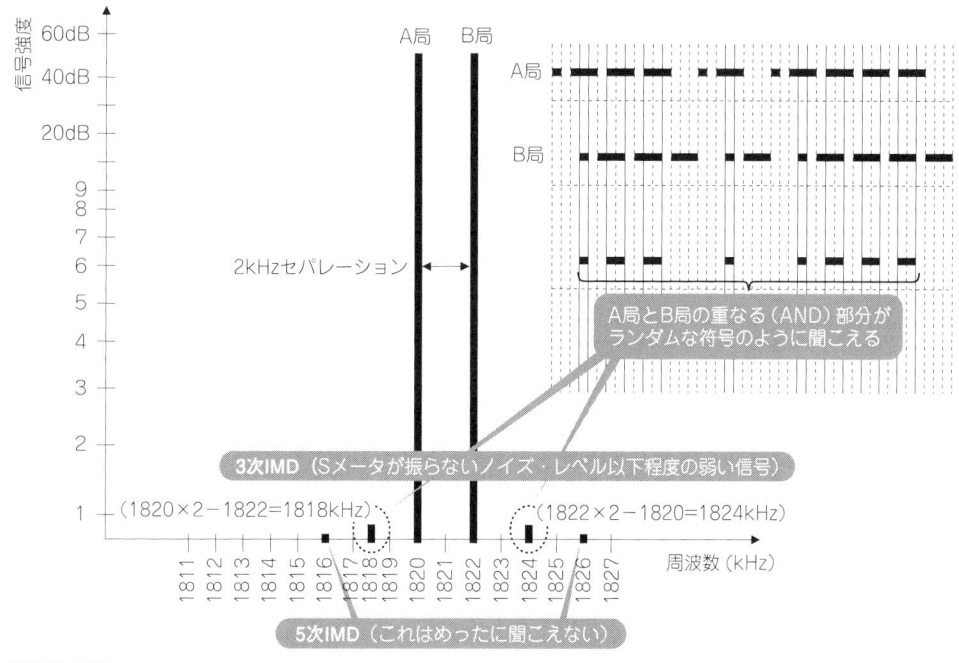

図6-2 超狭帯域3次IMDの概念図
感覚的にわかりやすいようにSメータ表示のイメージで表示

図中ラベル:
- 信号強度
- A局, B局
- 2kHzセパレーション
- A局とB局の重なる（AND）部分がランダムな符号のように聞こえる
- 3次IMD（Sメータが振らないノイズ・レベル以下程度の弱い信号）
- (1820×2−1822=1818kHz)
- (1822×2−1820=1824kHz)
- 5次IMD（これはめったに聞こえない）
- 周波数（kHz）

ことが最優先の条件です．ミキサ・増幅器・信号処理デバイスなどで発生するセット・ノイズがあります．さらに，「サワサワ」した外来ノイズによりミキサで発生するIMDがさらに新たなノイズを「ザワザワ・ガサガサ」と作ることもあります．それらがIFフィルタを通過する過程で音色を変えていきます．

この評価のときは，受信機を「裸の状態」，すなわち，すべての混信除去機能などをOFFにした，基本性能を評価するようにします．

● ローバンド・コンテスト & DXでのグレーライン・タイム

次に注意したいのが超近接強入力の多信号特性です．2kHz幅以下でのIMDと感度抑圧です．

◆ 超ビッグガンの隙間を注意深く聞いてみよう

① 2kHzセパレーション3次IMD

DXコンテストのコンディション・ピーク時やサンライズDX時，スプリット・パイルアップ時の，超強力ビッグガンが2kHz以内で居並ぶ数百Hzの隙間をワッチします．ノイズ・レベルの中からわずかにランダムなCWの符号のような信号が切れ切れに聞こえることがあります．それが，RF ATTを入れても改善しなければ2ndミキサで発生した3次IMDである可能性があります．

SSBでは何となくノイズっぽいかな？ 程度ですが，CWではノイズ以下の信号も聞き分けられるため，この3次IMDはじゃまになり，弱いDXの信号を聞く妨げになります（図6-2）．

注意すべきは，IFフィルタのリプルやすっぽ抜けで「本物」の信号が聞こえる現象は，今の時代のリグなら，なくて当然です．それはワンランク

低レベルの議論です．
② 2kHzセパレーション・ブロッキング・ダイナミック・レンジ

その隙間にかすかなDX信号を発見したとき，IFフィルタをもっとも狭帯域に選択します．そのDX信号がQSBとは関係なく，不自然に突然聞こえなくなったり，浮かびあがったりをランダムに繰り返すことがあります．それは狭帯域インバンド・ブロッキングが発生している可能性があります．IFフィルタ帯域の外側にいる超強力信号にAGCが引っ張られているのです．

それらは，現状の技術レベルを前提に検討しています．将来は，DSPの高速化とオール・デジタル化，SDR（ソフトウェア定義受信機）の方向へ向かいます．その際は評価も変わってくると思われます．

受信機の性能は多岐にわたりますが，特に最新リグでのCWオペレーションという切り口で重要ポイントのみを挙げました．ぜひ，ふだんの運用からこういったシーンに注意していただき，測定データの数値と実際の聴感イメージを結びつけ，読者の用途に最適なリグ選びを行いましょう．

6-2　電鍵・パドル編

電鍵・パドル自体の詳細は前述の書籍で造詣を深めていただくとして，本章では，CWオペレーターが用途によって，どのような選択基準でツールを選んだら良いかに焦点を絞って検討します．

● 電鍵の上手な選び方

用途ごとに最適の電鍵・パドルを選択することは，オペレーターの技量を100％発揮するために重要です．

ここでは，どなたでも簡単に用途に最適なツールを選択する基本的な基準について検討します．

◆ 基本性能チェック

縦振り電鍵でも，パドルでも，その基本性能に不備がないかをまず見きわめます．

接点間隔を十分開いて，バネを一番弱くしたときの応答具合を，ハンドルを軽く操作して試します．つまり，これ以上軽い状態には調整できない限界状態であるわけです．とても軽い感覚でスムーズに動けばOKです．場合によってはバネが効いていないにもかかわらず，動きが重いものがあります．その原因を調べ直します（例えば，ベアリングを抑えているカバーがきつすぎる．構造物の何かが応力になっているなど）．

次にこの状態で，正規の操作方向以外，3軸方向にも軽く動かしてみます．正規の動作方向以外に動きがあれば，ガタが発生しています．その原因を調べて対策します．

そして，バネの固さをみます．もっとも緩めた状態でも，応力の大きい固すぎるバネを使っている場合には，一定値以下のソフトな操作ができません．これらの点を，そのキーの通常の調整方法で改善できないものは，少なくとも自分にとっては基本性能に問題があると判断できます．したがって，キーは現物を操作して，その感触を確かめて購入すべきで，インターネットで現物に触れずに操作なしで購入する際は，それなりのリスクを覚悟する必要があります．

◆ 用途別の選定ポイント

基礎テストをパスしたら，いよいよ用途別チェッ

6 こだわりのツール選定

クです．以下にポイントを解説します．読者の用途に最適なキーを上手に選びましょう．

① コンテスト

ロギング・ソフトでの自動キーイングが主流になりましたが，最長48時間の連続運用を行うので，最小のエネルギーでパドル操作ができることです．同じ内容を高速で繰り返し送信し続け，疲労度が少ない必要があります．

- ダブル・レバー，アイアンビック操作，長短点メモリ，インヒビット機能は必須．ログ・ソフトを使わないならメッセージ・メモリも必須．
- 図6-3に示す構造で，接点～支点：支点～操作点の比率が1＜1であること．操作エネルギーを節約できる．
- 接点間隔をできるだけ狭くでき，その際の操作感覚を繊細に制御できること．
- バネを軽くでき，その際の動きが軽いこと．

図6-3に示すように，比率を1：1から広げるほど，梃子の原理で操作トルクは小さく済みます．そのぶん，操作点の運動量は大きくなります．自動車のギアや，プロペラ飛行機のピッチに似ています．旧日本海軍の零式戦闘機が当時としては驚異的な3000km以上の航続距離を誇った秘密は，ハミルトン・定速可変ピッチ・プロペラを採用したことが大きな一因と言われています．パドルのストロークとトルクを最適に設定すれば，オペレーターが最小のエネルギーで長時間コンテストを競技し抜くことができます．

ベンチャー社のJA-1モデルなどは，コンテスト用のロギング・ソフト普及以前は，打ち心地にうるさく繊細な日本のコンテスターの人気をはくし，一世を風靡しました．

② ラグチュー

頭で少し先を考え，指は少し遅れて文字を打ちます．それが比較的長時間続きます．同じ繰り返

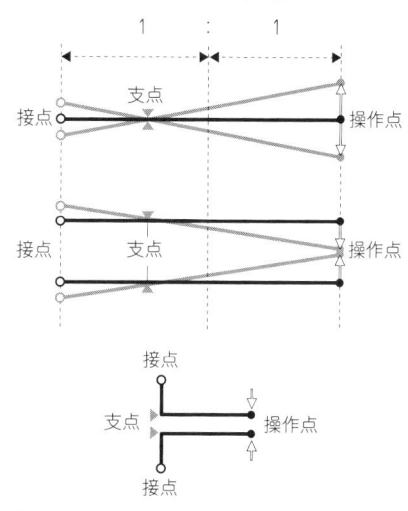

図6-3 コンテスト用パドルの比率

図6-4 ラグチュー用パドルの比率

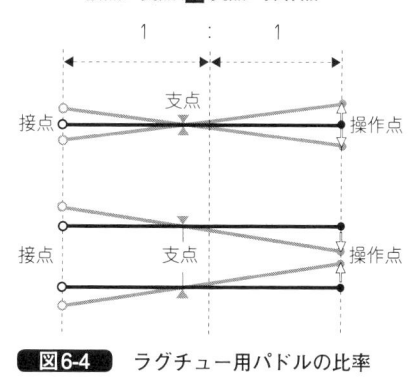

しが少なく，意のままの文字をオペレーターの意図に忠実に打てることです．

図6-4にラグチュー用パドルの比率を示します．

- ダブル・レバー，スクイーズ操作は必須．長短点メモリ，インヒビットもあったほうがミスが少ない．ウェイト機能，エレバグ機能などがあれば，味のある符号でラグチューを楽しめる．
- 支点～接点：支点～操作点の比率が1：1からや

や大き目のもの．指の動きに忠実な応答でありながら，操作にエネルギーも要しない．
- 接点間隔とバネの強さは繊細から中程度まで，連続的に滑らかであること．ラグチューの相手と状況によって，調整できる．

前述の零戦に例えると，抜群の操縦性と空戦性能を誇った秘密は，特許となった剛性低下操縦索にあります．低速から中速まで，速度によらず，操縦桿の操作量を一定にできたことで，抜群の巴戦(ともえせん)性能を実現し，ベテランパイロットが左ひねり込みの神技を生み出したのです．

ラグチューにおいて抜群の操作感で，世界の絶賛(ぜっさん)を浴びているパドルのSuhurr社 Profiモデル（写真6-1）の比率は1：1よりやや大きくなっています．そして，高度な工作精度による独自の滑らかな支点機構と，しなやかなバネ素材で，微細な指の動きでも繊細に接点を操作できるよう，最高の打ち心地に設計されています．

③ HST

あたかも100mの短距離レースです．大きく強いストロークの指の動きがストレートに伝わることが最重要です．打ち心地や疲労は1分間の競技には無意味です．

図6-5にHST用パドルの比率を，写真6-2～写真6-6にHST用パドルの外観を示します．
- 単純なエレキー．スクイーズやメモリは不要．
- シングル・レバー．
- 支点～接点≧接点～操作点であること．指の動きが直接接点へ伝わる．

支点～接点 ≧ 接点～操作点

図6-5 HST用パドルの比率例

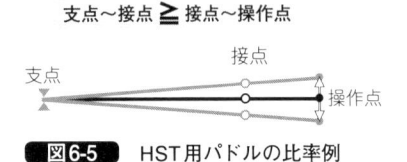

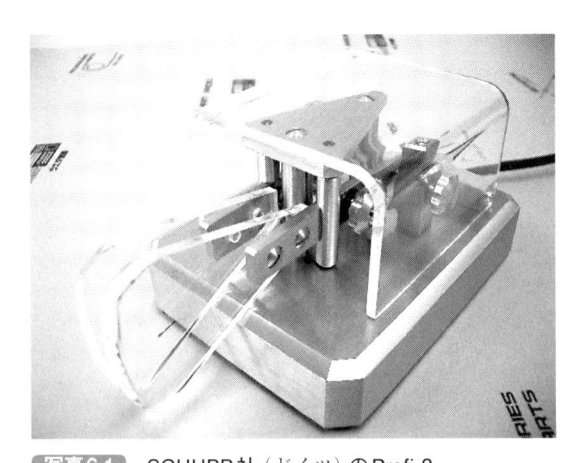

写真6-1 SCHURR社（ドイツ）のProfi 2
外観，重量，動作ともに高級型電鍵（1.5kg）．パドルのタッチの良さは評価が高い逸品．ダスト・カバー付き

- 接点間隔を広くとる．
- バネを強くできること．
- 台座が非常に重いか机に万力などで固定できること．
- 壊れにくいこと．

零戦に対比するとすれば，ドイツが誇った重戦闘機メッサーシュミットBf-109といったところでしょうか？ 強靭(きょうじん)な機体とダイムラーベンツ水冷エンジンによる高速急降下性能，初速が高く命中率の良いマウザー20mm砲による一撃離脱(いちげきりだつ)ロッテ戦法を編み出した機体です．

第4章で紹介した東欧の選手たちが使用しているパドルが参考になります．長年練習したパドルで人馬一体(じんばいったい)で競技に臨む必要があり，頑丈(がんじょう)で壊れにくいことが非常に重要です．競技場までの輸送に耐える丈夫さも必要です．

④ DXハント

パイルアップを瞬時のタイミングで呼びます．あたかも剣道か空手の一瞬の技を決めるような集中力と間合いが必要です．オペレーターの意のまま，瞬時に動く必要があります．

6 こだわりのツール選定

写真6-2 ハンガリーのHA3OVが送信競技に使用したパドル．彼もほかの選手同様，シングル・レバーのパドルを愛用．支点～接点：接点～操作点が1：1より小さめなのが普通のパドルと大きく異なる．バネも非常に固め．台座も重厚な鉄板をさらに手で押さえるので塗装が剥げているようすが生々しい

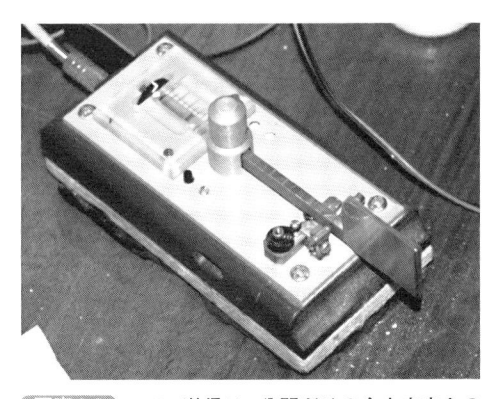

写真6-3 HST送信は1分間だけの全力疾走なので疲労は無視できる．そのため手のストロークはとても大きい．その動きが正確に接点に伝わるよう，支点～接点：接点～操作点の比は1：1より小さい．ここがコンテスト用パドルなどと大きく異なる点

写真6-4 このパドルも支点：接点＞接点：操作点の割合

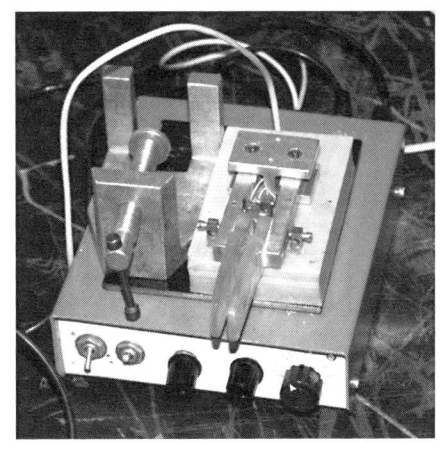

写真6-5 HSTの送信は1分間の全力操作なので強いストロークがパドルにかかる．そのため，このようにパドルと万力を組み合わせて机に固定する構造もある

写真6-6 ベンチャー・パドルの構造でシングル・レバーのタイプをHSTではよく見かける．東欧ではこのほかにも数種類のHST用ベンチャー・パドル類似の製品がある

図6-6にDXハント用パドルの比率を示します．
- ダブル・レバー，スクイーズ，長短点メモリ，インヒビットは必須．ランニング運用が多い場合は，メッセージ・メモリがあると楽．
- 支点～接点：支点～操作点の比率が1：1程度であること．指の動きが忠実に接点へ伝わる．
- 接点間隔はコンテスト，ラグチューより広め．HSTより狭め．
- バネはコンテスト，ラグチューよりやや強め．HSTより弱め．
- 長年使用しても飽きない．愛着がわくデザイン．所有する喜びが味わえる．

⑤ 移動運用

何より持って歩け，移動先で確実に動作することが重要です．梱包を開いてみたら，壊れていた，では意味がありません．ベンチャーのパドルが世界に普及できた理由は，あのダンボールで作った独特の梱包材を考案したからだ，とも言われるほど，輸送の確実性はパドルにとって重要なのです．モービル運用か，設営タイプの移動かでも，多少異なります．
- エレキー機能はDX用途とほぼ同じ．
- 小型軽量であること．
- 壊れにくいこと．
- 重いと，自重で壊れやすく，運搬にも不便．マグネットなどの固定機構が便利．
- モービル用は足へくくりつけたり，クルマのどこかへ固定できる機構が便利．
- 打ち心地は多少犠牲にしても，確実な動作．
- リグとのインターフェース方法を複数持つこと．

例えば，プラグ端子とターミナル端子など．突発的トラブルでも緊急処置ができる．筆者は海外旅行にはイギリス製のZippyを供にしています．小型軽量でマグネット固定でき，便利です．

◆ 設計思想を理解して選ぶ

以上のようにQSOの目的に適したキーの性能を

図6-6 DXハント用パドルの比率

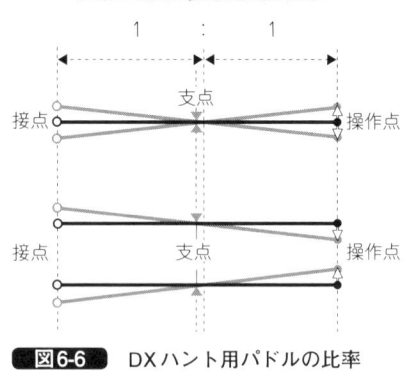

よく見きわめて選びましょう．近年は，プロ用の一律規格の縦振り電鍵メーカー以外に，世界的にベテラン・ハムが起業したキー専業ベンチャー・メーカーからハム用のキーが続々と誕生しています．どれも，創業者の熱意とロマンがこもっているキーです．その魂を引き継ぎ，設計思想に適した使い方をするのが，開発・製作者，オペレーター，キー自身，皆がハッピーになれる道だと思います．

さらに進んで，オペレーター自身とその用途に最適のオーダー・メイドのキーなども出現すると楽しいですね！

◆ こんなエレキーあったらな！

エレキーの製作は，シンプルながらまとまった実用性の高い完成品になるので，トレーニングにも実践にも興味深いテーマです．

エレキーの歴史は，アイアンビック，長短点メモリ，インヒビット，メッセージ・メモリなどの機能を次々追加しながら，その形態を確立して，行き着く所まできて，完成したかに見えました．しかし，その後はワンチップIC化から，さらにPICとファームウェアの登場で，ウェイト・コントロール，エレバグ，くせのある手打ち符号のメモリと，よりアナログ的，人間的味のある符号を追求する方向へと新たな発展を始めました（Winkeyなどの

6 こだわりのツール選定

インターフェース・ツールについては，前書きにも述べたように読者の自主研究に期待）．

そこで，前述に紹介したCW運用ノウハウを実行することを踏まえて，味のある符号を定量化して実現できるエレキーはどうでしょうか？

◆ 今のエレキー機能に以下を付加

- マーク率を短点，長点独立に可変（ローバンドDXでの短点落ちコピー防止のため，短点時のマーク率だけを上げる）．
- 任意のドット，ダッシュを指定してマーク長を任意設定できる（特徴ある符号の送出．コンテスト時のTESTの最後のTを長くしたり，ゼロを長い長点とするなどの特徴出し．重複交信の未然防止とコンテスト・ナンバーのゼロ送出時間の節約）．
- 速度チェンジアップ機能．（コンテスト時，重複交信未然防止と，時間節約に有効）．

これらの，初期設定はパソコンからコマンド設定するとしても，その後はキー単独でオペレートできると何かと便利です．

もちろん，エレキーというハードウェアに限定することなく，パソコン上で動くCWエンコーダ・ソフトとか，コンテスト用のロギング・ソフトと連動するオプション・パッケージ・ソフトでも面白いと思います．

◆ パドルの最適化研究

前述の各用途ごとのパドルのモデルは，あくまでメカ自体のお話でした．しかし，それを操作するのはオペレーターであり，各人の手の大きさや操作方法は千差万別です．

つまり，オペレーターの操作方法，手の関節寸法比率とパドル各部の比率に最適解があると思われます．さらに，アイアンビック用パドルで2枚のレバー間隔はオペレーターにより，その好みは千差万別のはずです．しかし，これが個別調整で

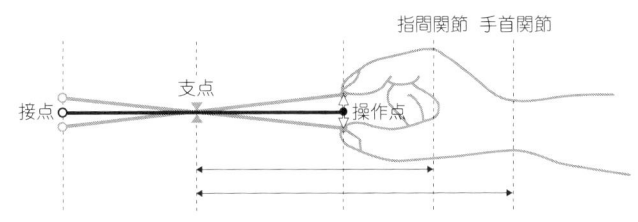

図6-7 オペレーターの手の固有比率を含めたパドル比率
指先で打つか，手首を使うかで，どちらの比率を採用するかが異なる

きるパドルはまだありません（図6-7）．

一方，縦振り電鍵については，ひじ，手首の関節比率に対する電鍵の支点，接点の比率を論じた文献はありました．しかし，パドルについてのこの議論を筆者は見たことがありません．

しかし，筆者自身，その最適比率は未研究，未実験です．それには，この比率をオペレーターに応じて調整できる機構構造のパドルがあれば，多くのCW'erによって，実験・研究が進むものと思われます．そんなパドルの出現も期待したいところです．

● エレキーの機能別分類

エレキーはいろいろな機能に分類されます．具体的なハードウェアは『CQ ham radio』誌やインターネットで研究いただくとして，ここではCW運用の視点からまとめてみました．

皆さんは自分の用途にあったエレキーを，製作・購入なさる際の参考にされてください．実現手法は，クラシック的にはCR充放電の受動素子，真空管でのノコギリ波発振からトランジスタのマルチ・バイブレータ，ロジックICでのクロック分周，エレキー専用LSI，最近はPICマイコンとファームウェアの組み合せまで，いろいろな手段があります．もちろん，パソコンとソフトウェアだけ（インターフェース回路は必要ですが）でも可能です．その意味でエレキーはCWを題材とした格好の電

子技術の教材ともいえます．特に，CWに興味をもった若く優秀なプログラマーおよび組み込みマイコンが得意な方が新エレキー・ソフトウェアの開発に着手される際，以下のレビューがお役に立てばと考えます．

◆ エレキー

原型となるタイプで，シングル・レバーのパドルを右へ倒して短点連続，左へ倒して長点連続というシンプルなものです（図6-8）．なお，左右逆でオペレートする人もいます．

縦振り電鍵に比べると格段に高速で正確な符号が出せます．しかし，符号が終わらないうちにパドルを離してしまうと，途中で切れて，1:3の比率が保てません．一方で，次の符号が始まる前にパドルを放さないと，余計なマークが出てしまいます．このように便利なぶん，微妙なタイミングが必要とされました．

◆ 長短点メモリ

この微妙な操作タイミングを補う機能としてメモリ機能が開発されました．マーク符号が終わらないうちにパドルを離しても，最後までマーク送出されます（図6-9）．

例えば，長点送出中に，短点側へレバーを離しても，長点が最後まで送出された後，規定のスペース後に次の短点が送信されます．

しかし，ここで新たな問題が発生しました．それは何でしょうか？　長短点のメモリが付いたために，マーク符号が終わる前にパドルを離さないと，次のマークが自動的に出てしまうのです．つまり，パドル接点が閉じるタイミングがわずかでもスペースのタイム・スロットにかかると，思わぬ余計なマークが送出されてしまうわけです．単純なエレキーのときと，だいぶ操作感覚が異なります．移行にはある程度のトレーニングが必要となりました．

◆ インヒビット

この問題を解決すべく登場したのが，インヒビット機能です．上記のメモリ機能の欠点は，前のマー

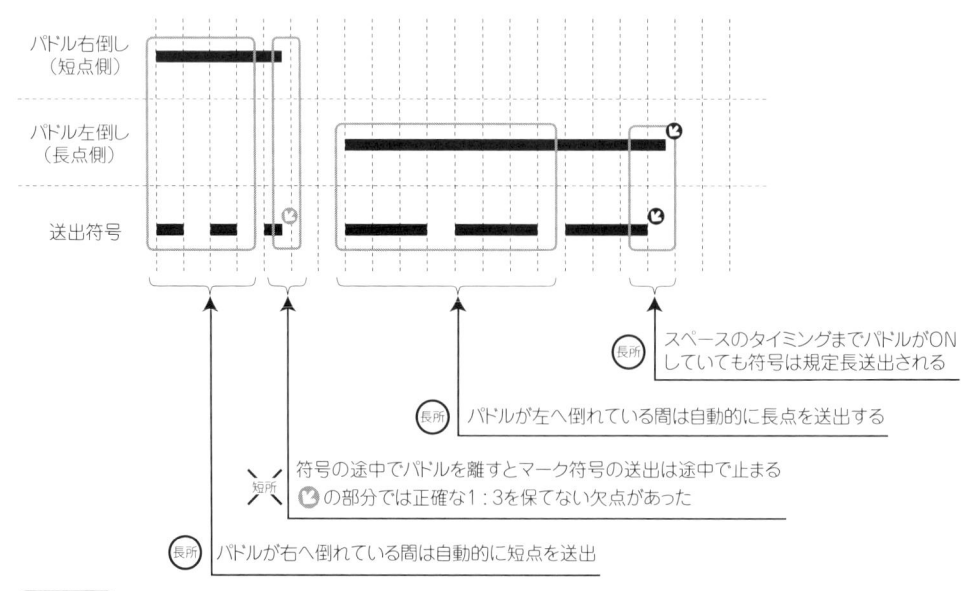

図6-8 エレキーの基本動作

- 長所：スペースのタイミングまでパドルがONしていても符号は規定長送出される
- 長所：パドルが左へ倒れている間は自動的に長点を送出する
- 短所：符号の途中でパドルを離すとマーク符号の送出は途中で止まる／⏱の部分では正確な1:3を保てない欠点があった
- 長所：パドルが右へ倒れている間は自動的に短点を送出

6 こだわりのツール選定

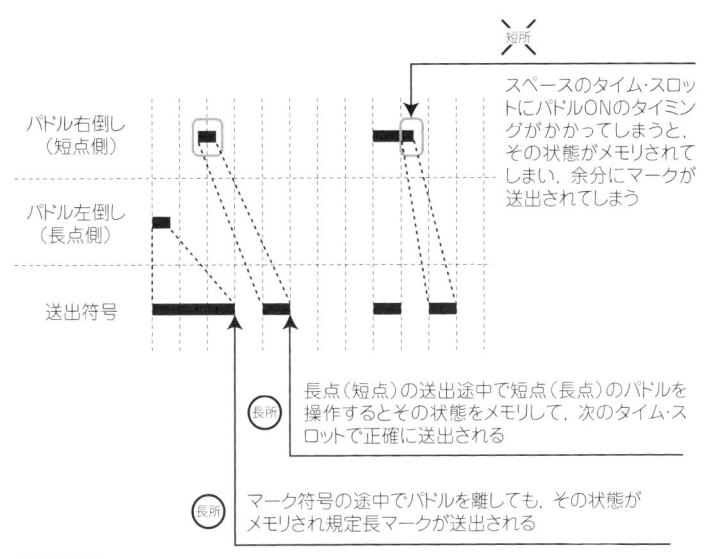

図6-9 長短点メモリの基本動作

クが終わる前までにパドル接点を放さないと，次のマークがメモリされて送信されてしまい，誤送信となってしまうことでした．

そこで，マーク間のスペース部分で，スペース長のある時間までパドルがONしていても，メモリへ登録されない機能を加えたものです．これにより，長短点メモリ機能搭載のエレキーでも，パドルの離し遅れによる誤符号を大幅に防止できるようになりました（**図6-10**）．

◆ スクイズ・キー，アイアンビック・キー

人間の探究心は限りないもので，メモリ機能があれば，パドルの左右を同時に操作しておいたほ

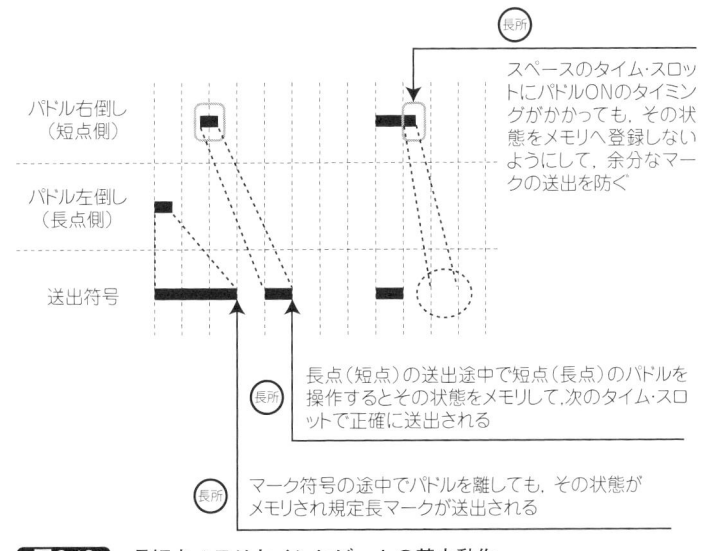

図6-10 長短点メモリとインヒビットの基本動作

169

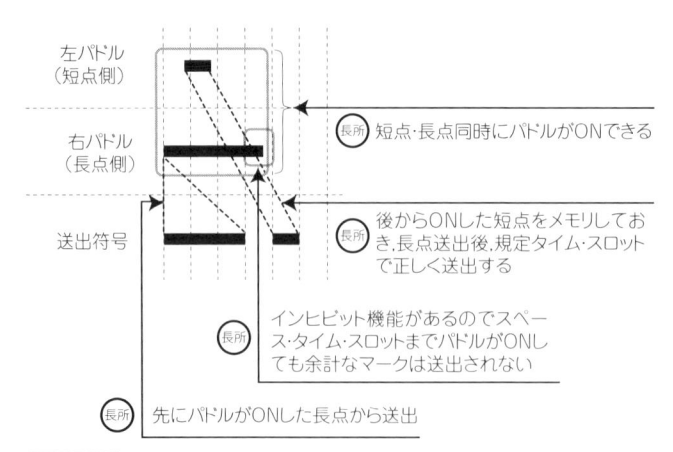

```
左パドル
（短点側）                  ┌長所┐ 短点・長点同時にパドルがONできる
右パドル
（長点側）
                          ┌長所┐ 後からONした短点をメモリしてお
送出符号                        き，長点送出後，規定タイム・スロット
                              で正しく送出する

                    ┌長所┐ インヒビット機能があるのでスペー
                         ス・タイム・スロットまでパドルがONし
                         ても余計なマークは送出されない

              ┌長所┐ 先にパドルがONした長点から送出
```

図6-11 スクイーズ・キーとアイアンビック・キーの基本動作
現在は，エレキーといえばこのタイプ．1970年後半から急速に普及し，
1980年代には全世界のエレキーがこのタイプで落着いたかに見えた

うが楽であることに気づきます．そして登場したのが，レバーが二つあるパドルです．

短点用，長点用になっています．同時にONすると，ONした順番で短長点を繰り返す動作となります．長短点メモリ＋インヒビット機能と合わせて使用することで，高速で間違いのない，正確な符号を最小限の労力で送信できるようになりました（図6-11）．指のストローク回数を劇的に低減でき，キーボードでの自動送信が普及していなかったころは24～48時間もの長時間運用し続けるコンテストで威力を発揮しました．現在エレキーといわれているもののほとんどは，この機能です．

スクイーズには，モードAとモードBあります．1970年代初めエレキー用LSIを開発したCurtis社のキーヤーがモードA，WB4VVFが『QST』誌で発表したAccu-keyerがモードBと呼ばれました．

具体的には，左右のパドルを同時に瞬間だけON/OFFすると，モードAは－．か．－となり，モードBの場合は．－．または－．－となります．

モードBのほうが短点，または長点が一つ余計に出ます．最近はマイクロ・プロセッサで自由に長短点メモリの方法とタイミングが変えられるため，単純にどちらのモードであるとは言えないものもあります．例えば，KC0QとN0IIが製作してチップを通販していたCMOS SUPPER KEYER IIではパラメータの設定で，

スーパー・キーヤー
アキュー・キーヤー（モードB）
カーチス（モードA）

の3方式のそれぞれに長短点メモリ，短点メモリ，長点メモリの三通り，合計9通りのメモリ方式が選択できます．スーパー・キーヤーとは，マーク送出中と反対側のメモリのタイミングをインヒビットさせたモードBです．

◆ ウェイト調整

スクイーズとアイアンビックの誕生で，エレキーは完成したかに見えました．しかし，ニーズは思わぬ方向へ発展します．お空がエレキーの符号で溢れ返る盛況を迎えると，それは正確ですが，味がない，と感ずるようになります．この欠点を補う機能が出現しました．

短点と長点の比率を1：3以外に選択調整できる

6 こだわりのツール選定

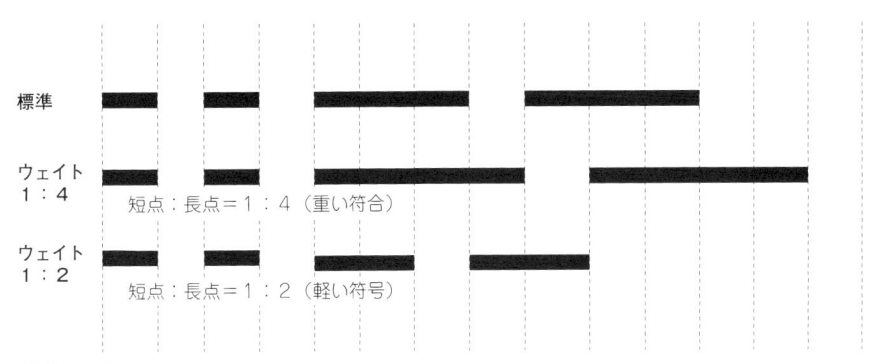

図6-12 ウェイト調整の基本動作

（標準／ウェイト1:4 短点:長点=1:4（重い符合）／ウェイト1:2 短点:長点=1:2（軽い符号））

機能です．いわゆるトトトトツ———という具合にエレキーでありながら，バグキーのように長点の長さに「味」を出せる機能です．ウェイト（重さ）調整といいます．ラグチューなどで個性を出したいときに向いています（図6-12）．

バグキーよりも簡単・安定に長点の長さを味付けでき，しかも長点を連続自動送信できるメリットがあります．しかし，ちょっと注意して聞けばバグキーとの差はすぐわかります．

◆ デューティー

スペースとマークの割合を1:1以外に選択調整できる機能です．バグキーでは錘(おもり)の調整しだいで如何様(いかよう)にもなりますが，エレキーでこの機能を搭載したものは見かけません．かつて，マルチバイブレータ発振器の時代は短点部分と長点部分に独立した可変定数を持たせ，デューティーを別々に調整できました（図6-13）．しかし，デジタルIC化されてから，ウェイト調整はあっても，長短点独立のマーク・スペースのデューティー調整はできません．

バグキーのようなトロロツッツッツットロロツッというような，短点デューティーは重く，長点デューティーは1:1，短点:長短=1:3という

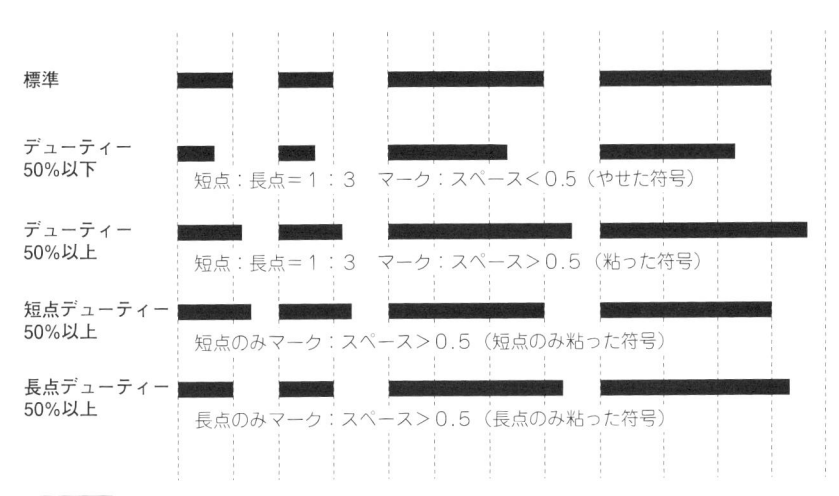

図6-13 デューティー調整の基本機能

（標準／デューティー50%以下 短点:長点=1:3 マーク:スペース<0.5（やせた符号）／デューティー50%以上 短点:長点=1:3 マーク:スペース>0.5（粘った符号）／短点デューティー50%以上 短点のみマーク:スペース>0.5（短点のみ粘った符号）／長点デューティー50%以上 長点のみマーク:スペース>0.5（長点のみ粘った符号））

ような符号です．トップバンドDXingなどゆっくりしたキーイングで，ノイズ以下の究極の受信状態で短点の欠落を防止するために使うDX'erがおられました．GHDキー社から長点側も錘の動作で自動送信できるバグキーGN907A（**写真6-7**）があります．これを用いれば，錘の位置を長短点独立に調整することにより，ウェイトと長短点デューティーを，独立に任意の比率でアナログ的に調整できます．

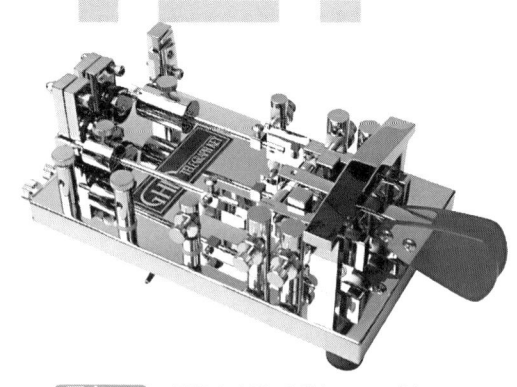

写真6-7 長短点自動バグキーの一例（GHDキー社 GN907A）

◆ エレ・バグキー

エレキーでありながら，長点だけバグキーと同じ，手打ち操作により，独自の味をそのまま出せるエレキーです（**写真6-8**）．その特徴は，
- 短点のデューティーを正確に1：1にできる．
- 安定した連続送出．
- 機械接点でないため，キークリックを防止できる．

などの利点があります．

写真6-8 エレ・バグキーの一例（GK509A）
GK509Aには，任意長の符号，例えば縦振り電鍵の符号をその癖のまま記録できる世界初のメモリ機能も付いている

6-3 アンテナ編

CWとアンテナは直接的には関係ありませんが，ここではCWのメリットを生かした運用法に役立つエッセンスを検討します．すなわち，どのような考え方なら，シンプルなアンテナでもDX QSOに適しているか？ という点に焦点を絞って検討してみましょう．

● シンプルなDX用ワイヤ・アンテナの考察

高いタワー，広い敷地，ビッグ・アンテナがあれば飛びには問題ありません．そこで，都市部や移動運用・海外旅行などにも手軽に使用できるシンプルなシングル・エレメント系アンテナの基本的なポイントを紹介します．これをベースにオリジナル・アンテナを実験し，CW運用に生かしてみましょう．

◆ 設計手順

1本のエレメントからの輻射をMMANAなどのアンテナ・シミュレータで計算してみると，**図6-14**に示すように，水平の場合には，実用的地上高 & リアル・グラウンドでは打ち上げ角は低くなりません．仮にDXに有効な輻射が10度以下と仮定すると，その利得は－20dBi以下になってしまいます．

一方，**図6-15**に示すように，エレメントを垂直にして，その長さを変化させてみると，理想グラウンドでは$5/8\lambda$，リアル・グラウンドでは$1/2\lambda$の

6 こだわりのツール選定

■はDX通信に必要な低打ち上げ角成分

実線:リアル大地

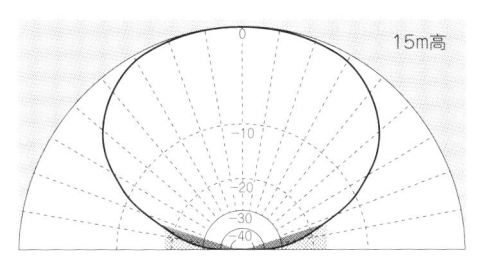

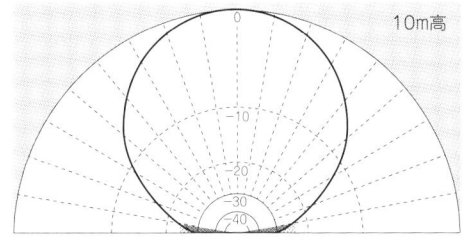

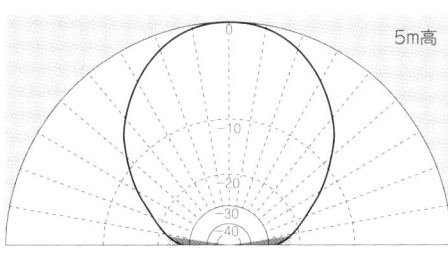

15m高

10m高

5m高

5, 10, 15m高

実際(リアル)の地面

ワイヤを大地と水平にした場合は,実用的な地上高では国内QSO用の高い打ち上げ角となる.DX用の低い打ち上げ角は,この高さではどうやっても得られない.

図6-14 水平系アンテナの地上高と打ち上げ角
(モデル周波数は7MHz)

■はDX通信に必要な低打ち上げ角成分

(上記の水平ダイポールの場合より打ち上げ角10度以下で20dB以上も強い輻射が得られる)

実線:リアル大地,点線:理想大地

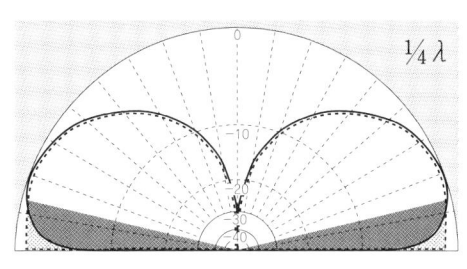

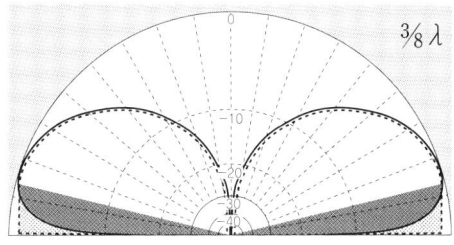

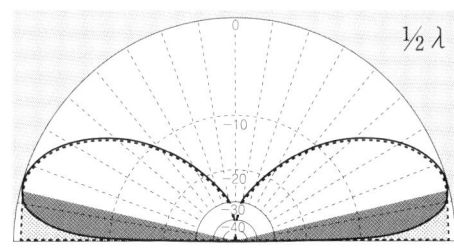

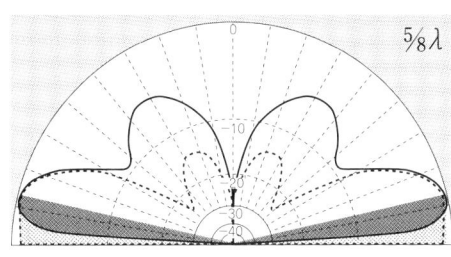

$1/4\lambda$

$3/8\lambda$

$1/2\lambda$

$5/8\lambda$

エレメント長
10m($1/4\lambda$), 15m($3/8\lambda$),
20m($1/2\lambda$), 25m($5/8\lambda$)長

実際(リアルまたは理想)の地面

普通の大地から垂直に立てたワイヤは$1/2\lambda$に近いほどDX用の低い打ち上げ角になる

図6-15 垂直系アンテナ長と打ち上げ角
(モデル周波数は7MHz)

ときが10度以下の低打ち上げ角エネルギーが最大になります．前述の水平系より20dB以上強い電波が出ていることがわかります．

一方，垂直系というと教科書にある1/4λバーチカルを連想しますが，シミュレーションのように，大地の影響を大きく受けてしまいます．理想大地とリアル・グラウンド時の打ち上げ角10度以下のエネルギー差は10dB程度もあります．輻射効率も低下します．リアル・グラウンドで，これを補うラジアルは経験上，数十本以上は必要になります．数本のエレベイテッド・ラジアルという方法もありますが，リアル大地での損失を減らすには0.1λ程度の高さが必要のようです．ハイバンドなら数m高なので簡単です．

しかし，例えば160mバンドですと16mもの高さが必要で，2本張ればフルサイズのダイポールを張るのと同程度の規模になってしまいます．

これだけ膨大なラジアルを張るスペースと労力・時間・費用などを考えると，移動運用での仮設や，都市部のアパマン・アンテナは，グラウンド条件を緩和できる1/2λ（または1/4λよりなるべく長く可能な限り1/2λに近い）ワイヤを，どう実現するか？ というリテラシーに実利があると考えられます．エレメントは上げるだけでなく，引き降ろすという発想も有効なのです．このあたりは個別環境での工夫のしどころです．

アンテナ検討フロー図を図6-16に示します．

これらを最優先で検討し，それに対して，どこから，どのように給電すれば同軸ケーブルからエネルギーを送り込めるかは後から考えれば良いのです．

◆ 水平 vs 垂直再考

ここで，もう一度おさらいをしてみると，1/2λダイポールなどの水平系は両極のエレメント間に給電していますから輻射効率は高いですが，打ち上げ角は高くなります．一方，大地に給電電流を流す1/4λ接地系は大地〜アンテナ間の還流電流が大きいため，そのロスが発生し，輻射効率が低くなります．

DXに対する1/2λダイポール対1/4λ接地バーチカルの選択は，「高い打ち上げ角でDX向けには無駄になるエネルギー：ダイポール」と「低い打ち上げ角のうち還流電流損失で失われるエネルギー：1/4λ接地バーチカル」とのトレードオフ競争ということになります．

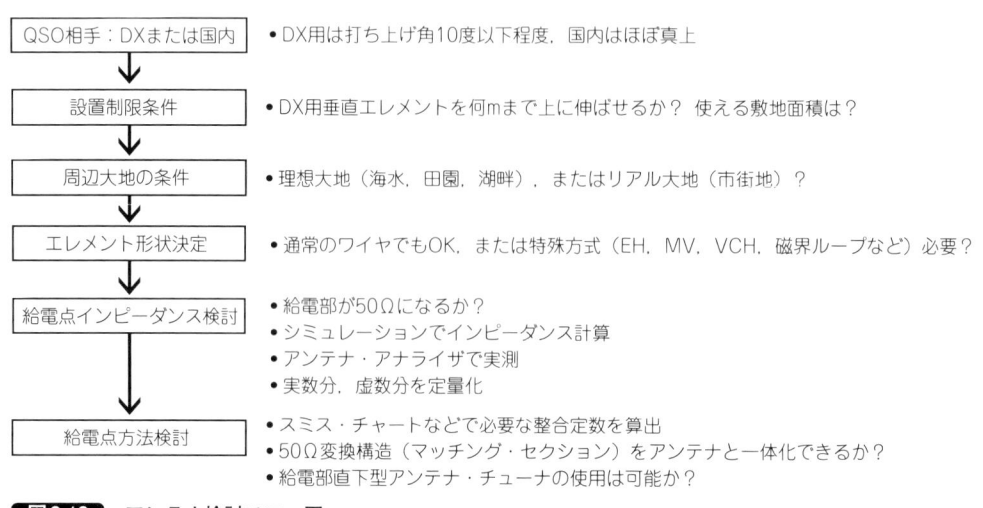

```
┌─────────────────────┐
│ QSO相手：DXまたは国内 │ ● DX用は打ち上げ角10度以下程度．国内はほぼ真上
└──────────┬──────────┘
           ↓
┌─────────────────────┐
│     設置制限条件      │ ● DX用垂直エレメントを何mまで上に伸ばせるか？ 使える敷地面積は？
└──────────┬──────────┘
           ↓
┌─────────────────────┐
│    周辺大地の条件     │ ● 理想大地（海水，田園，湖畔），またはリアル大地（市街地）？
└──────────┬──────────┘
           ↓
┌─────────────────────┐
│   エレメント形状決定  │ ● 通常のワイヤでもOK．または特殊方式（EH，MV，VCH，磁界ループなど）必要？
└──────────┬──────────┘
           ↓
┌─────────────────────┐   ● 給電部が50Ωになるか？
│ 給電点インピーダンス検討│  ● シミュレーションでインピーダンス計算
└──────────┬──────────┘   ● アンテナ・アナライザで実測
           ↓             ● 実数分，虚数分を定量化
┌─────────────────────┐   ● スミス・チャートなどで必要な整合定数を算出
│   給電点方法検討      │   ● 50Ω変換構造（マッチング・セクション）をアンテナと一体化できるか？
└─────────────────────┘   ● 給電部直下型アンテナ・チューナの使用は可能か？
```

図6-16 アンテナ検討フロー図

6 こだわりのツール選定

20m高のタワー・トップから1.8MHz用 40m長スローパーを引き降したモデル

●タワー最上部にキャパシティハット（大型八木アンテナなど）がない場合

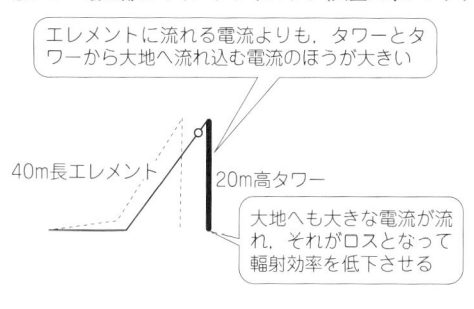

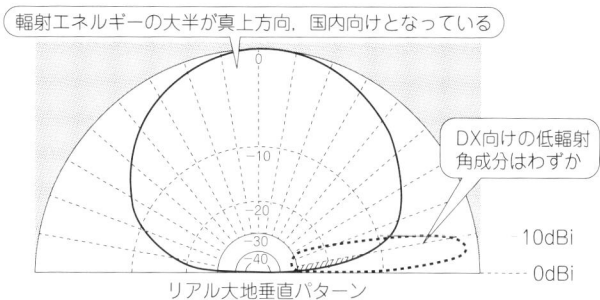

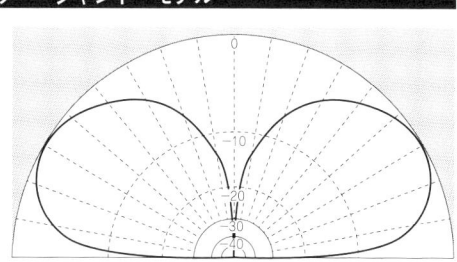

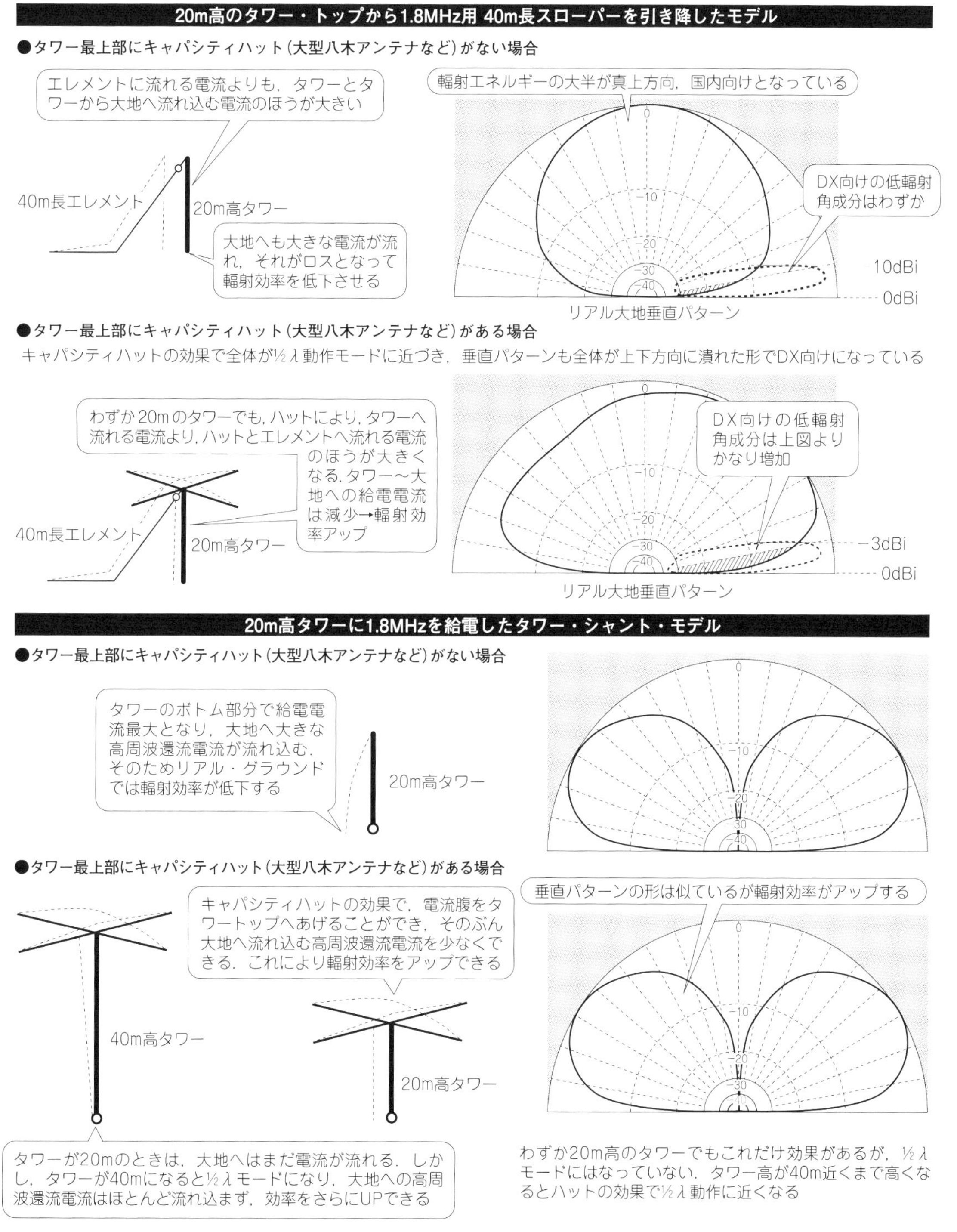

- エレメントに流れる電流よりも，タワーとタワーから大地へ流れ込む電流のほうが大きい
- 40m長エレメント
- 20m高タワー
- 大地へも大きな電流が流れ，それがロスとなって輻射効率を低下させる
- 輻射エネルギーの大半が真上方向，国内向けとなっている
- DX向けの低輻射角成分はわずか
- 10dBi
- 0dBi
- リアル大地垂直パターン

●タワー最上部にキャパシティハット（大型八木アンテナなど）がある場合

キャパシティハットの効果で全体が½λ動作モードに近づき，垂直パターンも全体が上下方向に潰れた形でDX向けになっている

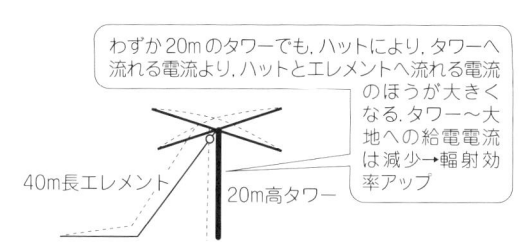

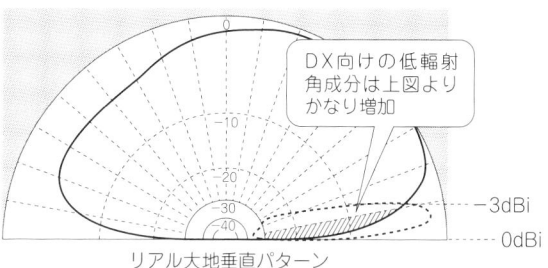

- わずか20mのタワーでも，ハットにより，タワーへ流れる電流より，ハットとエレメントへ流れる電流のほうが大きくなる．タワー〜大地への給電電流は減少→輻射効率アップ
- 40m長エレメント
- 20m高タワー
- DX向けの低輻射角成分は上図よりかなり増加
- −3dBi
- 0dBi
- リアル大地垂直パターン

20m高タワーに1.8MHzを給電したタワー・シャント・モデル

●タワー最上部にキャパシティハット（大型八木アンテナなど）がない場合

- タワーのボトム部分で給電電流最大となり，大地へ大きな高周波還流電流が流れ込む．そのためリアル・グラウンドでは輻射効率が低下する
- 20m高タワー

●タワー最上部にキャパシティハット（大型八木アンテナなど）がある場合

- キャパシティハットの効果で，電流腹をタワートップへあげることができ，そのぶん大地へ流れ込む高周波還流電流を少なくできる．これにより輻射効率をアップできる
- 40m高タワー
- 20m高タワー
- 垂直パターンの形は似ているが輻射効率がアップする
- タワーが20mのときは，大地へはまだ電流が流れる．しかし，タワーが40mになると½λモードになり，大地への高周波還流電流はほとんど流れ込まず，効率をさらにUPできる
- わずか20m高のタワーでもこれだけ効果があるが，½λモードにはなっていない．タワー高が40m近くまで高くなるとハットの効果で½λ動作に近くなる

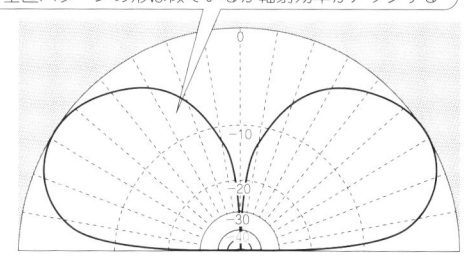

図6-17 タワー・シャントとスローパー概念図

175

一方，½λ垂直系は大地に電流を積極的には流し込まないぶん，輻射効率を下げずに，かつ，垂直偏波に置くだけで打ち上げ角を低くした両得方式と，簡単には解釈できます．

◆ ちょっと視点を変えてみる

ここで，身近なアンテナについて上述のリテラシーをベースにちょっと視点を変えて見てみましょう．

・スローパー & タワー・シャント

最近，スローパーとタワー・シャントは都市部でローバンドを運用するアマチュアの標準的なアンテナになりました（**図6-17**・前頁）．タワーに大型ビームを乗せると，飛びが良く，成功することも良く知られています．

これは，「タワー＋グラウンドをアースとして動作する¼λバーチカルの変形」というより，「タワー上の大型ハットの大地対容量と，スローパー・エレメント＋タワー全体で½λに近い動作をする，トップロード型½λバーチカル・アンテナ」と考えられます．あるいは，「タワー上の大型ビーム＋タワー＋スローパー・エレメントによる逆さまに立ったGPアンテナ」とも捉えられるでしょう．トップのハット部分とエレメント自体には大きな給電電流が流れていますが，大地へは高周波還流電流が給電されません．

実例として，シンプルなラジアル・アースの局でも，このタイプのスローパーやタワー・シャントは良く飛んでいることからもうなずけます．同じアース条件の場合，タワー・シャントを使っていた局が，ほかの条件はまったく同じ状態で，スローパーに変えたら飛びが良くなった，という経験の方が多いようです．おそらく，タワー＋（ハット）アンテナだけでは，電気長が不足して¼λ接地のバーチカル・モードだったのが，スロープ・エレメントの追加で全体として½λ空間ダイポール動作モードに切り替わったのが原因ではないかと思われます．

したがって，大変な労力ですが，タワー・シャントのトップをもっと大きくするか，タワーを高くすれば，同じ成果を得られたのかもしれません．高いタワーと大型アンテナを持つ北米ビッグガンはタワー・シャントの愛好家が多いこともうなずけます．

・EHアンテナ，MVアンテナ，VCHアンテナ

2000年後半から都市部や移動用小型HFアンテナで，**図6-18**に示すEH/MV/VCHの各アンテナがお手軽CW用アンテナとして愛用されています．

これらも，視点を変えれば大地に電流を積極的に流さず，双極エレメントへ直接給電するダイポール・アンテナの仲間と理解できます．それを垂直に設置して大地との電界境界条件を満たすことで，打ち上げ角も低くしています．

それぞれに短縮していますが，独自の方式により輻射インピーダンスを上げることで，給電によるロスを少なくし輻射効率を上げ，かつ，同軸ケーブルに直結して給電できるようにしていると理解できます．

いずれもバーチカル系というより½λ垂直ダイポールの仲間と理解できます（あくまで輻射効率面からの解釈）．

ここでは，どのアンテナが具体的にお勧めという話でなく，どういう考え方のアンテナがシンプルでDXへ良く飛ぶか？ というリテラシーを紹介しました．読者も，これを参考にされ，自分の環境と運用スタイルに最適のCW用アンテナを実験してみましょう．

● 磁界ループ・アンテナのリテラシー

上記とはまったく異なるリテラシーに磁界ループ・アンテナがあります．磁界モードで動作するので，近接物，特に大地の影響を受けにくいのが特長です．

6 こだわりのツール選定

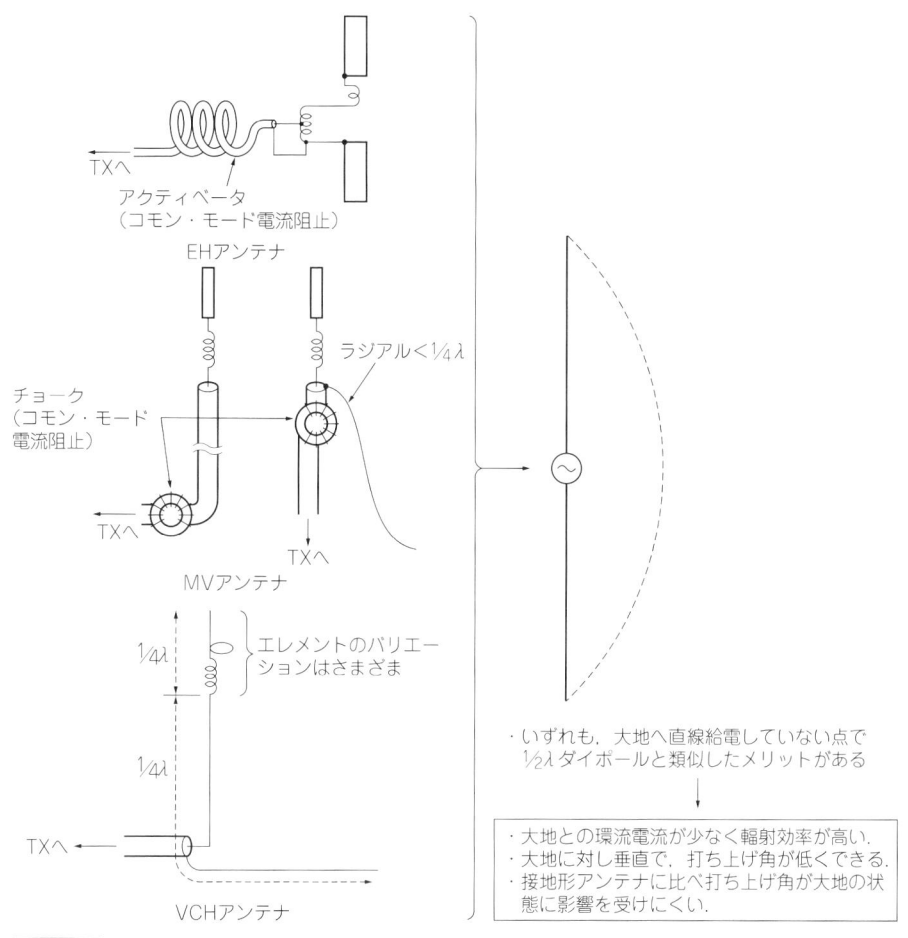

図6-18 EH/MV/VCHの各アンテナと½λダイポール

これにより，地上高が低くても効率が低下せず打ち上げ角を低くできるメリットがあります．

電流モードで動作するので最大の欠点がエレメントのオーム損です．この対策は，エレメント上の電流分布がほぼ均一な範囲で，可能な限りループ長を長くすることです．

経験的に0.3～0.5λ程度までOKのようです（ストレー・キャパシティの問題が出る）．1.8MHz帯ですと，ループ全周50～60mサイズの場合，20m高のフルサイズのダイポールおよび次節の12m高のMVアンテナよりDX向けにはほぼ同等か，や

や有利な実験結果が得られています．

● **超小型ローバンド・アンテナの実力**

リテラシーの話だけでは具体性がありませんので，最後に，筆者の運用実験から，小型・高効率で，都市部でのCW運用に適しているアンテナの実際を紹介します．

◆ **EHアンテナ，MVアンテナの実験データと上手な使用方法**

図6-19は，2004年から4シーズンにわたって，⅜λ逆L，0.2λ逆L，EHアンテナ，MVアンテナ

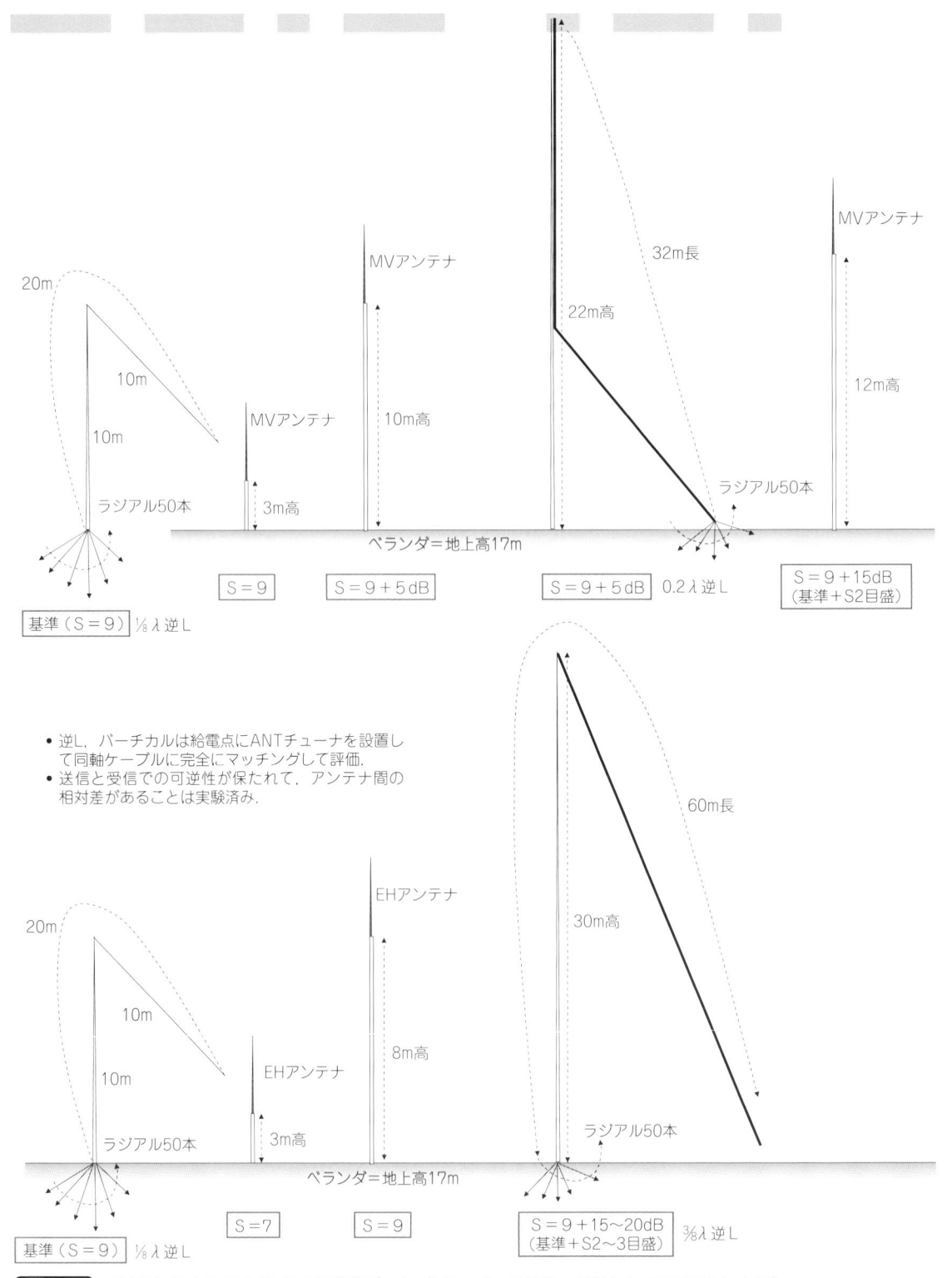

- 逆L，バーチカルは給電点にANTチューナを設置して同軸ケーブルに完全にマッチングして評価．
- 送信と受信での可逆性が保たれて，アンテナ間の相対差があることは実験済み．

図6-19 EHアンテナとMVアンテナの実験データ（160mバンド昼間の見通しと，DX QSOによる）

を比較実験した結果です．

設置条件は集合住宅の6階ベランダ，地上高約15m(**写真6-9**)．評価バンドはおもに160mバンド．評価シーンはすべてのシーズンの「CQ WW DX」，「WPX」，「CQ WW 160m」，「ARRL DX」，「AADX」，「JIDX」，「Stwe-Perry」の各コンテストでローパワー部門へ参加するとともに，日常のDX QSOを加えました．方法は，同一局を相手にアンテナを瞬時に切り替えて聞こえ具合とSメータの読みを比較テストしました．なお，リグのSメータをステップATTで実測した概算は1目盛約6dB．S5以下は2目盛で6dB程度でした．

この間，両バンドで6大陸，数百局のDXとQSOし，それごとに前述の切り替え比較をしました．伝搬距離や方面には大差なく，いずれもほぼ同じ傾向でした．これより垂直パターンの形状はどのアンテナもほぼ類似していると思われます．

別のQTHで，地上高30m高の160mフルサイズのダイポールを6年間程使用した経験がありますが，これと3/8λ逆LはDXに対してはほぼ同様程度であることがわかっています（国内に対してはダイポールが圧倒的に有利）．

これより，EHアンテナ，MVアンテナは160mバンドでは，筆者の設置環境（特に高さが影響）では，DXに対して地上高30m程度のフルサイズ・ダイポールの約6〜10dB程度ダウンという結果です．

この値をどう見るかですが，アパマン・ハムのベアフット運用には，十分満足できる使用感です．上手(じょうず)な使い方のコツは，いずれのアンテナも小型といえども，**写真6-9**(a)，(b)に示すように，可能な限り高く上げて，アンテナ周辺に物体がない状態に設置することは例外ではありません．

HF帯のアンテナ評価法はさまざまですが，実際の電離層伝搬を使い，長期間，何シーズンも実践運用の場数を踏んだQSO統計の積み重ねは実用的なデータで，信頼性があると考えています．

そのほかに，受信専用アンテナ（ビバレージ，スモール・ループ）なども興味は尽きませんが，紙面の都合上，読者の自主研究に期待します．

● **武蔵と木刀**

CWの技量は「剣の腕」に例えられることがあります．著名な剣豪，宮本武蔵は，大柄で腕力を生かし，洛外一乗寺下松(らくがいいちじょうじさがりまつ)で多勢を倒した二刀流を編み

（a）MVアンテナの評価設置環境　　（b）比較用0.2λアンテナの評価設置環境

写真6-9 比較実験したアンテナの設置環境の外観

COLUMN　½λノンラジアル同軸モノポール・アンテナ

筆者が2004年3月号の『CQ ham radio』誌に実験結果を紹介したアンテナをJG1UNE 小暮OMにシミュレーション解析していただきました．

狭い都会でもラジアルなしの½λバーチカルを同軸ケーブルの短縮率を利用して短いサイズで軽量に実現できます（3.5MHz用で26m長，図6-A，写真6-A参照）．

2003〜2004年，冬のシーズン，3.5/3.8MHzで実際のQSOでは，飛距離1000〜5000kmのDXで前述の逆LよりもSメータで1〜2程度（6〜12dB程度）高い比較結果が得られました．

以下，小暮OMに理論解説をお願いしました．

＊　　＊　　＊

短縮アンテナといえば，エレメントにコイルやコンデンサを付ける（装荷する）方法が一般的です．同軸ケーブルは，内導体と外導体に挟まれたポリエチレン（誘電体）部分に電波が通り，空間を伝わる速度よりも遅くなるために波長短縮の効果があります（5D-2Vなどは約67%）．

そこで，これをエレメントに利用すれば，もっともシンプルな夢の短縮アンテナが実現できることになります．

しかし同軸ケーブルは，もともと電気エネルギーを伝える線路ですから，編み線でシールドされ，電波が放射しづらい構造になっています．それでは同軸線路からはどんな場合にも電波が放射されることはないのでしょうか？

図6-Bは，電磁界シミュレータ MicroStripesによる，先端開放同軸ケーブルのモデルです．右側の開放端には，給電点と観測点を兼ねるポートを設定しています．26mは長すぎるので，2m長で，ポリエチレンの比誘電率は2.1に設定しました．

図6-Cは，ポートから見込んだインピーダンスの解析結果です．48MHz付近はレジスタンスRが約2.3kΩと高インピーダンスです．この周波数は2m長の同軸ケー

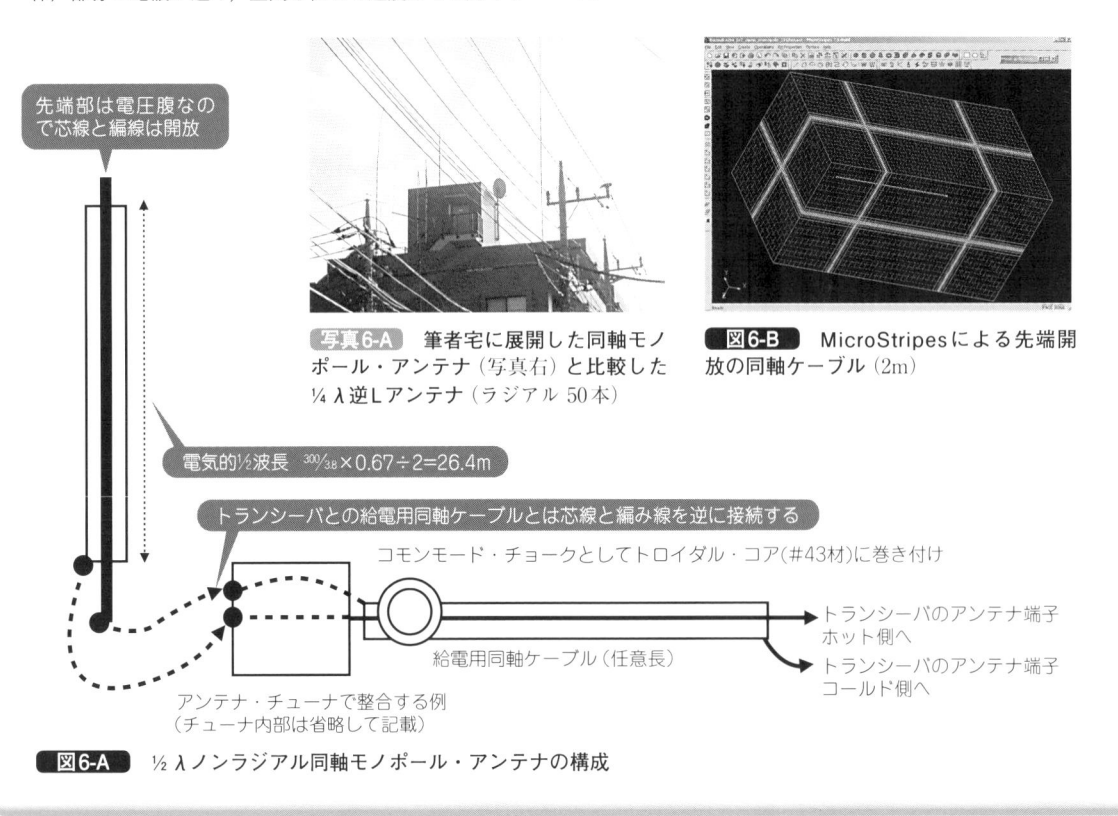

写真6-A　筆者宅に展開した同軸モノポール・アンテナ（写真右）と比較した¼λ逆Lアンテナ（ラジアル50本）

図6-B　MicroStripesによる先端開放の同軸ケーブル（2m）

先端部は電圧腹なので芯線と編線は開放

電気的½波長　300/3.8×0.67÷2=26.4m

トランシーバとの給電用同軸ケーブルとは芯線と編み線を逆に接続する

コモンモード・チョークとしてトロイダル・コア（#43材）に巻き付け

給電用同軸ケーブル（任意長）

トランシーバのアンテナ端子ホット側へ
トランシーバのアンテナ端子コールド側へ

アンテナ・チューナで整合する例（チューナ内部は省略して記載）

図6-A　½λノンラジアル同軸モノポール・アンテナの構成

ブル内にちょうど½λの電波があり，波長短縮を考慮した周波数の計算値 $300 \times 0.67 \div 4 \fallingdotseq 50\text{MHz}$ にほぼ近くなっています．

リアクタンスがゼロの周波数は23MHz付近にもありますが，レジスタンスRが数Ωと低インピーダンスです．前者は½λの波ですから，給電点や他端は電流の節であり，電圧の腹となるので高インピーダンスです．一方，後者は¼λの波と考えられ，給電点が電流の腹であり電圧の節にもなり，低インピーダンスになるというわけです．

図6-Dは，½λの波が乗っているときの同軸ケーブル周辺の電界強度を解析した結果です．右端が給電点ですが，左端の開放端からも電界が漏れ出ているようすがわかります．共振しているのに，外導体表面の電流は弱いことに注目してください．金属線で作った一般の½λダイポールとは異なり，シールドされていないわずかな両端部が放射に寄与していることがわかるでしょう．

果たしてこれで電波が出るのか？ きちんと整合をとれば，ダイポールに近い放射が期待できそうです（図6-E）．ただし，2.3kΩを50Ωに変換する回路には電力が集中しますから，アンテナ・チューナの耐圧や損失の問題を解決する必要があります．

160mバンド用は50m以上になるので，V字形に曲げると，互いに反対極の両端が近づきすぎて，放射しづらくなります．そこで，¼λの共振を使えば，さらに半分の25m程度に短縮されますが，数Ωという低インピーダンスになり，やはり整合の工夫が必要になるでしょう．

（JG1UNE　小暮　裕明）

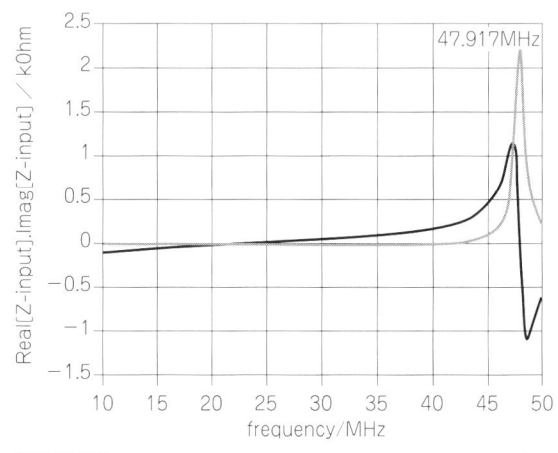

図6-C 先端開放の同軸ケーブル（2m）のインピーダンス

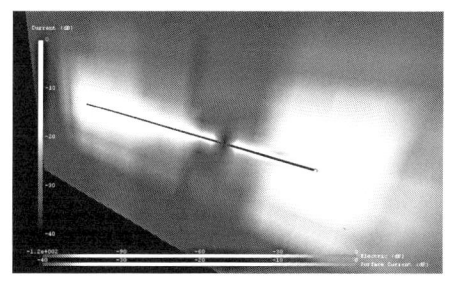

図6-D 先端開放の同軸ケーブル（2m）のまわりの電界強度

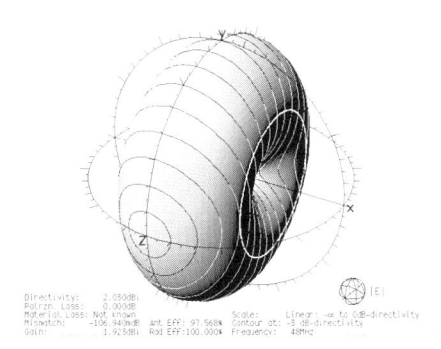

図6-E ½λ動作の放射パターン

出しましたが，その後も数々の工夫や作戦で真剣勝負を勝ち抜きました．中でも最後の試合となった佐々木小次郎との巌流島決闘はあまりに有名です．

この試合前数日間，武蔵は姿を晦しました．何をしていたのでしょうか？ それは，小次郎の三尺もある長い大刀に対抗できる刀を探し歩いたといわれています．しかし，そんな特殊スペックの「製品」はあろうはずもなく，かといって，「特注」していたのでは，試合に間に合わないことを悟ります．

武蔵が到達した結論は，「小次郎より長い特別の刀を【自作】する」です．しかし，武蔵に刃金を打つ技術などありません．そこで熟慮の末，加工が容易な木を選んだのです．小次郎ほどの剣豪との試合は，最初の一太刀で勝敗を決せねばなりません．だとすれば，己の腕力なら，例え木刀であっても，小次郎の長刀が届かぬ見切りで，一撃が届けば，必ず倒せると考えたのです（この話は諸説あり歴史的真偽のほどは不明）．

CWも同じように自分に最適のツールを自作でき，十分実践にそれを生かせる分野です．読者も武蔵の木刀のようなツールをぜひとも編み出し，CWの奥義を究めてみましょう．

COLUMN ローバンドDX用アンテナ昼間実験の有効性

CWの威力が特に発揮されるのはローバンドです．しかも160mバンドはCW専用です．しかし，前述のような電離層DX伝搬で性能評価するには，膨大な時間と労力を必要とします．ハイバンドの八木アンテナを回してビーム・パターンを取るように，垂直面パターンを測定するわけにもいきません．かといって，DXとのQSOは冬のシーズンの限られたチャンスしかありません．季節の良いシーズンオフや，屋外活動しやすい昼間など，いつでも手軽にDX向けの伝搬を評価実験する方法はないのでしょうか？ 筆者は以下の方法で解決しています．

◆ カシミールの活用

山岳の見通しなどを目的に開発されたソフトウェア「カシミール」（http://www.kashmir3d.com/index.html）を使い，自分のQTHから見通し距離ギリギリ（おおむね距離30～40km）のローカル局の協力をもらいます．昼間の電離層反射がない時間帯に，実際に試験アンテナで送受信し，既知のアンテナと切り替えて信号強度を相互に比較します．

実際，前述の図6-19のデータはこの方法による比較と，電離層伝搬で本物のDX局を相手に比較した結果は，よく一致していました．見通し距離ギリギリ・地面スレスレの低い打ち上げ角の成分がDX QSOに効いている感触がよくわかります．

◆ ハイウェイ・ラジオの活用

ローカル局の都合がつかない場合は，周波数帯が少し離れてしまいますが，1620kHzのハイウェイ・ラジオを受信してみるのも，大まかな評価にはなります．出力10W程度で漏洩同軸ケーブルから漏れた電波で放送されているので，数km以内の見通波と地表波だけ利用でき，低輻射角度の評価ができます．性能が既知のアンテナと比較することで大まかな感触はつかめます．ただし，アンテナの帯域幅により影響が出てしまう点は注意が必要です．また，輻射効率なども絡むため，受信イコール送信の性能とはなりません．

◆ ミニチュア・モデルの活用

シミュレーションといえども万能ではありませんので，特に大地上に置かれたラジアルの効果とか，電離層のコンディション差の影響などは，実践QSOの評価がどうしても必要です．

そこで，いつでもDX QSOができる14MHzなどで，シミュレーションのサイズダウンしたミニチュア・モデルを波長見合いの地上高で試作します．その試作アンテナで実践QSOを行い，シミュレーションで検証しきれない細部の最適化などを，野外活動しやすい季節の昼間にトライアンドエラーで仕上げていきます．

そして，シーズンが近づいたら，本物を建設し，夜間に本番のローバンドで実践使用してみます．1.8MHzと14MHzでは当然伝搬具合は異なりますが，あたらずしも遠からずの感触は得られます．

第7章 CW実践ソフトウェア

CW用の実践ソフトウェアは，大別してモールス符号の習得用，運用シミュレーター用，コンテスト・ロギング用があります．本章では，おもに運用シミュレーターとコンテスト・ロギング用について紹介します．

特定のソフトウェアの使い方を解説しても，すぐ陳腐化する可能性があります．CW用ソフトウェアの多くはハムが作ったフリーウェアで，いろいろなソフトウェアが開発されています．ここではどんなソフトウェアが登場しても，目的に応じた選定法を押さえておくことにします．詳細な操作方法，インターフェース技術，プログラミングなどについては読者の研究に期待します．

参考にインターネットを活用したCWの新しい遊びや，CW運用に役立つWebサイトなども紹介します．

7-1 リアルタイム・ロギング・ソフト

冒頭タイトルにリアルタイムを付けたのは，CWの自働送出機能を備えたソフトウェアを対象とするためです．この機能があるものは，コンテストを主目的に作られています．第2章で紹介した初心者が入門にアワード・ハントQSOを行うときは，これを一般QSOモード（DX PEDITIONモード）にして使用すれば良いのです．キーボードによる自動CW送信ができます．必要に応じ，備考欄に相手局の名前やQTHも打ち込めます．

送信能力は，キーボードの打鍵技量で決まりま

す．受信も，書き取るよりキーボードを叩いたほうが速くて楽です．そして，次のステップであるコンテスト参加へも，抵抗なくスムーズに入っていけます．

● コンテスト・ソフトウェアの必要機能

コンテスト運用は，これらログ・ソフトの専門領域です．メッセージ・メモリによる自動送信，デュープ・チェック，スーパー・パーシャル・チェック，マルチの候補表示まで同時にソフトウェアがこなしてくれます．さらに電子ログの提出まで対応しています．

コンテスト用ログ・ソフトのポイントは，

❶ CWの自動送出機能とリグへのキーイング・インターフェースを持っていること．
❷ 得点自動集計機能が完備されている．
❸ バンド，モードごとのリアルタイム得点，レート機能があること．
❹ 社会情勢で時事刻々変わる新マルチのサポートが成されていること．
❺ 最新リグの制御ドライバーのサポートが成されていること．
❻ マルチ・ステーション・ネットワークの対応ができること．
❼ Cabrillo（キャブリロ）フォーマット，JARLフォーマットでのログ出力ができること．

これらが普通のQSOで使用する紙ログ代用のログ・ソフトと大きく異なる点です．

コンテスト用のロギング・ソフトの開発者は，世界的な著名コンテスターですから，機能的にはまず問題はありません．一番のネックは，個人が善意で公開しているので，そのサポート体制です．新コンテスト，ニューマルチ，最新リグなどに対応する定義ファイル，ドライバーなどがタイムリーかつ，いつまでリリースされるかです．

● ハム的上手なCW用ソフトウェア活用

現在，パソコンのOSは"Windows"が大多数なので，長期的には，このバージョンが変わったときが，もっとも影響があります．一個人が趣味とボランティアで公開しているものを新OS対応に開発し直すのは大変な負担だからです．

コンテスト用ロギング・ソフトのNA by K8CC（http://www.dxzone.com/cgi-bin/dir/jump2.cgi?ID=1688）やSD by EI5DI（http://www.ei5di.com/）などもMS-DOSからWindowsへのOS環境の変化で急速に使われなくなりました．

それでは，ソフトウェアのソース・コードの中身をいじれない一般ユーザーはどうしたら良いのでしょうか．消極的ですが愚直？な方法として，パソコンごとコンテスト専用端末，と割り切ってしまうのです．マシンの用途はコンテストのみで，走らせるソフトウェアも機能も決まっているわけです．年間参加するコンテストもほぼ決まっており，世界中で日々新しく誕生するコンテストすべてに参加するわけではありません．それならばOSのバージョン・アップは不要なのです．やりたいことは変わらないのに，OSが変わるだけの理由で，マシンを変え，ソフトウェアを書き直さなければならないのは，何か本末転倒です，hi．

したがって，中古の安いパソコンをOSごと，自分が使いやすく気に入ったソフトウェアの専用端末と割り切って何台か確保しておくのです．参加コンテストごとに使用ソフトウェアを分けて，各々に専用端末を決めておくのも良いでしょう（図7-1）．

例えば，DXコンテストはCT-winかN1MM，国内コンテストはzLogなどという具合です．

● 周辺インターフェースも専用機

CWのキーイング・インターフェースは，旧来からの流れでRS-232Cが主流でした．しかし，最

7 CW実践ソフトウェア

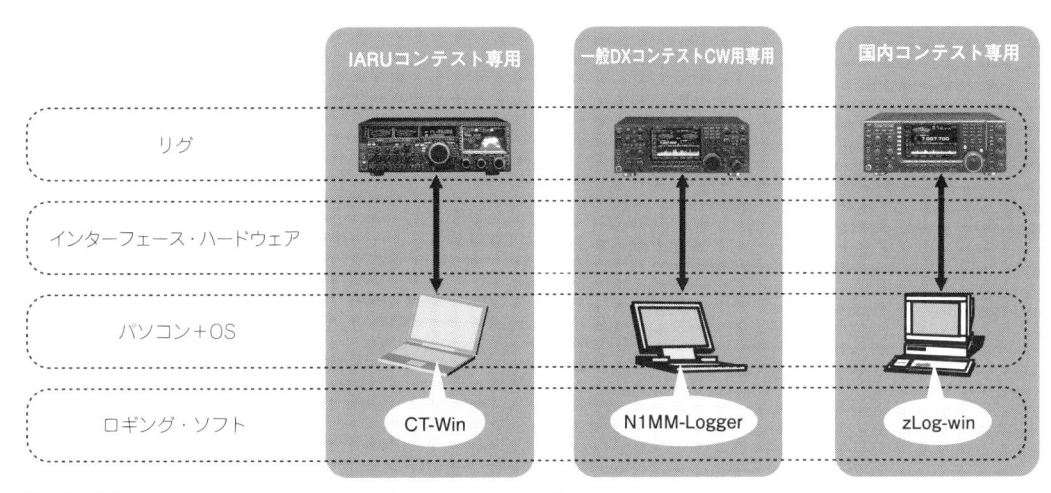

図7-1 コンテスト用ログ・ソフト専用端末のイメージ

（IARUコンテスト専用：CT-Win／一般DXコンテストCW用専用：N1MM-Logger／国内コンテスト専用：zLog-win）

近のパソコンはほとんどがUSBインターフェースです．したがって，RS-232C/USB変換ケーブルを使用することになります．これが曲者（くせもの）で，どのケーブルがどのマシンとソフトウェアで使えて，安定に動作するかもネックになります．USBインターフェースよりも，PCカード・スロットからRS-232Cへ変換するタイプのほうが機種/OS依存性が少なかったのですが，今やPCカード・スロットさえも陳腐化して搭載されなくなりました．これは，やってみるしかなく，経験者の実験結果をインターネットなどで，検索するのも効率的です．

つまり，リグとのインターフェース周辺機器は，リグ&パソコン&OS&アプリ・ソフトの4条件にあったものなので，それが決まったら，組み合わせを固定しコンテスト専用マシンとペアで保守管理するのです．

余談ですが，この手法は生産現場系などの，一般人にはあまり知られていないモノ造りを裏方として支えているシステムで使われています．ギリギリのコスト削減と用途の専門限定化が行き着いた泥臭いですが，合理的手法なのです．

● CT（CT-win）

MS-DOS時代は，K1EA開発のCT（**図7-2**）が世界デファクト・スタンダードでした．コンテストに必要十分な機能すべてを搭載し，ログ出力からQSLカード印刷までこのソフトウェアで対応し，とても使いやすく，しかも抜群の安定性で世界のコンテスターが愛用しました．

特に，マルチ・マルチ局でのネットワーク機能と，PCが途中クラッシュした場合のデータの安全性

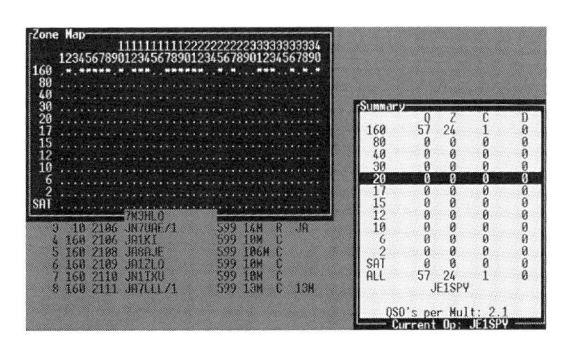

図7-2 CT（MS-DOSバージョン）の起動画面
MS-DOSマシンさえあれば，現役実用で十分使える．特にマルチが変わることのない，IARUやARRL関係コンテストのリグのバンド制御が不要なシングルバンドCW部門参加などには最適

185

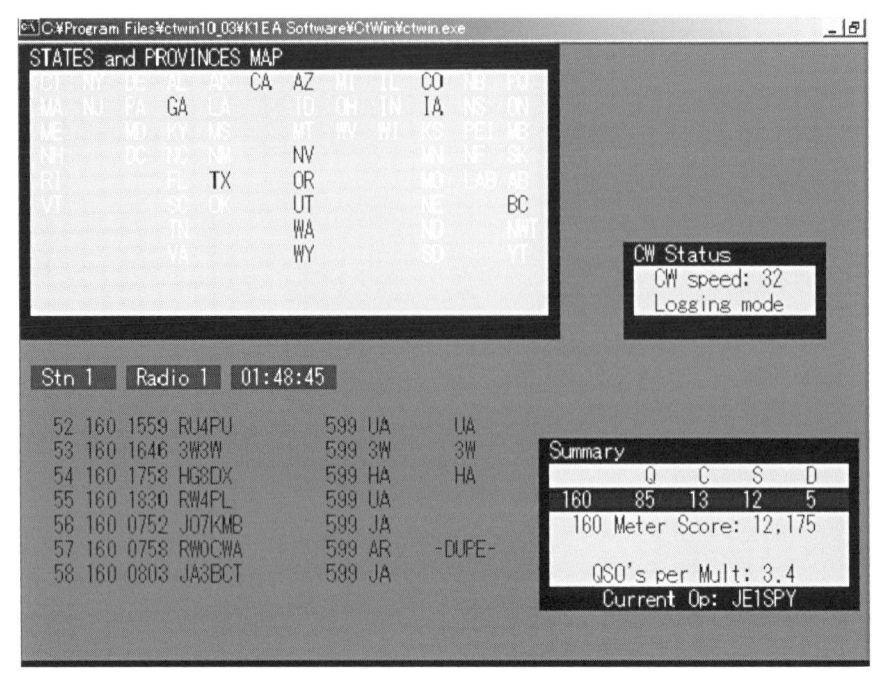

図7-3 Ct-Winの起動画面

画面はDOS時代と同じで，Windows上で動作するように移植された．最新リグのドライバーを使わなくて済むなら，最高のコンテスト用ロギング・ソフト．2006年のWRTCブラジル大会の1〜3位のチームも愛用

などが，全世界数々の使用実績をフィードバックして完成されていきました．K1EAのWebサイトは次のとおりです．ここからCTの各種ソフトウェアがダウンロードできます．

http://www.k1ea.com/

安定なMS-DOSパソコンがあれば，これからも十分活用していけるソフトウェアです．ただし，最新リグへのドライバーと新マルチ対応などのバージョンアップがなされません．

Windows時代になってからも一応移植されて，Ct-Win（図7-3）としてそれなりに動作しています．しかし，K1EAの事情もあり，サポートやリクエスト対応が難しく，フリーウェアとして無償提供されている代わりに，メインテナンスが進んでいません．そのため，世界のコンテスターは別のソフトウェアへ移行しています．

● N1MM

世界のデファクト・スタンダードだった，CT（CT-win）のサポートが止まってからは，DXコンテスターの間では，最新サポートがあるN1MM-logger（http://pages.cthome.net/n1mm/）に人気があります．一時はTR-LOG（http://www.trlog.com/）が使われましたが，これもWindows対応がなされなかったこと，サポート体制などの理由で，今はN1MMが主流です．日本国内では，JE1CKA熊谷OMが窓口となって，バグのサポートや各種ファイルのリクエストをN1MMとの間で実施されています．メーリング・リストも運営されているので，興味のある方は参加されると随時最新情報

7 CW実践ソフトウェア

COLUMN CW入門用ソフトウェア "CTESTWIN"

　ビギナーの方がとりあえず，一人で初めてコンテストへ参加してみよう，という場合，以下で紹介するソフトウェアは入門用に良いと思います．
　JI1AQY 堀内OM開発のフリーソフト "CTESTWIN" です（図7-A）．次のURLからダウンロードできます．
　http://www3.ocn.ne.jp/~wxl/Downlod.html
　このソフトウェアの特徴は，

- MMTTY（RTTY）のサポート
- USBIF4CW（185ページのコラム参照）をサポート
- ユーザー定義マルチのコンテストをサポート
- パーシャル・チェック
- JARL電子ログ・ファイル出力
- 電子QSL用ADIFフォーマット・ファイル出力
- 表示サイズ変更機能
- Cabrilloフォーマット出力

などがあります．
　国外・国内コンテストを多数サポートしており，日本語のインターフェースなので，使いやすく，愛用者同士も日本語で情報交換できる点も安心です．ただし，リグのコントロールやネットワーク対応がありません．マルチオペ・マルチトランスミッタで参加しないビギナーの方には，シンプルで使いやすいコンテスト用のソフトウェアです．

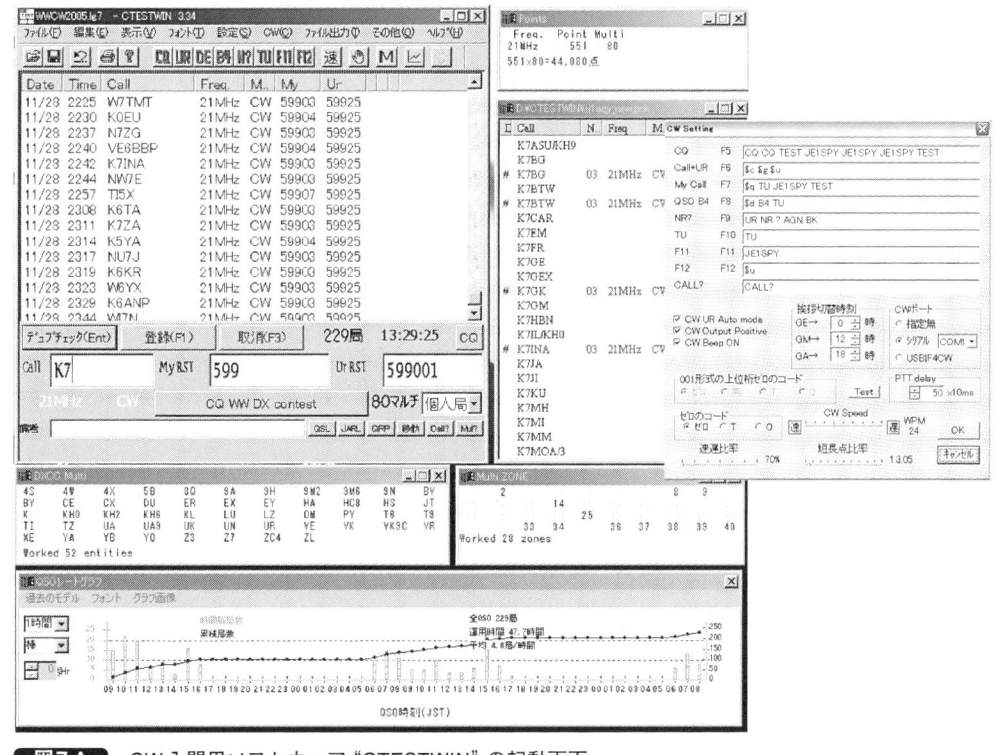

図7-A CW入門用ソフトウェア "CTESTWIN" の起動画面

が入手できます．

● サポート中の海外有料コンテスト用ログ・ソフト

第4章のWRTCの項目に，2006年のブラジル大会で各チームが使用したロギング・ソフトウェアの分析を掲載してあります．上位の3チームはサポートが終了しているにもかかわらず，依然，CTを使用しています．いかにCTが世界のコンテスターに浸透し，完成度が高いソフトウェアだったかを証明しています．

とはいえ，今後を考えると有償ソフトウェアも含めてサポートがしっかりしたものを検討する必要もあります．日本ではあまり使われていないようですが，以下が世界的には人気があります．

◆ Win-Test

Win-Testは，以下のWebサイトにて販売されています（図7-4）．

http://www.win-test.com/

操作感覚がCTに近く，CTに慣れているオペレーターは使いやすいとの評価があります．CTから移行の場合は，インターフェースが一緒なので違和感がないとも言われています．

◆ Write Log

もう一つ，双壁を成すソフトウェアがW5XDによるWLで，以下のWebサイトで販売されています．

http://www.writelog.com/

WTとWLがWRTCでもCTと同様に活躍している実績は高く評価できると思います．

現在，世界の一流オペレーターからCTと並ぶ評価を受ける，DXコンテスト用ロギング・ソフトの代表格です．有償ソフトだけに定義ファイルのサポートやメーリング・リストなどの周辺サービスも充実しています．

しかし，日本のコンテスターの場合は，国内コンテストに対応していない点が不便です．

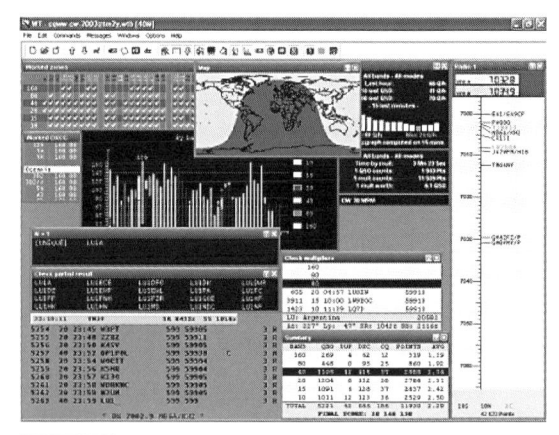

図7-4 Win-Testの起動画面

有償購入だが，サポート体制がある．特にヨーロッパではCTの後継ソフトウェアとして人気が高い

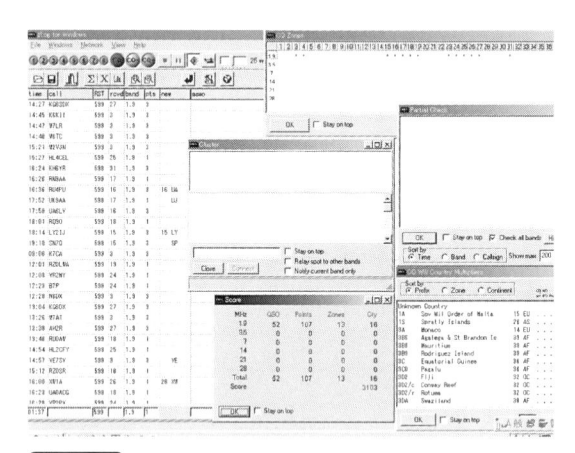

図7-5 zlogwの起動画面

国内コンテストのデファクト・スタンダード．DXコンテストでも十分使用できる

● zLog

JJ1MED 横林OMが開発したzLog（http://www.zlog.org/zlog/zlogwin.html）が日本ではデファクト・スタンダードです（図7-5）．MS-DOS版からWindows版への移行もスムーズに行われています．特に国内コンテストの定義ファイルは実にきめ細かく対応されているので，国内コンテスターに絶大な支持があります．安定したCW送出機能，マルチ・

7 CW実践ソフトウェア

COLUMN 初心者用CW習得ツール

● CW入門用ソフトウェア

CWの符号を聞いて文字が頭に浮かぶように練習するソフトウェアです．特定の一本を推薦できれば良いのですが，膨大な数なので，まずは読者がインターネットの検索エンジンなどで検索し，自分に合うフリーソフトを試してみましょう．

例えば，VECTOR検索によるCW関連ソフトウェアを次のURLで見つけることができます．

   http://www.vector.co.jp/vpack/filearea/win/home/ham/cw/index.html

その選び方のポイントを紹介します．選定の指針としてください．

❶ 何よりも，自分の好みに合い，毎日練習が続くよう，楽しく感じる作りであること．
❷ 符号？ 文字の習得段階では1文字ごとに答え合わせができること．音感法・音像法を実行できる．
❸ ランダムな符号で練習できる．
❹ 自分が苦手な符号がわかってきたら，その符号の発生確率を上げられると良い．
❺ 高速度法（コッホ法）ができるよう，CW速度と文字間隔を独立して任意に調整できること．
❻ 符号を覚えてきたら，聞きながらリアルタイムでタイピングできるエディタが動作すること．
❼ タイプ結果を答え合わせでき，上達を定量評価できること．
❽ 暗記受信へ早期に移行できるよう，テキスト文をCW変換できる機能があること．
❾ 一本のソフトウェアで上記すべては無理なので，上達度に応じて，最適なソフトウェアを都度選定する．

そのソフトの生い立ちも重要です．作者がプログラミングの興味で，CWを題材に選んだだけなのか？ あるいは，CW習得を目的にトレーニング手法を理解して開発したのか？ という点です．

あるいは，第三者の評価を見て，自分に合ったものを試してみるのも良いでしょう．フリーソフトですので，使わせてもらっているという姿勢でバグへの対応マナー配慮なども大切です．

● CW練習機

パソコンを使わず独習できるツールもあります．
❶ コンパクト・モールス練習機"ピコモールス"

ポケットに入り，いつでもどこでも練習できます．ピコモールスの一例を写真7-Aに示します．

詳細は，次の各社のURLを参照してください．
- ミズホ通信：http://www.mizuhotsushin.com/
- GHDキー：http://www.ghdkey.com/pp4.html
- JASC：http://homepage3.nifty.com/jasc/picmorse/picomorse.html

❷ モールス・トレーニング "AS-MT1"

Yシャツのポケットに入るコンパクト・サイズ．詳細は次のURLを参照してください．

   http://www.asap-sys.co.jp/ham/asmt1/index.html

● 教 材

CW取得も英会話と同じようにCD教材（写真7-B）を活用し，音から入門することは極めて有効です．

どんなツールを使ってもOKです．符号から文字を連想できるよう，手書きなり，タイプを行って，耳だけでなく，体で習得するのが良いでしょう．その後は暗記受信できるようにがんばりましょう．

何を使うか？ より，継続は力なり！ 毎日15分で良いので欠かさず続けられる，自分に合ったツールに巡り合うことです．気に入ったツールで楽しみながらモールスの練習に励んでください．

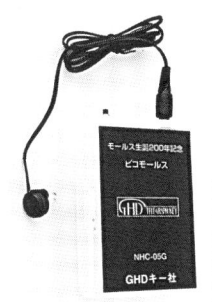

写真7-A　GHDキー社のピコモールス

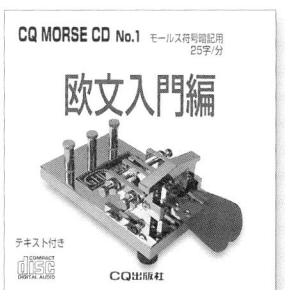

写真7-B　CQ MORSE CD No.1 欧文入門編（CQ出版社）

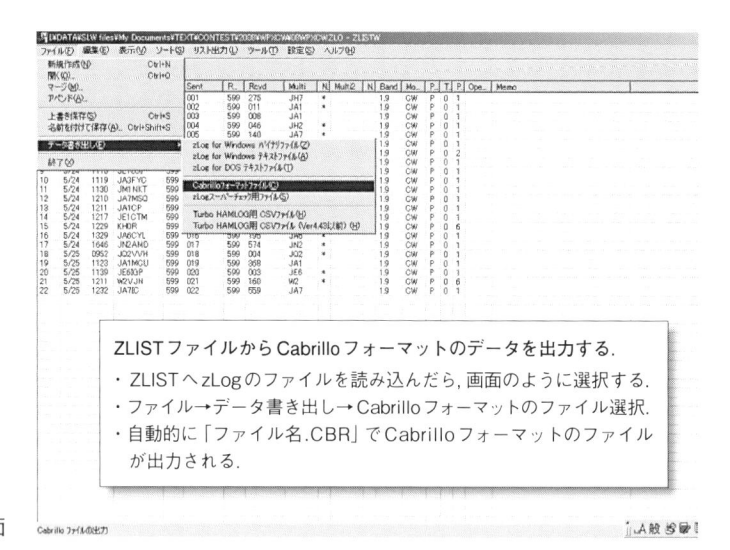

図7-6 ZLISTの起動画面

図7-7 MMQSLの起動画面

マルチ局対応ネットワークのみならず，JARL形式ログシートの自動出力にも対応しています．

Cabrilloフォーマット形式を出力するときは，ZLIST for Windowsというソフトウェアへファイルを読み込めば自動出力できます（図7-6）．ZLISTWはJN2MRJ 間野OMが，DOS版zLog用各種ユーティリティを統合しつつ，Windows用のアプリケーション・プログラムにしたものです．2000年12月よりJG5CBR 中茂OMに開発を引き継がれました．

QSLカードを印刷したければ，MMQSL（http://www33.ocn.ne.jp/~je3hht/mmqsl/index.html）にファイルを読み込めば自動出力できます（図7-7）．MMQSLへzLogによって作成されたログ・

7 CW実践ソフトウェア

ファイルを読み込むためには，7L3CQP 小川 OM が開発された MMUSER.DLL ファイルを MMQSL のあるフォルダへ置けば OK です．

ほかにも上げればキリがありませんが，今まで述べたようなコンテスト用ロギング・ソフトウェアとして，実践 CW 運用とアフタフォローに耐えるログ・ソフトの代表は以上が世界のスタンダートです．

特に，最近のように国内コンテストは平成の大合併，DX コンテストは東西融合や DXCC ルールの見直しでマルチが日々激変しています．これらをいかにリアルタイムでソフトウェアに反映できるか？ さらに，OS のバージョン・アップに対応してくれるか？ 新しいリグも次々と発売されていますので，これらをいち早く安定して外部から制御するようバージョン・アップできるか？ でそのソフトウェアの寿命が決まります．バージョン・アップを作者，または一般ユーザーが日々更新して，世界のユーザーがいち早く供用し合えることがポイントです．

7-2 CW トレーニング・シミュレーター

CW の実践運用のトレーニングを目的に開発された運用シミュレーターのソフトウェアは，高速 CW 受信用とパイルアップ受信用があります．多くは，シミュレーション結果が数値として表示されるので，ゲーム感覚で楽しめますし，競技用としても使用できます．

● PED

PED は，JE3MAS 高津 OM によって開発されたパイルアップ運用のシミュレーター・ソフトウェアです（図 7-8）．

初の QSO シミュレーターは，アメリカでコモドール X というパソコンに ROM カセットとして実装する「ドクター DX」でした．バンドのローエッジほど呼んでくる CW が速くなったり，時間に伴いコンディションが変化して呼んでくるエンティティーが変わっていったりと凝った作りでした．しかし，プリフィックスだけに応答すれば QSO 成立してしまうなどの欠点もありました．

パイルアップを伴う QSO シミュレーターでは，富士通 FM タウンズ専用の「Hyper DX」という製品が流通したことがありました．しかし，IBM-PC 上，MS-DOS で動作する PED がフリーソフトとして出るや，パイルアップ QSO シミュレータのデファクト・スタンダートとして世界を征しました．

世界共通の IBM-PC パソコンで遊べる PED は全世界の CW'er の圧倒的支持を得たのです．HST 競技の公式ソフトウェアにも採用されました．当時のコンテスト用ロギング・ソフトのスタンダードだった CT のオペレーションをそのまま踏襲している点も絶好の実践トレーナーとなりました．

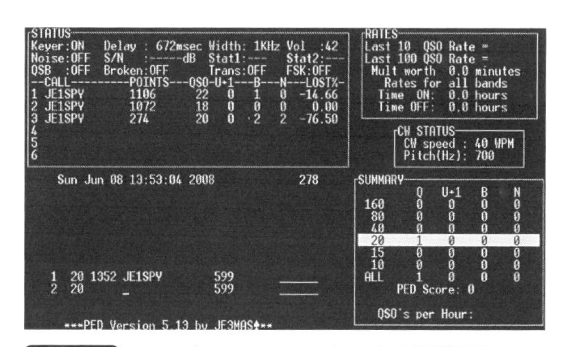

図 7-8 PED（MS-DOS バージョン）の起動画面
こちらからちゃんとナンバーを送っても，聞き返してくる局がいたり，とてもリアルな作りになっている．サウンド・ブラスターのない DOS パソコンはビープ音で 1 局だけが呼んでくる

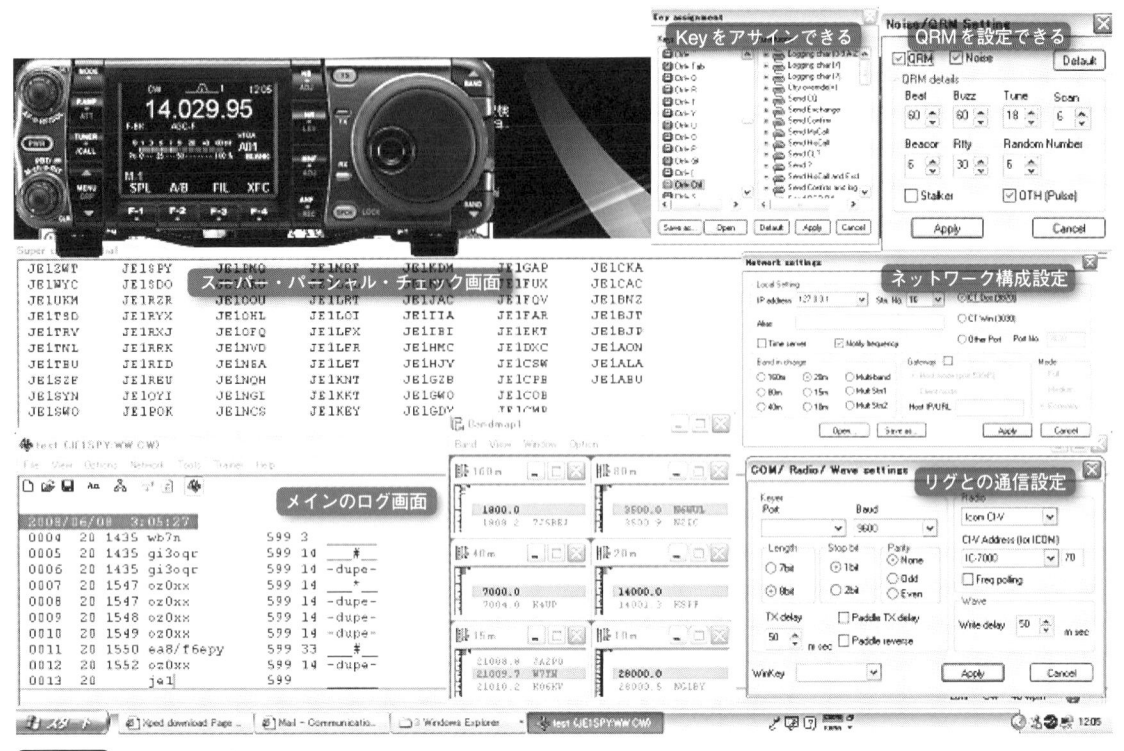

図7-9 Xpedの起動画面

注：読者にXpedの機能を紹介するため，画面合成で，プルダウン選択メニュー機能の中身を貼り付けてある

● Xped

世界のデファクト・スタンダードだったPEDがWindows XP版となって生まれ変わりました！

Xpedは，パイルアップ・ソフトウェアというより，完全な運用シミュレーターに大変身しています（図7-9）．JE3MAS 高津OMが10年以上をかけて開発されてきたすばらしい画期的なソフトウェアです．

Xpedは次のURLからダウンロードできます．

   http://www.ne.jp/asahi/masiii/contest/Xped/index.htm

動作にはWindows関係のSAPI，TTSエンジンが必要ですので，このページのリンクにしたがってダウンロードを行います．

MS-DOS版PEDや，ほかのWindows版のパイルアップ・シミュレーターと根本的に異なる画期的な点は，次のとおりです．

- オペレーションGUIがリグのパネル（IC-7000）になっている．
- リグのダイヤルをスィープしながらS&P運用もできる．
- IC-7000をモデルとして，IF-SHFT，WIDTHなどのリグの機能を忠実に再現している．
- ノイズ，ジャミング，ビーコン，テレタイプ，（流行の？）OTHレーダに到るまで，とてもリアルな実在のHF帯雑音がマニアックに仕込まれている（ストーカーまでいる）．
- バンドごとに固有の特徴あるノイズやQRMを忠

7 CW実践ソフトウェア

COLUMN　CW用USBシリアル・インターフェース

　CWログ・ソフトからリグをキーイングしたり制御するためのUSB対応RS-232C変換ケーブルの動作はマシン，OS，アプリケーションに依存するので，使ってみないとわかりません．

　そのリスクを解決するため，ハムの手で開発されたCWのためのインターフェースをいくつか紹介します．

● USBIF4CW

　写真7-Aに示すUSBIF4CW日本では有名で，デファクト・スタンダードともいえます．次のURLに詳細が掲載されています．

　　http://nksg.net/usbif4cw/index.html

　おもな特徴は，次のとおりです．

- CW送信ができる
- マーク時にLEDが連動して点灯
- PTT出力ができる
- PTT-ON時にLEDが連動して点灯
- フット・スイッチの代用として，また，リニア・アンプ/プリ・アンプのPTT制御として使用できる
- パドル入力ができる
- PC側ソフトウェアによるエレクトリックキーヤ機能．
- USBIF4CW内部で符号生成
  PC側のアプリケーションからは文字コードが受け渡され，USBIF4CW内部で符号生成する．
- エレクトリック・キーヤー機能内蔵
  パドル入力による任意の符号を生成できる．CW速度などの諸設定はPCと連携できるので，外部エレキーを使用する場合にありがちなPCキーイングとの速度やウェイトのズレはなく，ごく自然な運用が可能になる．
- FSK出力
- 四つのボタンとパドル操作でさまざまな機能割り当てが可能

写真7-C　USBIF4CWの外観

写真7-D　WinKeyer USBの外観

● AMD-USB-CQ

　JN2AMD局開発のCWインターフェースです．詳細は次のURLに紹介されています．

　　http://bcaweb.bai.ne.jp/jn2amd/index.html

● WinKeyer USB Kit

　K1EL HAM RADIO KITSでも詳細が紹介されています．URLは次のとおりです．

　　http://www.k1el.com/

　いずれも類似の機能で広く使われています．

実リアルに再現している．
- 内部で送受信機を構成し，現実に近い信号処理プロセスを経て再生している．
- リグとのインターフェースが可能（ICOM機とFT-1000MPで動作確認）．

　動作させるとまったく実際のHF帯での世界がパソコン上に再現します．

　なお，XpedはWindows XP用ですが，高津OMが個人的に開発したものですので，任意環境での動作やサポートを保証しているものではありませ

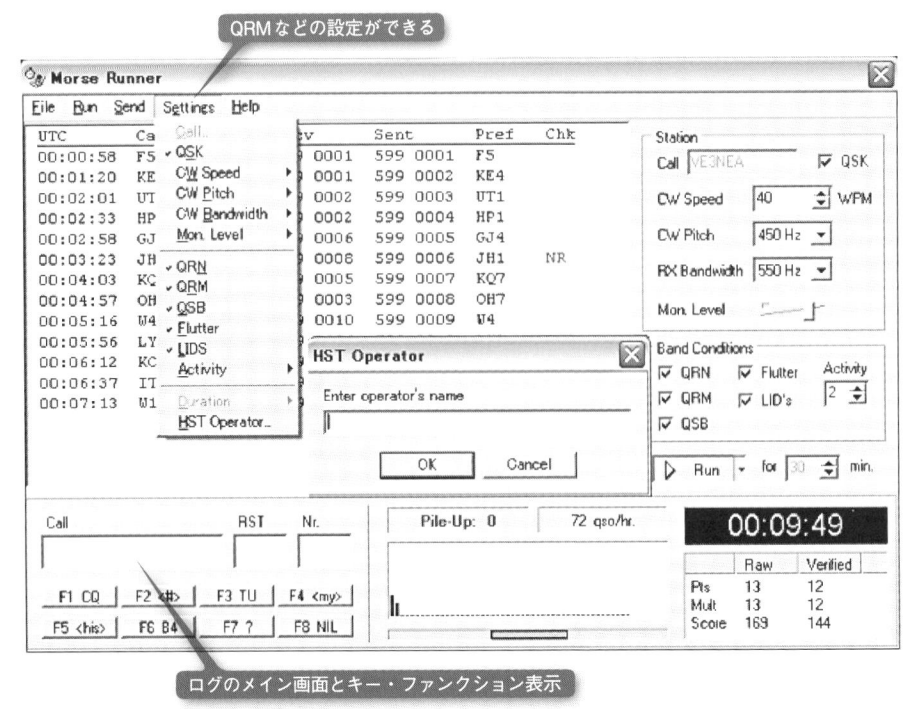

図7-10 MORSE Runnerの起動画面

(QRMなどの設定ができる)

(ログのメイン画面とキー・ファンクション表示)

ん．読者各位は自己責任にて遊んでいただますよう，お願いします．

　高津OMには筆者がHSTへ出場する際，特別な秘密兵器（hi）であるHSTTというトレーニング＆エディター・ソフトを作っていただきました．当時からXpedの開発に着手され，あるときはカンボジアから，あるときはタンザニア，はたまたスワジランドでと，開発を継続され，その熱意には頭が下がる思いで，筆者も完成を心待ちにしていました．今後も開発は継続されるそうですが，すべてが善意によっていますので，くれぐれも無理なお願いはご遠慮願います．

　ネットワークは，現状ではテルネット・ターミナル機能が搭載されています．将来はさまざまな発展の夢を秘めているようです．

● **MORSE Runner**

　MS-DOSからWindowsへOSが移ってからは，Morse RunnerがHSTでのパイルアップQSOシミュレーターの公認競技用ソフトウェアとなりました（図7-10）．次のURLからダウンロードできます．

　　http://www.dxatlas.com/MorseRunner

　同時に，全世界のCW'erがMorse Runnerにチャレンジした結果をインターネット上でリンクして競えます．著名なDX'er，コンテスターがコールサインを連ねています．

● **RUFZ-XP**

　RUFZ-XPは高速コールサインの受信ソフトウェアです（図7-11）．次のURLからダウンロードできます．

　　http://www.rufzxp.net/

7 CW実践ソフトウェア

図7-11 RUFZ-XPの起動画面

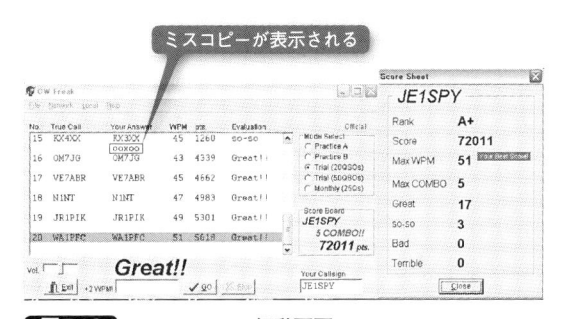

図7-12 CW Freakの起動画面
非常にシンプルでわかりやすい

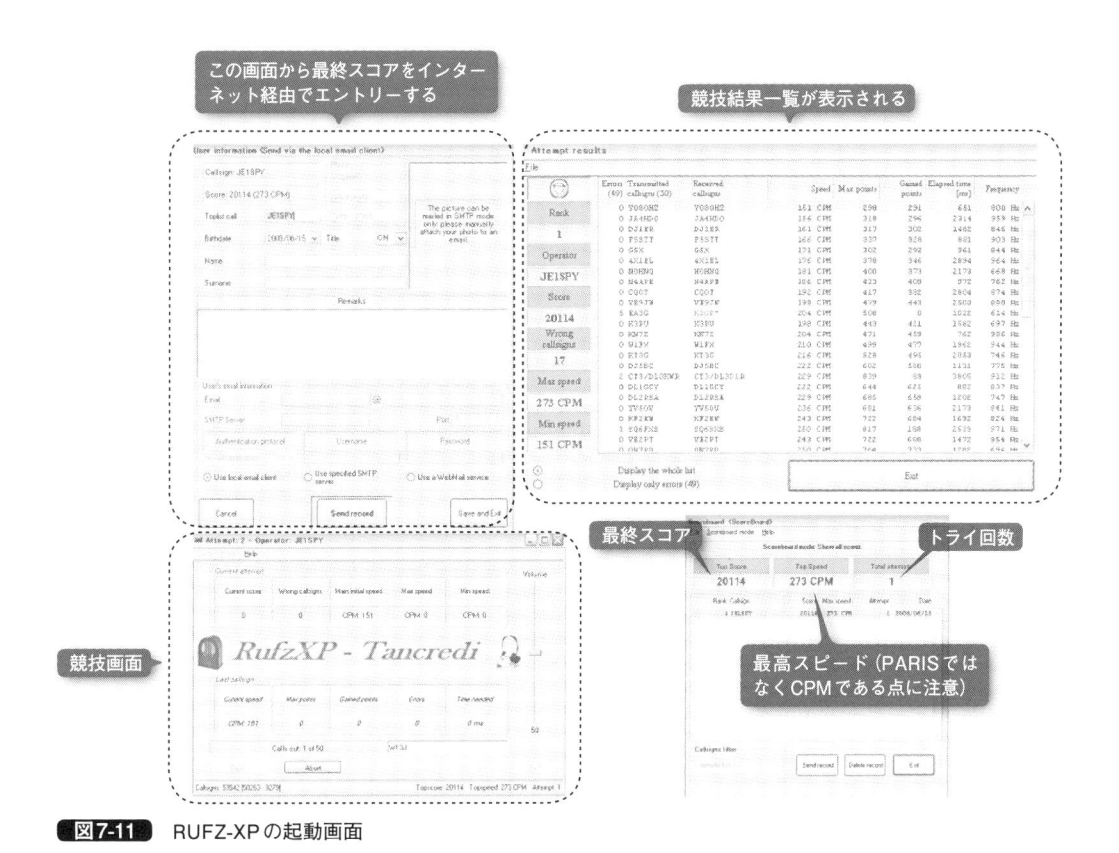

　動作環境にはMicrosoft NET Framework2.0が必要ですので，プリインストールしておいてください．1局正しくコピーするごとにスピードが速くなり，ミスコピーすると遅くなります．得点も集計され，インターネットとリンクされるので，世界中のCW'erとネットを通じていながらに競技できます．
　HSTプラクティス部門の公式競技用のソフトウェアにも採用されています．

● CW Freak
　かつてPC-98が日本で大人気だった時代，RUFZとほぼ同じ機能のTON2というソフトがありました．これのWindows版がCW Freakです（図7-12）．

　JI0VWL 今泉OMによって開発され，次のURLからダウンロードできます．

　http://www.ji0vwl.com/cw_freak.html
　RUFZと同じように，競技結果も掲載されます．

7-3 コンディション・シミュレーション・ソフトウェア

　CWを運用するのにはHF帯のコンディション把握は欠かせません．簡単で確実な方法は，アマチュア無線の専門誌『CQ ham radio』誌に毎月掲載されているJA1CO菅氏執筆の電波伝搬予報がFBです．

　以下は，おもにソフトウェアとインターネットを活用して自分でそれを知る方法を簡単に紹介します．

● HAMCAP

　VE3NEAによって開発されたフリーソフトです（図7-13）．HAMCAPは次のURLからダウンロードできます．

　http://www.dxatlas.com/HamCap/

世界地図上で自分から見てコンディションがひらけている場所をサーモグラディのように色分けして誰でもわかるように表示します．パソコン・スタンドアローンで動作するので，移動運用などインターネット環境がない所で使える点は便利です．しかし，現実の太陽黒点データではなく，月平均値でのシミュレーションなので，日ごとの実際のコンディションと微妙に異なることがあります．期間が経過すると，現実との乖離が発生します．そのため，太陽黒点データをVOACAPというパッケージで定期的に更新する必要があり，次のURLから最新版を入手できます．

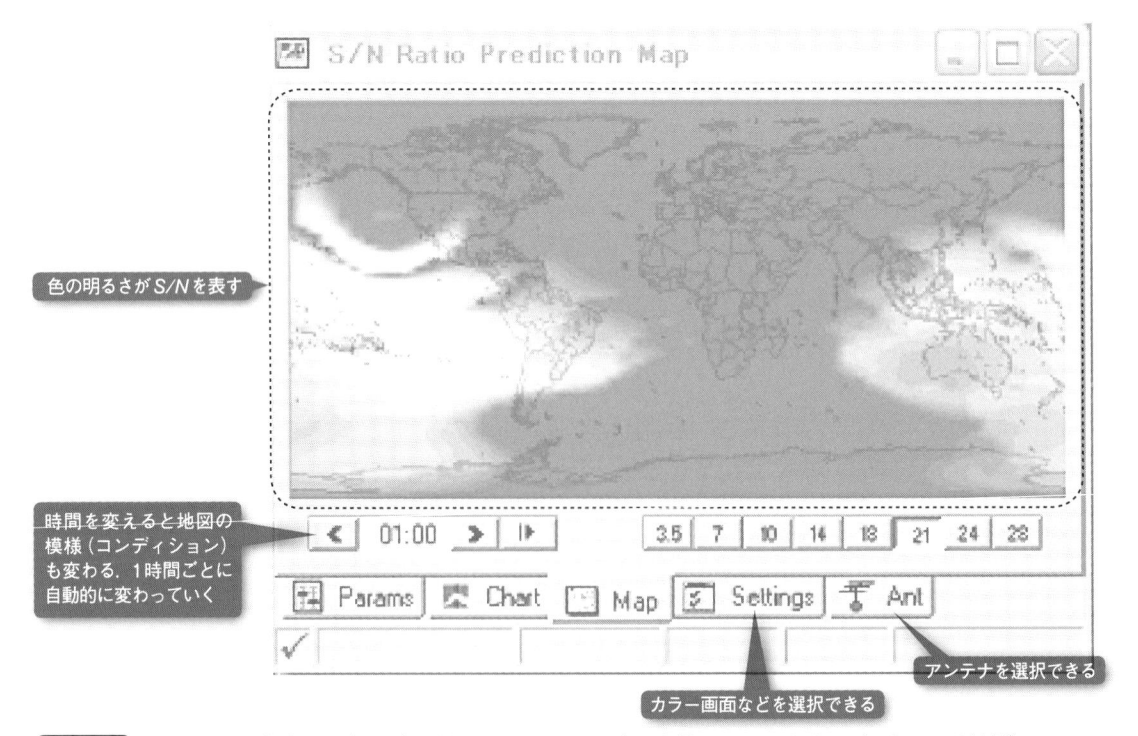

図7-13 HAMCAPの起動画面（2008年6月の10：00JST，日本から見て21MHzがオープンしている地図）
自分のQTHの緯度経度を入力すると，そこからコンディションがひらけている場所がサーモグラフィのように明るい色で表示される．暗い領域とはコンディションはひらけていないことがわかる．自分から見たコンディションのひらけ具合を地図上に示し，スタンドアローンでも動作する点がとても便利

7 CW実践ソフトウェア

http://www.greg-hand.com/versions/

シェアウェア・ソフトのIono probeを購入すればインターネットからデータが自動更新されます。

● AZMAP

AA6Z製作の地図ソフトウェアです（図7-14）．特にローバンド運用時にグレーライン表示，オーロラ・ゾーン表示，伝搬距離などを知るときに威力を発揮します．AZMAPは次のURLからダウンロードできます．

http://www.aa6z.com/

図7-14 AZMAPの起動画面
日の出，日の入りを自分中心の地図で示す点が便利．ローバンドDXingには必須のソフトウェア

● DX Atlas

最近はVE3NEAが制作したDX Atlasの愛用者が多いようです（図7-15）．

特に優れた点は，地図の拡大・縮小が自由にできます．この活用法は，エンティティーが密集したヨーロッパのどこをグレーラインが通過中で，パイルアップの中から，どういう順番で局をピックアップすれば日が昇る前にQSOチャンスを逃さないか？などの判断に役立ちます．

N8S（スウェインズ島）DXペディションでは160mバンドのオペレーターは，この表示を見ながらヨーロッパのパイルアップをさばいていました．

さらに，HAMCAPの表示を出すこともできる多機能地図です．次のURLからDX Atlasはダウンロードできます．

http://www.dxatlas.com/

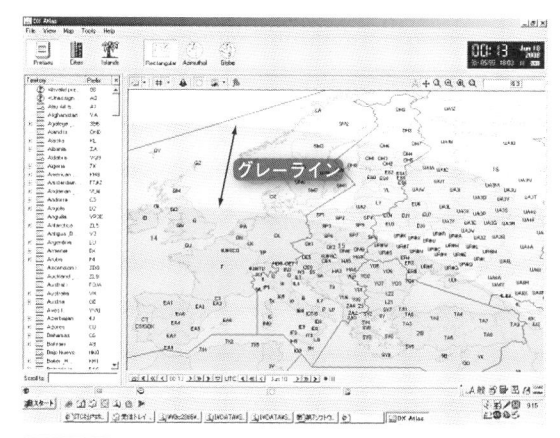

図7-15 DX Atlasの起動画面
AZMAPの機能に加え，地図の縮尺が自在なので，このように狭い地域でのグレーラインを正確に把握できる．この地図上にHAMCAPによるコンディションを表示することもできる優れもの

7-4 コンディション予報サイト

インターネットのWebサイトでHF帯のコンディションを予想するのに役立つデータや情報を公開しているところを紹介します．

● IONOGAM

総務省の外郭団体であるNICT（情報通信研究機構）宇宙天気情報センターが運営している宇宙天気予報にある情報です．URLは次のとおりです．

http://wdc.nict.go.jp/ionog/ionogram/nowpng/allsite.html

東京都国分寺市ほか全国4か所（稚内，山川，沖縄）から，HF帯で周波数スィープ送信した電波の臨界周波数実測データをリアルタイムで公開しています（図7-16）．

日本国内への伝搬状態をリアルタイムに知るのに最適です．過去のデータも閲覧できます．

利用するには，電離層反射の「セカントの法則」（MUF＝臨界周波数÷COSθ，θ：入射角度）程度，多少の専門知識があればとりあえずは活用できます．

しかし，それも面倒だ，という方には，NICTの予報官が文書でその日のコンディションを解説して，毎日アップロードしている電波天気予報が有効です．URLは次のとおりです．

http://swc.nict.go.jp/datacenter/daily_latestnews.php

● MUF地図

HAMCAPは，DX向けコンディションをネット環境のない場所でもパソコン・スタンドアローンでシミュレーションできる便利なツールです．しかし，太陽黒点データなどパラメータが月平均値なので，その日のリアルタイムのコンディションと必ずしも一致しない，現実との乖離（かいり）があります．

この点をカバーできるのが，カナダの団体が運営しているサイトで，全世界のリアルタイムの3000km伝搬のMUFを公開しています（図7-17）．

http://www.spacew.com/www/realtime.php

天気図のような等高線は，距離3000km伝搬の場合のコントロール・ポイント（2局間の中間点1500km地点の電離層反射点）のMUF（最高通信周波数）を結んだ線です．使い方を一言で説明す

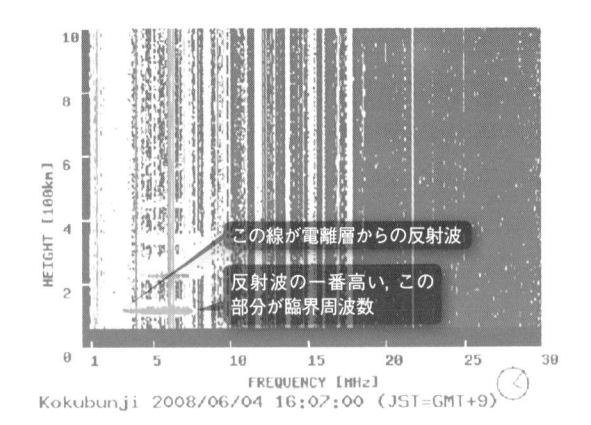

図7-16 Ionogramの画面例
NICTの東京，北海道，九州，沖縄からHF帯で周波数スィープ送信した電波の臨界周波数をリアルタイムで表示している

ると，自分と相手局を最短で結んだ線の中間点を探します．その点の地図上ラインが表示している周波数が，今QSOに使える一番高い周波数（MUF），ということです．ですから白いラインが示す周波数よりちょっと低いバンドであればQSOできる確率が高くなります．

このMUF情報の特徴は次のとおりです．

- インターネットに接続できれば，自動更新される今現在の全地球のコンディションをリアルタイムにモニタできる．
- 誰でもわかる世界地図にMUFという実用的な定量値でコンディションを表現している．

これはカナダの団体が電波伝搬シミュレーション・ソフトウェア「PROPLAB-PRO」の販売を目的に運営しているものです．リアルタイムのデータによる即時性，MUF地図の実用性を兼ね備えている点がすばらしいと思います．HAMCAPのような自分が中心の図ではなく，MUFの等高線なので，使いこなすにはHAMCAPより専門的な知識が必要になります．

7 CW実践ソフトウェア

図7-17 spacew.comの画面

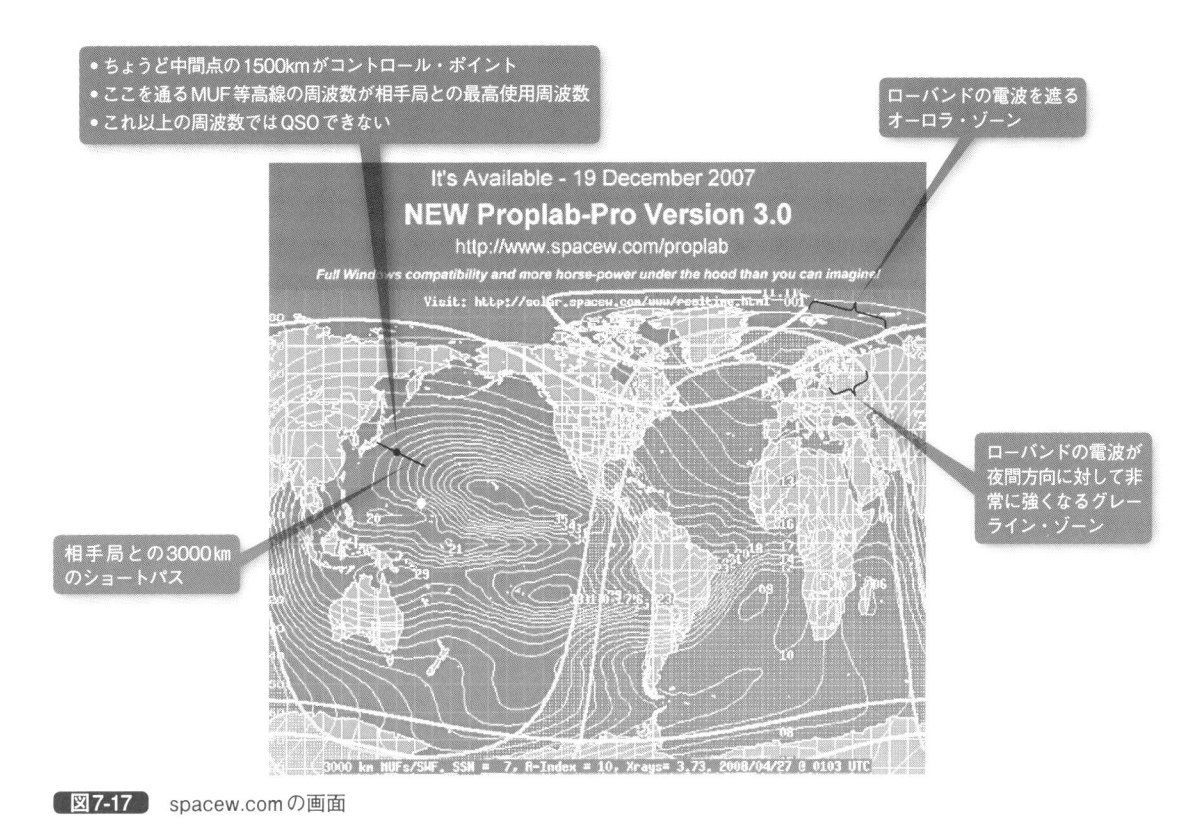

カナダのSpacew.comのサイト．リアルタイムで世界の3000km伝搬でのMUFを等高線で表示している．HAMCAPのように，自分中心のコンディション・マップではない．MUFの分布図なので，これ1枚で全世界の任意地点間のパスがわかる

7-5 最新ツール

最後に，従来のCWの概念から脱却し，これを覆すような，パラダイム・シフトを感じさせるソフトウェアやネット・ツールを紹介します．

● CW Skimmer

2008年にVE3NEAが個人で開発・公開したソフトウェアです．バンド内にQRVしているCWを複数局同時に自動読み取りして，パソコン画面へ表示してしまうという，ちょっとショッキングなソフトウェアです．CW Skimmerは次のURLからダウンロードできます．図7-18(次頁)がその表示例です．

http://www.dxatlas.com/CwSkimmer/
このソフトウェアの特徴は次のとおりです．
- Bayesian statisticsメソッドを使用した，非常に高度なCWのデコード．
- 受信機帯域幅すべての電信を同時に解読可能（ペンティアム4.3GHzのPCで700局以上同時解読）．
- 高速表示のウォーターフォール表示により，ドット／ダッシュを目で読むことが可能．
- 解読した信号よりコールサインを自動的に抽出．ウォーターフォール画面の側面に抽出したコー

ルサインを表示.
- DSP処理によるノイズ・ブランカ, AGC, シャープで帯域を可変可能なCWフィルタ.
- SDRで使用されているI/Q信号の録音/再生が可能.

なお, このソフトウェアはUS75ドル (約8,000円) のシェアウェアです. サポートするOSはWindows Me, 2000, XP (98SEとVistaは動作するかどうか不明, 95はサポートなし, 2008年5月現在) です.

SoftRockというSDR (ソフトウェア定義無線機) と専用ソフトのRockyと組み合わせることで, 例えばバンド内すべてのCW局の表示などが可能です. 通常の無線機の音声出力であれば, 例えば3kHz帯域程度の表示となります.

これを見れば, 旧来, オペレーターが長年のトレーニングと経験から身に付けてきたノウハウを, 労せずしてコンピュータで実現できてしまう, 恐るべきソフトウェアです. つまり, 第4章で解説したノウハウなどが一瞬にして灰燼と化す可能性を秘めています, hi.

これが登場するや, アメリカのコンテスト関係のメーリング・リストなどではコンテスト競技への適用可否の議論で盛り上がりました.

● CWCom

CWComは電波を使わず, インターネット上で相互にCW通信をし合うサイトです (図7-19). 次のURLからCWComのソフトウェアをダウンロードできます.

http://www.mrx.com.au/

CWComはインターネットあるいはLAN上のコンピュータ同士でCWを使って通信するためのプログラムです. インターネットでCWCom IONOSPHERE Serversに接続すれば, 世界中のCW'erとモールスで通信ができます.

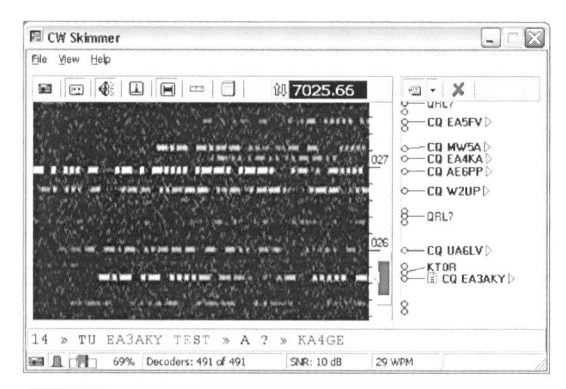

図7-18 CW Skimmerの起動画面
受信帯域内のCWを自動解読してコールサインを分析表示する. あたかもCWオペレーターの脳内映像をビジュアル化したような画期的ソフトウェア. 将来のコンテストやパイルアップの運用スタイル革命の風雲児となるのか!?

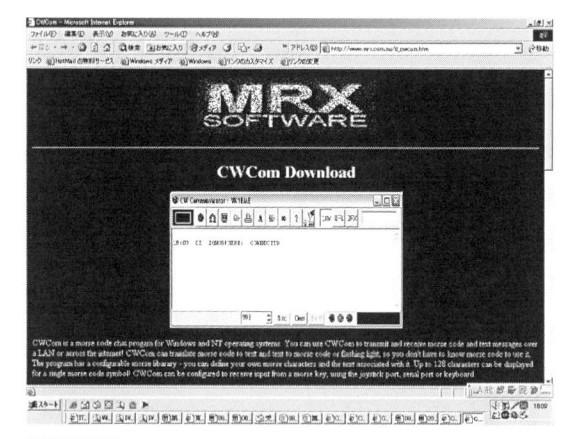

図7-19 CWComのダウンロード・サイトの画面
インターネットを介して, サーバー内部だけのバーチャル空間だけでCW QSOするソフトウェア. 空間の電波伝搬や電離層は不要となるCWスタイルはどこまで普及するのか?

デフォルトはパソコンの矢印キーが電鍵代わりですが, RS-232Cインターフェースの外部インターフェース・キーイング回路も公開されています.

このサイト自体はメジャーではありませんが, このように電波を使うことなく, サーバー内のバーチャル空間だけによる仮想世界のQSOの将来がどのように発展するのかを体験するうえで, 興味深い方式といえます.

第8章 CWの未来

本章では，CWの未来がどのような方向に進むのかを考えてみます．書籍『モールス通信』刊行時の1998年当時は，ハムへのインターネット応用＆無線機のソフトウェア化などは十分普及していませんでした．この10年間でローテクのCWをハイテクのITを活用して楽しむ"パラダイムシフト"が起きています．

一方では「人の匠の技」に象徴される，技能・スポーツ・芸術・文化的価値を楽しむ，芯を一本しっかり通した発展も続けています．その中で，日本のハム人口は終戦直後に骨格ができた電波法の基本ルール下で，急速な減少と高齢化が進んでいます．果たして，CWの未来はどのように発展していくのでしょうか？！

8-1 業務から趣味へ

繰り返しになりますが，CWの担い手がプロ業務からアマチュアの趣味になったことから，個人の生活環境が発展の鍵となりました．それにアマチュア無線を取り巻く新技術がどのようにハム・CW'erの嗜好と興味の対象になるか？でCWの発展の方向と未来が決まってくるのではないでしょうか？

プロセスを体験して楽しむ

1980年代当時の『CQ ham radio』誌を読み返し

てみると，未来のハムの姿として，無線機とコンピュータをONにしておくと，自動的にDX QSOが進みDXCCが増え，QSLもコンピュータが自動収集して，寝ている間にオーナーロールになっていた！という，楽しい夢物語がありました，hi.

今の時代なら，インターネット，デジタル通信，電子QSLシステムを使えば簡単に実現できます．しかし，30年近く経た現在も，この夢が実在していないのは，オペレーターが関与せず，何もしないのでは趣味にはならない，というあたりまえの理由からでしょう．

趣味での効率や自動化は，人が五感で楽しむサポートでしかないわけです．CWは自分の頭と手を駆使して実体験しながら楽しめることに大きな意義と発展の可能性があります．

嗜好層の住み分け

ハムを取り巻く新技術は，デジタルモード，インターネット・リンクQSO，ソフトウェア無線機など，ハムの技術的興味と自己訓練心を満たしてくれるテーマがあふれています．

例えば，同じデジタルモードでもEchoLink，WiRES，eQSO，D-STARなどを実験しておられる方々と，HF帯でPSK31，RTTYなどでDXやコンテストを楽しんでおられる方々は微妙に嗜好が異なります．

さらに同じHF帯でもwinDRMやWSJTなどのモードはCWのDXも愛し，デジタルモードなどの新技術にも興味がある層のようです．

新技術中心の方々はアナログ・レピータ運用に成功したらVoIP QSO，という具合に新対象へ次々と移っていかれます．

一方，CW'erは，新技術（インターネット・リモコン局，Skype受信，LoTWなど）を，DX，コンテスト，電離層伝搬をより楽しむツールとして実用化・愛用していきます．EMEなどはマイクロ波技術層とkW'er・DX層両陣営？の興味を満たしてくれる究極の頂点といわれる所以でしょう．

CWを核としてハイテクを活用する

つまり，デジタル通信の新方式が登場しても，オペレーターの技量に価値を見出すCWは，消滅することはないでしょう．むしろ，CWをより楽しむためにそれらを取り入れることで，より発展すると思われます．インターネットのリモート・シャック，スカイプ（Skype）での遠隔受信，広域スペクトラムでの複数CWの自動解読，ノイズ以下の微弱CWを再生できるデジタル信号処理など…．

8-2　CWの新しい価値評価

このような流れの中で，最対極の評価もあります．オペレーターみずからの頭脳と肉体でQSOするCWは特に以下のように，従来，否定的だったり，あまり着目されなかった点に取り組むことで，発展の余地があるのではないでしょうか？

芸術，文化

第1章で触れたように，人が創るCWは詰まるところ，その人自身に大きな価値があるともいえます．

世界的な資格試験制度の見直しで，CWを全文筆記受信する技能を公認する仕組みがなくなりつつあります．その意味では，JARLのモールス技能認定は，この全文筆記の技能を公認する，残された貴重な制度といえます．

空手・柔剣道・書道・囲碁将棋のように「級・段」

8 CWの未来

を認定することは愛好者の励みにもなり，CWを一つの文化として社会的認知を与えるインセンティブになります．

◆ 通信兵

筆者の他界した伯父2人はいずれも召集の旧陸軍の通信兵でCWをやっていました．上の伯父は二度目の召集で南方で戦時中亡くなりましたが，下の伯父は無事復員し，筆者が小学生のときCWを教えてくれました．筆者がCWを覚えたのはこれがきっかけです．

その伯父も2007年に他界しました．その葬儀の際，参列した親戚の中に，戦時中，ガダルカナル島へ一木支隊の通信兵として上陸し，生還した方がおられたのには驚きました．「最後は食い物が何にもなく，病魔と闘いながらの通信は辛かった」と淡々と語る姿に驚愕しました．筆者の世代には想像だにできない，熾烈なCWの実体験を秘めていらっしゃるはずです．

JA1CMS 阿部OMからは，米潜の雷撃を3度受け，そのたびに電鍵でセ連送「・ーーー・」を打って，鉛入りの赤表紙の暗号書もろとも，海へ飛び込んだお話を聞きました．

◆ 有線通信士

今後，ハムのCWを予想すると，縦振り電鍵愛用者は，特に愛着を感ずる限られたマニアだけになっていくでしょう．縦振り電鍵で非常にきれい

氷川丸と縦振り電鍵

横浜山下公園の「氷川丸」全景
プロ通信士の多くは船で活躍した．船には人の一生にも例えられる歴史がある．氷川丸は戦前チャーリー・チャップリンを日本まで乗せ，戦時中はソロモン海の激戦で3度触雷するも沈まず，不沈の幸運船として活躍．唯一の生存民間船として帰還．終戦後は復員船として人々を懐かしい内地へ輸送して休む間もなく，北海道航路で戦後の食糧難を支え，最後は横浜～シアトル間の国際航路復帰を果たした後，現役を引退．その後は港横浜で長く船の啓蒙活動に貢献している．子供のころ，遠足で船内を見学した方も多いことだろう．乗船の際は，多くのプロ通信士が活躍した無線通信室もぜひ見学いただきたい

「氷川丸」の無線室
多くのプロ通信士がこの船室で命賭けのCW運用を行った

「氷川丸」の電鍵
氷川丸では電鍵を誰でも操作できる．読者が乗船の際はお知り合いの老若男女の皆様に，ぜひCWを実体験PRいただきたい！

注：氷川丸は現在，運営会社都合により新装されているため，この写真撮影当時とは展示模様変えがされています．

な符号を高速送信する逓信省時代の有線電信オペレーターの腕は職人芸をとおり越して，芸術品ともいえるのではないでしょうか？

現在80歳を過ぎた筆者の叔母がまさにそれで，逓信省の有線電信オペレーターでした．祖父からは符号が乱れるからと，農作業の力仕事を特別免除され，手首を温存したそうです．そういった家族の支えで縦振り電鍵での電報電話局オペレーター大会に入賞した昔話をよく聞かされます．貧乏農家だった当時の筆者本家の期待を，そのうら若い細腕と電鍵一つで一身に背負っていたのでしょう．その伯母にCQ出版社刊『モールス通信』を進呈したときは，身内にも語り尽くせない，現役オペレーター時代のたくさんの出来事が胸をよぎっているようでした．

◆ 無線通信士

外洋航路のプロ通信士は，何千通もの電報を送信機の終段真空管プレートが赤熱するまで次から次へと縦振り電鍵で打ち続け，かたやタイプ受信し，船室の仲間と話をしながら，1文字もミスなく，どんどん処理する力量は，筆者から見たら人間国宝にしたいくらい，憧れの存在です．

◆ プロ実務者のみぞ到達の境地

1995年のHSTハンガリー大会帰国途上のフライトでのことでした．われわれを乗せた機が，ヨーロッパ上空を離れ，ロシア，シベリアを飛行し続ける間，チームメイトであるJA1OQG 松田OMから伺った南極越冬隊でのプロ通信士の手に汗握る体験談は，長いフライトの時も忘れさせるすばらしいものでした．

南極観測船「宗谷」と共に，電鍵一つに隊員の命をかけた実話は，決してアマチュアでは得られない迫力の真実です（この体験談は松田OMの「しらかばペンション」を訪問されれば伺うことができる）．いつしか機は太平洋上空に達し，銚子上空で大きく左旋回，バンクしました．そのとき，利根川河口に開ける銚子無線局が下界一望に開けました．JA2CWB 栗本OMとお二人が，「おー，銚子だ！」と，シートから身を乗り出すように窓に額を寄せ合って，感慨深く厚い眼差しを投げておられました．それを拝見していた筆者は「アマチュアの達し得ない，プロ通信士独自の絆」を強く実感しました．

銚子無線局はその後，廃局となり，今後は民間

写真8-1 初代南極観測船「宗谷」
東京お台場・新交通ゆりかもめの「船の科学館」で一般公開されている．誰でも乗船見学できる

写真8-2 南極観測船「宗谷」の無線通信室
筆者のHSTチームメイトであるJA1OQG 松田OMはプロ通信士としてここで電鍵を握られ，南極越冬隊員として活躍された

8 CWの未来

プロCW通信士が生まれることはなくなったわけです．

知人の元自衛隊隊員は，暗号CWを聞きながら，それを漢字交じりの普通文にリアルタイムで解読筆記し，篭の鳥と言われていたそうです．

こういった方々は，明らかにハムとは異なったすばらしい技能であり，プロたる超人的な能力です．

時代は流れても，何らかの形で，それを認め，後世へ残していく仕組みを作ることもCWの存続，継承にきわめて重要と思います．今のままでは，これらの技能は時間の経過とともに，その人限りで自然消滅してしまいます．

願わくば，文化勲章や人間国宝などがCW'erから出ても良いのではないか！ というのは筆者の妄想(もうそう)でしょうか？

伝統文化・スポーツ科学

本書の発刊時期（2008年夏）は，北京オリンピック真っ最中で，世界中が各種スポーツの話題で盛り上がっているはずです．その中で日本を代表する柔道．相撲・柔道はすっかり国際化され，世界に定着しました．しかし，柔道着が青くなったり，日本柔道の伝統では美しくない，奇妙な裏技が決まる外国人審判判定が下ったりしています．伝統国技の相撲も外国人力士・横綱の時代となり，スポーツとしての強さと，伝統文化という両面から揺れています．スポーツも文化も，新しい血と価値判断を取り入れながら存続していく実例といえそうです．

モールス通信も，黎明期当初の技術の世界から，実用成熟期の技能・技を経て，アマチュアが主役の趣味の世界に入って早10年．

単に技能だけに止まらず，コンテストやWRTC，HSTに代表されるスポーツとしての取り組みも定着しました．これからは一般への認知とさらなる普及発展のみならず，第4章で触れたように，スポーツ科学としての研究もなされれば，それ自体の記録更新も夢ではなくなります．

一方では，科学とは対極にある伝統，文化，芸能，芸術としての認知と取り組みも模索しうると思われます．とんでもない！ アマチュア無線の技術研究の世界に伝統芸能を持ち込むようでは，もう未来の発展はない！ と嘆(なげ)くOMもいらっしゃいます．多くの意見からCWの将来が創られるべきだと思います．

脳老化防止リハビリ

第1章でCWと右脳・左脳のお話をしました．高齢化社会は日本の代名詞のようになり，最近は大学教授が公式に推薦する脳年齢・トレーニング・ゲームも盛んです．同じ原理で，指先と脳を駆使して仲間と楽しく会話し，創造的活動にも発展するCWは，絶好の脳老化防止のトレーナーだと思います．筆者が存じ上げているご年輩者でアルツハイマー病や脳血管症を除けば，CW経験者で認知症の方がいらっしゃらないことも興味深い事実です．

人間科学，医学

筆者は認知症の老親在宅介護をしているので，この分野はまったくの門外漢ですが，触れさせていただきます．

それは脳のメカニズムです．朗読をしているとき，歌を歌っているとき，ゲームで楽しく笑っているとき，PETスキャナで脳の血流を見ることで，活性領域の研究がなされ，認知症防止の研究がされていると聞いています．

例えば，さまざまなCW運用スタイルで，同様の検査試験を実施してみると，どんな結果が得られ，何かに役立つのではないか？ 願がわくば，一部の方々でもわずかな防止や改善の道が開けるの

ではないか？と大変興味があります．

介護施設とハム

老親介護のため，多くの介護施設を転々とせざるをえない体験をするにつけ，あたかも自分の未来をシミュレーションしていると感じます（筆者の場合，現在は町内の女性が自分の家族の介護のために起業された，民営グループホームに家族がお世話になっている）．

そしてハムの将来を考えたとき，果たして現状の日本国内の介護制度下で，ライフワークとしてCWを続けることができるか？今の介護現場を実体験するほどに，とてもそれを見通せません．

最近は，日本の1,000兆円を超える国庫財政赤字から，過去，ロシアやアルゼンチン，トルコ，タイ，終戦直後には日本でも発生した，信用収縮と国家財政破綻・ハイパーインフレが起こるのでは？という説がマスコミで報道されることがあります．そのためでしょうか，先輩世代OMの一部の方々は，各種社会保険制度の将来に不安をお感じになれてか？アジア近郊国に第二のシャックを構えられておられます．

そのQRVなさる信号を聞くにつけ，まさにSilent keyの呼称とおり，自分が最後の瞬間までCWを愛で続けられるか… 老後資金を円以外の，物価と人件費が安く，若い優秀なスタッフが豊富な国の外貨にシフトさせた「椰子の木の揺れる老人ホーム」が日本の高齢CW'erがライフワークとしてQRVする自己防衛選択肢として，現実になりつつあることを実感します．

8-3 コンピュータ・インターネットとCW

技術の話題からだいぶ外れたハムらしくないお話はこの辺で終わりとし，最新技術の話題へ戻りましょう．

遠隔制御シャック

21世紀に入り，アマチュア局の遠隔制御が電波法でも解禁され，実運用の信号がお空でもたくさん聞こえるようになりました．

今の大きな制約は3時間駆けつけルールのため，カリブ海にあるリモコン・シャックを日本から制御してDXを稼ぎまくるというわけにはいきません．

さらにアマチュア内のルールでもDXCC，DXコンテストともに全無線設備の配置距離制限があるので，6大陸に分散配置したリモコン局を一斉に稼動させ，軽くオーナーロールを一掃し，コンテストのワールドレコードを打ち立てる，というわけにもいきません．

しかし，一個人が自己責任において，あくまで純粋な技術実験で実行するとすれば，図8-1に示すような構成であれば，即実現可能です．

遠隔制御の操作性

現状での純粋な技術課題（電波法規制を抜きとして）は，何と言ってもリアルタイムな操作性でしょう．実際リモコン・シャックで運用しているOMのQSOを聞くと，じっくりラグチューを楽しんだり，一つの周波数でランニングで呼ばれ続ける運用法であれば，十分楽しめる実用性があります．

しかし，コンテストなどで瞬時を争うS＆Pを行なったり，第4章，第5章で紹介したマニアックな運用テクニックを駆使するには，リアルタイムでのスピーディーな操作性とマン・マシン・インタフェースがネックと感じます．通信ネットワーク・タイムディレイやアプリケーション・ソフト上

8 CWの未来

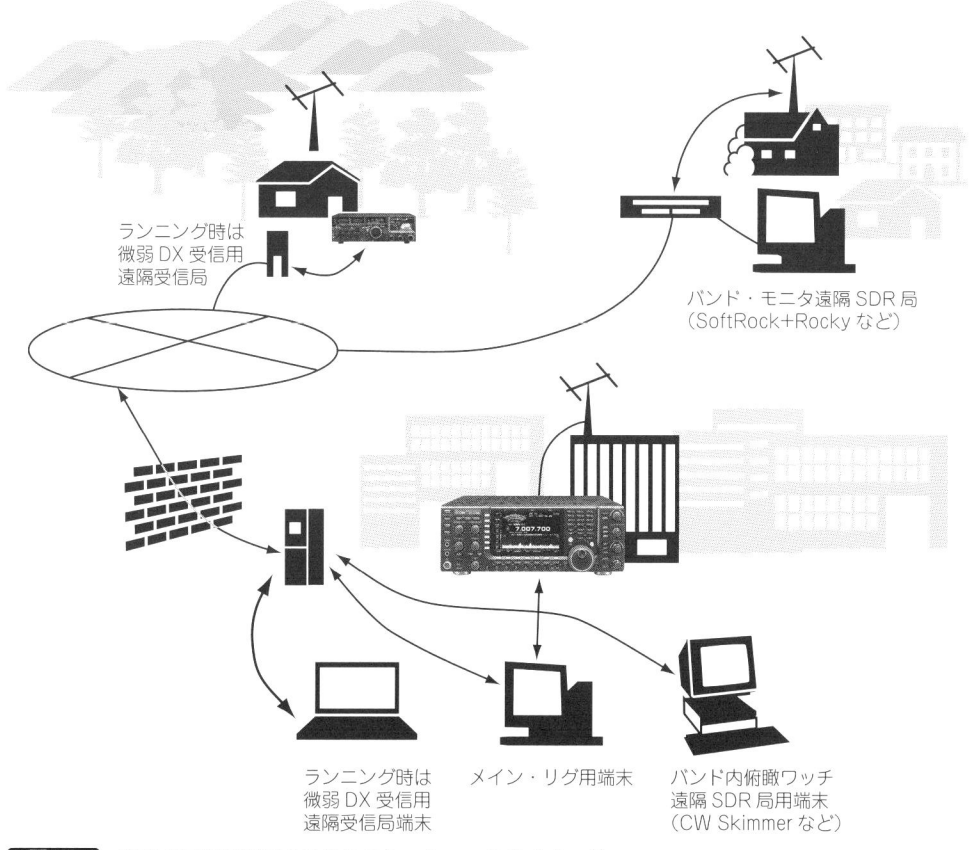

図8-1 現時点で即実行できるリモコン・シャックのイメージ
電波法の3時間駆けつけルールはクリア，コンテスト・ルールの課題は残るが，一個人の技術実験であればOK

の制限などから，ネットワーク・システム全体のリアルタイム応答性に課題があると考えられます．

そこで，現状では，ランニング時のサブ受信機だけをリモコン局とし，ノイズがない受信電波環境のFBな場所へ設置します．特にローバンドでビバレージなどの大型アンテナを広い原野や山の斜面へ展開すれば，都市部では実現不可能な，すばらしい受信性能が得られます．

CQでランニングした際，ノイズに埋もれて自分のシャックからは聞こえない信号を拾うことができます．この方法はすでに実行されているOMが多数います．3時間駆けつけルールにも現実的なシステムです．ただし，リモート受信局となると，パケット・クラスターの使用を制限する場合と，認めるルールがあるのと同様に，ルール整備の課題が残ります．

ルールに抵触しない例として，北米西海岸あたりに1局受信専用リモコン局を設置し，自分のランニング信号モニタ専用に使用します．ここから自分の信号をモニタすることでコンディションのオープンやQRMの有無を知り，ランニング運用戦術（タイミングや周波数）の判断を行います．

特にローバンドでは威力を発揮するでしょう．3.5MHzあたりではときどき耳にします．ただし，応答してくるW（アメリカ）やVE（カナダ）の局を，このリモコン局で受信してしまうとさまざま

なルールに抵触してしまう場合があります．

では，それをどう証明するのか？は，大変難しく，「紳士の趣味の名誉に誓う」ということになるのでしょう．

バンド広帯域CW自動解読モニタ

第7章で紹介した"CW Skimmer"が2008年2月に公開されるや，全世界のCW'erの間に衝撃が走り，ネット上の各種メーリング・リストや掲示板では議論百出しました．

これも，大きなパラダイムシフトの一歩で，現時点では，特にコンテストにおいて明確なルールがありません．しかし，個人的実験であれば，例えば，ソフトウェア受信機"SoftRock"を，制御ソフトウェア"Rocky"で制御して，それを"CW Skimmer"でモニタすることにより，バンド内にQRVしている全CW局をコールサインと送信コメント入りのスペアナ画面のように一網打尽に解読できます．

映画「ファイナルカウントダウン」ではないですが，手信号で通信しあう零式戦闘機をレーダ搭載の超音速ジェット戦闘機F-15がオートロックして撃墜するほどの圧倒的戦力差となります．第4章で検討したコンテスト運用のCWテクニックも無力化します．射程数十kmのレーダ自動追尾ミサイル対，有効的中距離100mの目視照準油圧式機関銃ほどの威力差があります．

これをシャック内の自分の手元に置いても良いでしょうし，前述のように受信専用にノイズの少ないロケーションの受信専用リモコン局に置いてもOKです．そうすればバンド内にQRVするすべての局をパーフェクトに補足することができます．

SDR（ソフトウェア・ラジオ）

それでは，このSDR（Software Defined Radio）について，さらに検討してみましょう．ここ数年で急速に実用化が進み，『CQ ham radio』誌2006年12月号の付録として基板配布された際は大反響を呼びました．本書ではSDR自体がメイン・テーマではないので，CWオペレーターの視点から，SDRをCWの実践運用へいち早く使用する方向性を検討してみます．

秋葉原でも量販されているWinRadio（http://akizukidenshi.com/catalog/items2.php?c=winradio）などに代表されるワイドバンド・レシーバ（**写真8-3**）は，百花の可能性を秘め，SDR本

写真8-3 ソフトウェア・ラジオの一例
WinRadioの外観

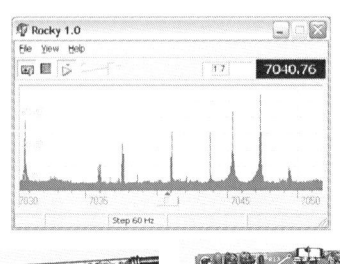

写真8-4 SoftRock外観と制御ソフトウェアRockyの画面

8 CWの未来

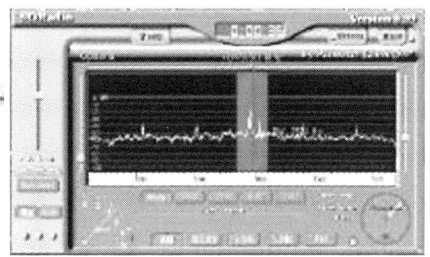

写真8-5 Soft66外観と受信画面

来の技術的研究対象としては興味の尽きないテーマです．

しかし，CW実践運用の実用性では，現時点のジェネカバ・オールモードSDRはアナログ・リグの専門的基本性能に到底太刀打ちできません．

一方，アマチュアバンドに特化した**写真8-4**に示すSoftRock（http://www.amqrp.org/kits/softrock40/），**写真8-5**に示すSoft66（http://zao.jp/radio/）などのシンプルな基板レベルのSDRが簡単に安価で入手できるようになりました．

これに適切なフロントエンド・アナログ・ハードウェアを付加することで，かなり高い実用性が得られます．高IP・ダイナミック・レンジのプリアンプ部分，シングルバンド専用狭帯域BPFなど，用途と周波数範囲を限定することで，基本性能を現状の実用リグに劣らないものにできます．

それに，

- PowerSDR（図8-2）
  http://www.flex-radio.com/
- Winrad（図8-3）
  http://www.winrad.org/winrad/
- M0KGK（図8-4）
  http://www.m0kgk.co.uk/sdr/index.php
- Rocky
  http://www.dxatlas.com/rocky/

などのハム用制御ソフトウェアで使用することによ

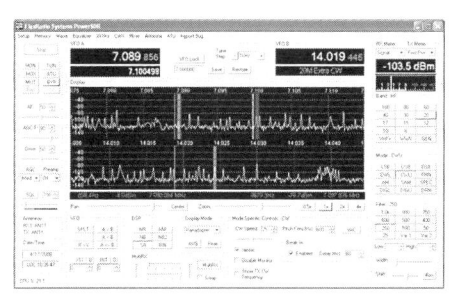

図8-2 PowerSDRスクリーン・ショット

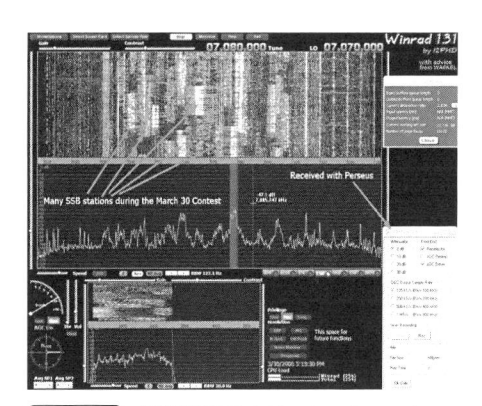

図8-3 WINRADスクリーン・ショット

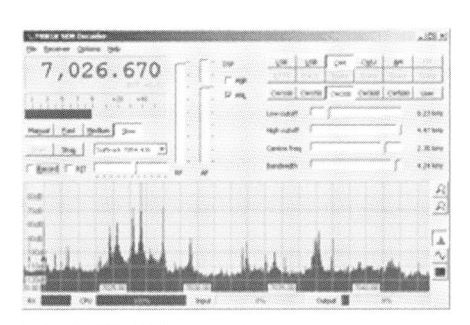

図8-4 制御ソフトウェア M0KGK

り，アナログ・リグでは不可能なIF帯でのフレキシブルなパフォーマンスの実現が可能となります．

また，デジタル・ダウン・コンバータやADコンバータまでも搭載している東京ハイパワーのClub High-Powerが扱うアメリカのSDR-14（**写真8-6**），SDR-IQ（**写真8-7**），QuckSilver，QS1Rなどもあります．イタリア製のPERSEUS（**写真8-8**）などもあります．

ボードレベルのハンドリングが面倒，というCW'erには，これら完成品のSDRも入手可能です．

一方，トランシーバの形態ではアメリカのSDR1000（**写真8-9**），SDR5000（**写真8-10**），スイスのADT-200A（**写真8-11**）などもあります．それぞれ専用のソフトウェアで使用します．

現時点でSDRの実践即戦力として，もっとも威力を発揮する使い方は，バンド内のCWの広帯域自動解読でしょう．"CW Skimmer"と組み合わせ，自分がランニング中でも，常にバンド内にQRVするすべてのCW局のコールサインと送信内容を，モニタ画面上で同時に監視できます．

CW'er実践指向SDR

さまざまなSDRを見てきましたが，CW'erの実践使用目的で，どのような機能・性能面からSDRを選択したら良いのか，ユーザーの立場から簡単に考えてみましょう．

ここではバンドCW解読モニタなどの補助用途でなく，メイン受信機を前提とした近未来のSDRを想定します．

◆ デジ・アナ/ソフト・ハード得意領域最適化

長期的には，完全デジタル化＋全ソフトウェア処理が理想です．しかし，近未来のSDRではアンテナ直下で電波がいきなりデジタル化されてソフトウェア処理されるわけではありません．

第6章のDSP方式の検討と同様に，高周波部分

写真8-6 SDR-14外観

写真8-7 SDR-IQ外観

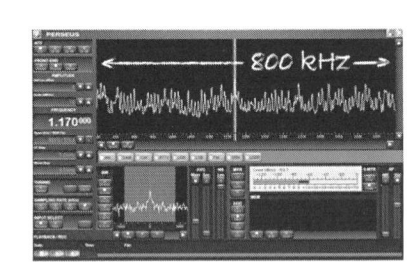

写真8-8 PERSEUSの外観・内部と受信画面

は長い歴史，数々のフィールド実績を積んで，専門用途に完成度の高い高周波アナログ技術を採用します．これにより，デジタル動作部の負担を軽減できます．

具体的には，例えば，7MHzのCWバンド専用

8 CWの未来

写真8-9 SDR1000外観

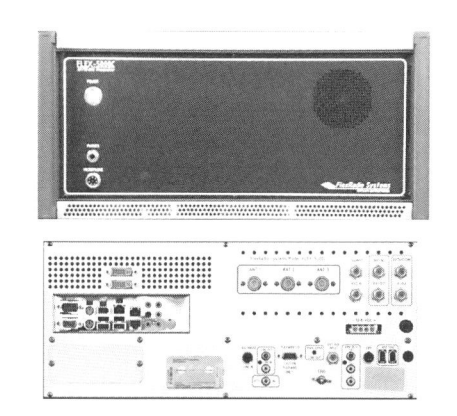

写真8-10 SDR5000の前後パネル外観

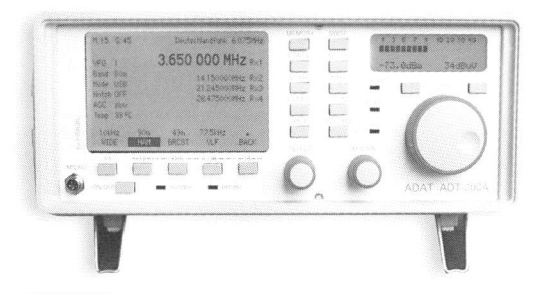

写真8-11 ADT200Aのパネル外観

これによりシンプルで安価なSDRアーキテクチャでもDXの微弱信号を強力なビッグガン信号の隙間で受信できます.

AD変換できる周波数までミックスダウンするミキサはシンプルなシングル・コンバージョン構成であれば，1段のみなので，アナログ信号処理に伴うノイズや歪を最小限にできます.

このミキサのローカル・オシレータのピュリティは，受信機のC/Nや多信号特性を支配します．その点，バンドチェンジの必要のないシングルバンドに特化すれば，VCOやPLLといったフェーズ・ノイズを発生する要因がない，シンプルな固定水晶発振子単独で局部発振器を構成できます.

AD変換以降はソフトウェア処理ができます．VFOや変復調部はパソコンの内部のソフトウェアによってDDSやPSNによって実現できます．IFフィルタも理想特性が自由自在です．IF帯域幅可変や，IFシフト，ノッチ，ノイズ・リダクション，イコライジングなどは，ソフトウェアの得意領域です．このようにIF帯域内処理であれば，理想特性が自由自在にできます.

このレベルのSDRであれば現時点でもDXCCやコンテストで具体的成果を追求するCW'erの実用ニーズに十分に答えられます．さらにSDRならではのパソコンでの制御やロギング・ソフトとの連動機能を生かせます．アナログ＆DSPのメイン・リグとうまく組み合わせて使用すれば，実践システムとして戦力に組み入れられます.

◆ 用途最適化

SDRはソフトを変えれば何でもできる夢の無線機というイメージがあります．しかし，CW'erが実践メイン・リグとして，いち早く実践導入するには，むしろ自分の専門用途に極限まで性能を特化した，オリジナリティーの追求のため，主信号をソフトウェアで柔軟に加工することにあると思

とか，1.8MHzのDXウィンドウ専用などの狭帯域バンドパス・フィルタをアンテナ直下に入れれば，後段の多信号特性の対策を楽に向上できます．BPFとRFアンプを組み合わせるのが現実的でしょう.

います．機能を広げて何でもやるのではなく，性能の個別最適追求が，SDRの特徴とCW'erのニーズが一致する現実的な発展方向のように思います（あくまでCW'er用途という視点から）．

ノイズ以下の信号を拾うローバンドDX，グレーライン通過時の超強力信号が林立するQRMでのコンテスト，ハイバンドでのスピィーディーなS＆Pとランの組み合わせ，SO2R/3Rなど，用途ごとにAGCの方式・構成やIFフィルタの段数・特性，各部の利得や時定数など，DSPではできなかったフレキシブルで根本的な最適化設計とそのリアルタイム切り替えができるはずです．それを運用しながら，瞬時にログ・ソフトと連動して自動切り替えするなどもアナログやDSPではできないSDRの専門領域です．

- ランしている周波数周辺をモニタしておき，QRMの度合いに応じて演算処理を行い，自動・連続的に帯域を最適可変制御する．
- ずれてコールしてくる局に自動チューンしながら帯域を瞬時に絞りS/Nを自動的に最適化して信号を浮き上がらせる．
- ロギング・ソフトとバンド内のCW同時自動解読ソフト，SDRを連動させ，ランしている局のみに順次自動ロックするS＆P運用．
- バンド内スコープ機能とIFオート・ノッチを連動し，自分の受信帯域外の超強力局には複数のオート・リジェクションを自動的に掛け，多信号特性を改善する．

などなど…．

現在のDSP無線機では，主信号とは独立して，オペレーターが関与している，アッテネータ調整，受信帯域，混信除去，そのほか信号処理を，受信状態や，ロギング・ソフト，DXクラスター（場合によってはCW自動解読ソフト）などとアプリケーション・ソフトウェア上で連動して自動制御させます．

現在のSDR用ソフトウェアはほぼ，アーキテクチャ固有のパッケージ・ソフトです．個別オペレーター意のままの機能を自分で自由自在に実現するわけにはいきません．それにはすべてのオペレーターが優秀なプログラマーになる必要があります．

一つの解決策として，アプリケーション・ソフトを機能ごとにパッケージ化し，それをオペレーターが選択して組み合わせ，自分が必要に応じアレンジできるとFBと思います．

このように，SDRのCW分野での実用化は，各オペレーターの必要用途を見極め，狭帯域多信号特性を高めた中で，DXやコンテストに有利となる性能・機能アップを図るため，主信号をソフトウェアでフレキシブルに直接ハンドリングする，という方向性ではないかと考えます．

ルール化の検討

このようにリモコン・シャックやSDRは一部の先鋭的技術マニアの手から，HF帯でのDXCCエンティティーやコンテストでの優勝をターゲットとする嗜好層が，実践活用できる完成度にまでなってきています．

当然，今後はその活用ルールの整備が普及の鍵になるでしょう．

当面，受信だけの利用であれば，3時間制限も技適や保証認定も適用外でOKです．

パケットクラスターやDXクラスターの出現当初，賛否両論ありました．しかし，現時点で振り返ると，新技術を否定しない，遊びの参加者が自由に可否を自己判断で選択できるルール，を設けることにより，新技術の発展と普及，遊びの活性化，両面で成功しています．上記で紹介した新技術についても同様の考え方でのルール検討が望ましい

のではないでしょうか？　今後の活発な議論を期待したいと思います．

電子QSL

QSLカードはCW'erのみならず，ハムの伝統的なコレクションです．アワード目的の収集のみならず，純粋に，そのデザインや質感，著名局の直筆文字やサインに価値を見出す場合もあるでしょう．それには「紙」という形ある実態が必要です．

一方，最近ARRLでLoTWが稼動し始めました．従来からあったeQSLなどの個別システムと大きく異なる点は，世界最大の公的機関みずからが直営・管理運用し，歴史と権威あるDXCCに有効なルールで，物理的にも直接リンクされたシステムである点です．

現時点ではコンテスト関係とはリンクされていませんが，今後の動向が注目されます．すなわち，コンテスト中，このサーバーとロギング・ソフトをリンクさせ，QSOログをリアルタイムで入力することで，事後審査の時間と手間を省略できます．QSOの総合同時突き合わせチェックが自動化され，得点集計の即時性・客観性・正確化と厳密化が可能となりえます．

簡単にはいかない問題点は，世界中での利用環境です．いまだ紙ログでの提出者もいますので，すべての移行には難しい点があります．

システム・ソリューション検討

1990年代の円高と海外旅行ブーム，相互運用協定の普及などで，ハムの海外運用が急速に発展しました．そのニーズから，レンタル・シャックというハムにとっては，とても便利なソリューションが登場しました．

そもそもハムのシステム・ソリューションは無償ボランティアの文化があり，新しいビジネスモデル誕生は難しい場合もあるようです．

それはともかくとしても，今後は各バンドにQRV中のCW QSOを画面上でリアルタイムに常時モニタリングできるサイトなどが，あたかもDXクラスターのように登場するかもしれません．コンテストで，これをモニタしておけば，自分でリモコン受信局を構築する必要はなくなります．ましてや手元のメイン・リグでのS＆P運用も不要となってしまいます．

さらに進んでは，海外レンタル・シャックのリモコン・ステーションのバージョンが登場し，日本国内に居ながらにして，インターネット上で世界中のエンティティーからコンテストやDXへQRVできるシステム・モデルが登場してくることでしょう．

「モノ」に満ち溢れた現代人は，買いたい「モノ」がもはやなくなったとよく耳にします．特に若い世代は自分自身にお金を使い，「体験」や「情報」に選択投資する嗜好に変化しているようです．

そういった現代人の嗜好に，上記の体験ソリューションは適っているともいえそうです．

ハム普及と人材育成面から

第1章，第2章でも触れたとおり，ハム，CW'erの減少と高齢化対策は急務です．

例えば，青少年に限り，ARISSスクールコンタクト制度のように，一定の条件下で，免許を持たない青少年が興味を示したその場で，有資格者のもと，アマチュア無線運用を実体験できる法制化などが望まれます．

さらに包括免許制度が実現すれば，FBなビッグ・ステーションを免許人ごと個別に構築しなくとも，日本国内の身近な場所にレンタル・シャックを開設できます．今のように法制限があるがゆえ，わざわざ海外まで出かけて行かずとも，アフ

ターファイブや，週末に，近場で手軽に利用できます．それにより利用者数も望めます．そういうビジネスが登場するかもしれません．

それ以上に，初心者でも上位資格者の指導下，スーパー・ステーションのすばらしい飛びを体験でき，新たな世界に開眼することは間違いないと思います．CWの真の醍醐味はスーパー・ステーションを運用して始めて体験できます．しかし，それを構築できない人にもチャンスが生まれるのです．

一人ひとりの行政参加

第1章で触れた，電波行政，電波環境のテーマなどは，今後CWの将来を握るとても大切な問題です．特に最近は電波行政においてパブリックコメントや公聴会などが開かれており，誰でも自由に参加できます．筆者自身も時間の許す限り，できるだけ積極的に参加するように心がけています．

これらを見ていると，業務無線関係は，事前に描いたストーリーどおりに事が整然と進んで行くようすがわかります．

一方，アマチュアが関係するテーマは個人レベルから実にさまざまな意見が寄せられ，大変興味深く，かつ貴重なことだと考えます．行政サイドとしても，これらは貴重な意見として注目しているようです．

資本主義では，資本の大きさが価値ですから，マイクロソフトの株主総会で，ビル・ゲイツに対して，例えば1株主など，虫けら以下の価値もありません（あくまで株主総会ルールでという意味です）．しかし，民主主義ではビル・ゲイツの1票も，一文なしの1票も，同じ重みがあります．つまり，民主主義のルールではアマチュアの個人でも，その数では決して無視できない力があるということになります．

最近ではPLC問題など，ハムのCW界に影響の大きな電波行政問題がありました．次の大きな課題は何といっても包括免許制度でしょう．今後とも，切迫する電波事情と電波環境を考えるとCWの将来を握る根本となる電波行政への参画はCW'er一人ひとりが草野根的にがんばっていただきたいものです．

バーチャル世界のQSO?!

第7章で紹介したCWComに代表されるようにインターネット・サーバー上だけでCW QSOする遊びも登場しています．電離層や実在空間を使わないQSOはインターネット・リンクのVoIPとも，リモコン・ステーションとも異なる範疇（はんちゅう）に属します．

理論的には，HF帯のコンディション・シミュレーション・ソフトやサイトから電離層パラメータ・伝搬データを取り入れることで，サーバー上に実際の電離層伝搬をエミュレートすることができるはずです．このサーバー内でコンテスト・シミュレート・ソフトウェアでのコンテストも可能です．

こうなると，何が現実でどこまでがバーチャルの世界かの区別が混沌（こんとん）となってきます，hi．

電波法の制限もまったくなくなり，遊びのルールだけがこの世界の秩序となります．オンライン・ゲーム世界のCWともいえる，この遊びは今後どうなるのでしょうか？

❖

あとがき

ハムの目的は「技術的自己訓練」ですが，豊かになった現代人が趣味に求めるものは，心が満たされる満足感もあるはずです．

読者の皆さんもCWを通じ，充実した時間と豊かな人生を過ごされることを祈願いたします．

資料編

筆者は，モールス符号を合調法で覚えたので参考に付記しました．趣味のCW普及で裾野を広げるにはおもしろいと思います．CWの略語は紙面の都合で代表例に留めました．HSTは，まとまった資料が世界的に未だありませんので，本編で紹介しきれなかった主な記録を紹介します．

❶ モールス符号一覧

注）＊付記はHST競技で採用の符号

アルファベット	モールス符号	合調法	注
A	・―	亜鈴	＊
B	―・・・	棒倒せ	＊
C	―・―・	チャートルーム	＊
D	―・・	道徳	＊
E	・	屁	＊
F	・・―・	古道具	＊
G	――・	強情だ	＊
H	・・・・	同胞（ハラカラ）	＊
I	・・	医師	＊
J	・―――	自由行動	＊
K	―・―	警視庁	＊
L	・―・・	流浪する	＊
M	――	メーデー	＊
N	―・	農夫	＊
O	―――	大きい方	＊
P	・――・	プレーボール	＊
Q	――・―	救急至急	＊
R	・―・	レコード	＊
S	・・・	進め	＊
T	―	テー	＊
U	・・―	疑う	＊
V	・・・―	ビクトリー	＊
W	・――	和洋風	＊
X	―・・―	エックスレー	＊
Y	―・――	養子孝行	＊
Z	――・・	ザーザー雨	＊

欧文記号	モールス符号	合調法	注
ピリオド ．	・―・―・―	切ろう切ろう切ろう	＊
コンマ ，	――・・――		＊
疑問符 ？	・・――・・	銀行頭取	
区切り＝$\overline{BT}$と表現される	―・・・―		
ハイフン －			
斜線 ／	―・・―・		＊

欧文記号	モールス符号	合調法	注
アットマーク ＠	・――・―・		
訂正＝$\overline{HH}$と表現される	・・・・・・・・		
重点または除法の記号 ：	―――・・・		
略符 ・	・―・―・		
左括弧 （	―・――・		
右括弧 ）	―・――・―		
加算の記号 ＋	・―・―・		
引用符 "	・―・・―・		
；	―・―・―・		
＄	・・・―・・―		

和文	モールス符号	合調法
イ	・―	伊東
ロ	・―・―	路上歩行
ハ	―・・・	ハーモニカ
ニ	―・―・	入費用意
ホ	―・・	報告
ヘ	・	屁
ト	・・―・・	特等席
チ	・・―・	地価納付
リ	――・	流行児
ヌ	・・・・	ヌラクラ
ル	―・――・	ルーム上等だ
ヲ	・―――	和尚往生
ワ	―・―	ワークデー
カ	・―・・	下等席
ヨ	――	ヨーヨー
タ	―・	ターム
レ	―――	冷凍法
ソ	―――・	相当高価
ツ	・――・	使う通貨
ネ	――・―	寧静無風
ナ	・―・	習うた
ラ	・・・	ラジオ
ム	―	ムー
ウ	・・―	疑う
ヰ	・―・・―	違法国宝
ノ	・・―・	入費用意
オ	・―・・・	思う心
ク	・・・―	駆逐艇
ヤ	・――	野球場
マ	―・――	まー良かろう
ケ	―・――	経費膨張
フ	――・・	封筒張る
コ	―――――	高等工業

和　文	モールス符号	合調法
エ	－・－－－	映画営業法
テ	・－・－－	手数な訂正
ア	－－・－－	アーケード通行
サ	－・－・－	さあ行こう行こう
キ	－・－・・	京都大阪
ユ	－・・－－	夕刻勇壮
メ	－・・・－	名月佳境
ミ	・・－・・	密造不能
シ	－－・－・	少々の名誉
ヱ	・－・・－	回向冥福
ヒ	－－・・－	兵糧欠乏
モ	－・・－・	孟子と孔子
セ	・－－－・	世上漂流記
ス	－－－・－	数十丈下降
ン	・－・－・	んめえうめえな

和文記号	モールス符号	合調法
長音　―	・－－・－	貯蔵法至当
区切点　、	・－・－・―	切ろう切ろう切ろう
段落　」	・－・－・・	次行の行から
下向き括弧（	－・－－・－	カーの上方をオーう
上向き括弧）	・－・・－・	下方から閉止
本文＝ホレと表現される	－・・－・・	
訂正・終了＝ラタと表現される	・－・－・・	直すよーだ
濁音　゛	・・	ダダ
半濁音　゜	・・－－・	パス通用期

数　字	モールス符号	合調法	注
1	・－－－－	胃腸強制法	＊
2	・・－－－	復興東京	＊
3	・・・－－	三度励行	＊
4	・・・・－	喜びそう	＊
5	・・・・・	五目飯	＊
6	－・・・・	狼藉者	＊
7	－－・・・	嚢中空だ	＊
8	－－－・・	やーやーもう来た	＊
9	－－－－・	空中航空機	＊
0	－－－－－	令嬢風流行	＊

合調法は賛否諸説ありますが，筆者は欧文・和文とも合調法でCWをマスターしました．筆者にCWを教えてくれた方々が皆，北条孫人氏考案の練習法だったためです．江戸時代，文字の読めない民衆に仏の教えを広げるべく「絵般若心経」がありました．「観自在菩薩行深般若波羅蜜多時…」の読みの音を1文字ごとに「絵」文字としたのです．今の時代，子供からシニアまで，広く趣味でCWを楽しんでもらうには合調法もFBです．ただし，合調法は暗記受信がしにくい，高速化が苦手，との一般論があります．どの習得方法とするかは，自己責任で行ってください．

❷ 主な欧文CW略語

略　語	意　味	補足説明
AA	all after	～後ろすべて
AB	all before	～前すべて
ABT	about	
AGN	again	
AMP	amplifier	
ANT	antenna	
AR	I am ready	CQの最後に使う．最近は省略することも多い
BCNU	bee seeing you	ファイナルを送る最後に使う
BK	break	
BURO	bureau	
C	correct	そのとおりです．Yesの意
CL	call closing down	QSO後は誰にも応答しませんの意
CONDX	condition	
CUD	could	
CUL	see you later	ファイナルを送る最後に使う
CW	continuous wave	
DE	this is	こちらはの意．文中では使わない
DP	dipole	
DR	dear	ハンドルに付け親愛の意を表す
DWN	down	スプリットやQSYで多様，対比語にUP
DX	far distance	
ES	and	アメリカン・モールス・コード&記号
FB	fine business	
FER	for	
FM	from, frequency modulation	文脈によりどちらか判断
GA	good after noon	
GE	good evening	
GG	going	お変わりありませんか？の意もある
GLD	glad	
GM	good morning	
GN	good night	
GND	ground	
GP	ground plane	
GUD	good	
HF	high frequncy	技術的には3～30MHz，14MHz以上のハムバンドはhigh bandと表現
HI	hoho…	笑い声，アメリカン・モールス・コードHO

略語	意味	補足説明
HPE	hope	
HR	hear, here, hour	文脈によりいずれか判断
HV	have	
HW	how	
INFO	information	
KW	kilowatt	
LF	low frequncy	一般技術では300kHz以下，ハムバンドlow bandと区別
LID	poor operation	左足で打ったCWほど下手，が由来との説もある
LP	long path	
LTR	letter	
LW	long wire	
MI	my	
MSG	massage	
NG	no good	
NIL	nothing	
NR	near, number	文脈によりどちらか判断
NW	now	
OB	old boy	OMと同意
OM	old man	OBと同意
OP	operator	
OT	old timer	OB，OMより先輩男性ハムへの敬称
PA	power amplifier	
PSE	please	
PSED,PLS	plesed	
PWR	power	
R	roger	
RCVD	received	
RCVR	receiver	
RIG	rig	
RPT	repeat, (preport)	混同に注意
REPT	report	
SED	send	
SIG	signal	
SKD	schedule	
SP	short path	
SRI	sorry	
STN	station	
SU	see you	
TEMP	temperature	
TEST	contest	
TNX,TKS	thanks	
TRCV	transceiver	
TU	thanks you	
TX	transmitter	

略語	意味	補足説明
U	you	
UR	your	
URS	yours	
VFO	variable frequency oscillator	
VY	very	
WKD	worked	
WL	well, will	文脈で判断
WUD	would	
WX	weather	
XMTR	transmitter	
XTAL	crystal	
XYL	ex YL, wife	奥さん
YL	young lady	お嬢さん（年齢制限なし）
30	QRUと同義語	アメリカ・ウェスタンユニオン社92コードによる
161	73+88	格調高いOT紳士が使う．一般に通じにくいかも…
73	best regards	
88	love and kiss	

❸ 歴代HST世界選手権　男子年齢制限なし部門　公式記録抜粋

* ●公式記録は最高速度選手を基準とした相対点数で表されますが，読者の自主練習の指針となりやすいように各競技での速度がわかるものは，それを表記　●プラクティス部門は必ずもソフトのバージョンが同じでない可能性があり，年度相互の得点の絶対比較評価はできません　●公式記録から，筆者が抜粋した記録であり，相違がある場合は公式記録が正しいものとします　●2005年以降は，公式記録にコールサイン表記がなくなり，名前のみとなったので，筆者が知りうる範囲で，名前からコールサインを推定して記入　●コールサインがわからない選手欄には，国名を記入しました．

■2001年ルーマニア

受信

順位	氏名	コールサイン	速度（PARIS） 文字	数字	混合
1	Andrei Bindasov	EU7KI	340	520	330
2	Evgeny Pashnin	RV9CPV	360	470	300
3	Aleh Astrovski	EW8NW	310	510	280
4	Omari Sadoukov	UA4FFP	300	430	250
5	Cristinel Covrig	YO4RHC	250	440	250
6	Oliver Tabakovski	Z32TO	250	350	230
7	Bogdan Buzoianu	YO8RJV	260	290	240
8	Ivan Kotev	LZ1IK	210	310	200
9	Antal Hudanik	HA3OV	180	290	170
10	Heinrich Langkopf	DL2OBF	200	250	160

送信

順位	氏名	コールサイン	速度（PARIS） 文字	数字	混合
1	Andrei Bindasov	EU7KI	289.2	441.44	308.16
2	Aleh Astrovski	EW8NW	273.6	391.6	254.88
3	Omari Sadoukov	UA4FFP	249.6	320.4	201.6
4	Antal Hudanik	HA3OV	240	259.88	205.92
5	Evgeny Pashnin	RV9CPV	236.4	311.5	223.2
6	Ivan Kotev	LZ1IK	207.6	227.84	182.88
7	Cristinel Covrig	YO4RHC	212.4	284.8	207.36
8	Frantisek Pubal	OK1DF	216	213.6	172.8
9	Ferenc Provics	HA8KW	204	181.56	162.72
10	Oliver Tabakovski	Z32TO	171.6	224.28	133.92

プラクティス

順位	氏名	コールサイン	得点 RUFZ	PED
1	Aleh Astrovski	EW8NW	142023	2852
2	Andrei Bindasov	EU7KI	114787	2738
3	Evgeny Pashnin	RV9CPV	121161	2534
4	Bogdan Buzoianu	YO8RJV	136660	1742
5	Antal Hudanik	HA3OV	90755	2534
6	Omari Sadoukov	UA4FFP	110685	1872
7	Oliver Tabakovski	Z32TO	87715	2048
8	Heinrich Langkopf	DL2OBF	75270	2208
9	Cristinel Covrig	YO4RHC	77720	1410
10	Tomislav Sanic	9A5TO	57489	1278

■2003年ベラルーシ

受信

順位	氏名	コールサイン	速度（PARIS） 文字	数字	混合
1	Aleh Astrovski	EW8NW	330	530	310
2	Evgeny Pashnin	RV9CPV	360	470	300
3	Cristinel Covrig	YO4RHC	270	460	250
4	Sadoukov Valen	4L4SW	220	380	180
5	Oliver Tabakovski	Z32TO	230	340	190
6	Heinrich Langkopf	DL2OBF	210	280	180
7	Fulop Zoltan	HA4GIT	210	260	180
8	Pubal Frantisek	OK1DF	160	280	160
9	Levedev Aleksandr	LY2BWH	160	230	120
10	Kotev Ivan	ER1YA	0	350	0

送信

順位	氏名	コールサイン	速度（CPM） 文字	数字	混合
1	Andrei Bindasov	EU7KI	258	218	212
2	Evgeny Pashnin	RV9CPV	227	163	174
3	Cristinel Covrig	YO4RHC	210	165	107
4	Antal Hudanik	HA3OV	176	133	163
5	Sadoukov Valen	4L4SW	179	168	107
6	Oliver Tabakovski	Z32TO	170	118	104
7	Frantisek Pubal	OK1DF	152	122	136
8	Heinrich Langkopf	DL2OBF	114	89	94
9	Kotev Ivan	LZ1IK	129	47	132
10	Levedev Aleksandr	LY2BWH	112	70	85

*受信公式記録がCPMのみのため，速度は（文字／分）単位

プラクティス

順位	氏名	コールサイン	RUFZ最大Pairs RUFZ	得点 PED
1	Aleh Astrovski	EW8NW	657	3664
2	Buzoianu Emil	YO8RJV	657	3108
3	Evgeny Pashnin	RV9CPV	657	3330
4	Antal Hudanik	HA3OV	520	2328
5	Oliver Tabakovski	Z32TO	543	2010
6	Heinrich Langkopf	DL2OBF	568	1896
7	Pubal Frantisek	OK1DF	337	1712
8	Kotev Ivan	ER1YA	227	774
9	Sadoukov Valen	4L4SW	265	706
10	Levedev Aleksandr	LY2BWH	265	0

*RUFZは公式記録は得点だが，参考にPARIS速度を掲載

資料編

■2005年マケドニア

受信 順位	氏 名	コールサイン	速度（CPM） 文字	数字	混合
1	Andrei Bindasov	EU7KI	280	300	220
2	Oleg Ostlovsk	EW8NW	250	250	200
3	Evgeni Kochno	EW8VK	250	270	180
4	Omari Sadoukov	UA4FFP	260	250	180
5	Goran Hajosevic	(SCG)	230	170	170
6	Cristinel Covrig	YO4RHC	200	250	150
7	Bogdan Buzoianu	YO8RJV	240	190	140
8	Stanislav Zelenov	(RUS)	260	250	170
9	Evgeny Pashnin	RV9CPV	0	230	210
10	Artsen Floriziak	EW8CV	220	230	170

＊この年度から速度公式記録がCPM表示となっている．

送信 順位	氏 名	コールサイン	速度（CPM） 文字	数字	混合
1	Andrei Bindasov	EU7KI	236	230	175
2	Oleg Ostlovsk	EW8NW	229	200	174
3	Evgeni Kochno	EW8VK	220	201	180
4	Omari Sadoukov	UA4FFP	186	152	152
5	Goran Hajosevic	(SCG)	177	126	143
6	Cristinel Covrig	YO4RHC	213	167	167
7	Bogdan Buzoianu	YO8RJV	180	142	131
8	Stanislav Zelenov	(RUS)	172	127	146
9	Evgeny Pashnin	RV9CPV	203	177	164
10	Artsen Floriziak	EW8CV	178	181	134

＊公式記録ではEW8NWの名前が途中で変わっているが，そのまま転記した．

プラクティス 順位	氏 名	コールサイン	得点 RUFZ	PED
1	Aleh Astrovski	EW8NW	158351	3492
2	Andrei Bindasov	EU7KI	168070	3642
3	Evgeny Pashnin	RV9CPV	144780	3092
4	Bogdan Buzoianu	YO8RJV	108687	2856
5	Antal Hudanik	HA3OV	208717	3658
6	Omari Sadoukov	UA4FFP	113576	1496
7	Oliver Tabakovski	Z32TO	231870	2902
8	Heinrich Langkopf	DL2OBF	78556	2398
9	Cristinel Covrig	YO4RHC	124081	3086
10	Tomislav Sanic	9A5TO	87110	2312

■2007年ベルグラード

受信 順位	氏 名	コールサイン	速度（CPM） 文字	数字	混合
1	Andrei Bindasov	EU7KI	280	280	190
2	Oleg Ostlovsk	EW8NW	280	270	210
3	Evgeny Pashnin	RV9CPV	280	260	200
4	Cristinel Covrig	YO4RHC	220	270	190
5	Bogdan Buzoianu	YO8RJV	230	250	170
6	Goran Hajosevic	(SRB)	230	180	160
7	Fabina Kurz	DJ1YFK	170	120	120
8	Heinrich Langkopf	DL2OBF	180	170	140
9	Iliya Getzov	(BER)	130	130	110
10	Iliya Kleymann	(USA)	210	230	130

送信 順位	氏 名	コールサイン	速度（CPM） 文字	数字	混合
1	Andrei Bindasov	EU7KI	247	233	211
2	Oleg Ostlovsk	EW8NW	214	221	130
3	Evgeny Pashnin	RV9CPV	213	177	150
4	Cristinel Covrig	YO4RHC	220	181	174
5	Bogdan Buzoianu	YO8RJV	173	142	122
6	Goran Hajosevic	(SRB)	164	122	146
7	Fabina Kurz	DJ1YFK	153	79	111
8	Heinrich Langkopf	DL2OBF	114	87	96
9	Iliya Getzov	(BER)	138	78	100
10	Iliya Kleymann	(USA)	177	123	111

プラクティス 順位	氏 名	コールサイン	得点 RUFZ	PED
1	Aleh Astrovski	EW8NW	148728	3596
2	Andrei Bindasov	EU7KI	170310	3191
3	Evgeny Pashnin	RV9CPV	115446	2487
4	Bogdan Buzoianu	YO8RJV	98653	2665
5	Antal Hudanik	HA3OV	180448	3125
6	Omari Sadoukov	UA4FFP	158620	3163
7	Oliver Tabakovski	Z32TO	139675	2704
8	Heinrich Langkopf	DL2OBF	79273	3244
9	Cristinel Aurelian Covrig	YO4RHC	111321	3654
10	Tomislav Sanic	9A5TO	44976	1018

【1995年の参加者一覧（エントリー番号順）】
OM JUNIOR：EU7KJ, HA1DK, HA3LW, Z30-RS-161, Z30-RS-162, ER1-4, YO4RHC, UA4FMM
OM SENIOR：EU7KI, EU7KQ, VA3RU, DF4PA, HA3OV, JE1SPY, JH9CAJ, HL2IBC, HL3EHN, HL1LQ, Z30-RS-160, Z32TO, ERO9FOC, UA4FBP, OM3TPG, OM2IB, UT5UO, YU7DR, YU7WJ
OM OLD：OE4CSK, HA3HE, HA3GJ, IN3VST, JA2CWB, JA1OQG, HL5AP, HL1ACW, Z31CW, YO9ASS, UA3VBW
YL JUNIOR：EV1C8, HA3KY, HA4YY, Z30-RS-166, YO3-088, RA4-880PE, UA4FYL
YL：EU7KT, EU7KG, HA1XH, HA3FO, YO3RJ, UA4FJ, RX4AK
YL 40：HA5BIV, HA3GO, YO4DCY, RV3ACW, RU3DA

索引

数字

0.2λ逆L ―― 177
½λダイポール ―― 46
½λツェップ型のワイヤ・アンテナ ―― 39
½λノンラジアル同軸モノポール・アンテナ ―― 180
¼λバーチカル ―― 174
⅜λ逆L ―― 177
0-V-1 ―― 156
10分間ルール ―― 112
11面千手観音 ―― 113
135kHz ―― 30
160メータバンド ―― 32
1day WAC ―― 32
200WPM競技 ―― 153
2kHzセパレーション3次IMD ―― 160
2ndミキサ ―― 158, 161
500kHz ―― 32
5MHz ―― 37
75/80メータバンド ―― 35

アルファベット

A
A1 CLUB ―― 66
ADコンバータ ―― 210
AGC ―― 147, 157
APF ―― 158
ARRL DXコンテスト ―― 105
AZMAP ―― 197

C
Cabrillo ―― 184
CEPTライセンス ―― 152
CMOS SUPPER KEYER II ―― 170
C/N ―― 160, 211
CQ MORSE CD ―― 189
CR充放電 ―― 167
CT ―― 185
CTESTWIN ―― 187
CW ―― 2
CWCom ―― 200
CW Freak ―― 195
CW Skimmer ―― 199, 208
CW自動解読 ―― 208
CWフィルタ ―― 109

D
DDS ―― 211
DSP ―― 25, 155
DX Atlas ―― 197
DXCC ―― 29, 71
DXウィンドウ ―― 34

E
EHアンテナ ―― 24
EIRP ―― 30
EME ―― 16

F
FCC ―― 52
F層 ―― 28

G
GMDSS ―― 2

H
HAMCAP ―― 196
HB9CV ―― 39, 40
HST ―― 99, 116
Hyper DX ―― 191

I
IBPビーコン ―― 45
IFシフト ―― 144
IFフィルタ ―― 133
IONOGAM ―― 197
IOTA ―― 40, 57
I/Q信号 ―― 200

J
JARLニュース ―― 80
JARLフォーマット ―― 184
JARLモールス技能認定 ―― 67

K
KCJ ―― 66
KN ―― 76
KNNN ―― 76

L
LoTW ―― 213

M
MORSE Runner ―― 194
MUF ―― 34, 198
MVアンテナ ―― 24

N
N1MM ―― 184, 186
NA by K8CC ―― 184

O
OTHレーダ ―― 33, 160, 192

P
PCログ ―― 81
PED ―― 117, 191
PLC ―― 49
PowerSDR ―― 209
Project BIG-DISH ―― 17
PSK31 ―― 202

Q
QAM ―― 49
QPSK ―― 49
QRO ―― 24
QRP ―― 23
QRSS ―― 30
QRT ―― 24
QSLカード ―― 71
QSO文例 ―― 14
QST ―― 160
QuckSilver ―― 210

R
RF ATT ―― 161
RS-232C ―― 184
RTTY ―― 57, 120
RUFZ ―― 117
RUFZ XP ―― 117

S
SAPI ―― 192
SD by EI5DI ―― 184
SDR-14 ―― 210
SDR1000 ―― 210
SDR5000 ―― 210
SDR-IQ ―― 210
SDR (Software Defined Radio) ―― 208
S/N ―― 157
SO2R ―― 103
SO3R ―― 112
Soft66 ―― 209
SoftRock ―― 208

T
The Art Et Skill of Radio Telegrapy ―― 117
TON2 ―― 195
TR-LOG ―― 186

U
USBIF4CW ―― 193

V
VCHアンテナ ―― 176
VCO ―― 211
VOX ―― 110

W
WAC ―― 32
WARC ―― 30
WIDTH ―― 192
winDRM ―― 202
WinKeyer ―― 193
Winrad ―― 209
WinRadio ―― 208
Win-Test ―― 188
WRC ―― 29
Write Log ―― 188
WRTC ―― 99, 122
WSJT ―― 202
WWV ―― 48
WWVH ―― 48

X
Xped ―― 192

Z
Zippy ―― 166
ZLIST ―― 190
zLog ―― 184

あ・ア行

アイアンビック ―― 64, 163
アキュー・キーヤー ―― 170
アクティブ無線タグ ―― 49
アップ・コンバート ―― 157, 158
アナログVFO ―― 146
アナログ・フィルタ ―― 133
アナログ・リグ ―― 134

220

索引

アパマン・ハム ―― 22
アマチュアバンド ―― 30
アマチュア無線技士国家試験
―― 53
アワード ―― 71
アワード・ハンディング ―― 14
握下式 ―― 65
暗記受信 ―― 59, 97, 189
暗号通信 ―― 66
暗号電報 ―― 66
安定時間 ―― 144
アンテナ・シミュレータ
―― 172
アンテナ段フィルタ ―― 158
アンテナ・ファーム ―― 27
位相給電バーチカル ―― 104
移動運用 ―― 22
イミュニティ ―― 26, 50
イメージ混信 ―― 157
インターネット・リンクQSO
―― 202
インターフェア ―― 26
インターフェース ―― 14
インバンド狭帯域 ―― 130
インヒビット ―― 163, 168
ウェイト機能 ―― 163
打ち上げ角 ―― 172
宇宙天気情報センター ―― 197
右脳 ―― 21
右脳ワッチ ―― 84
運用シミュレーター ―― 183
エコーアルファの法則 ―― 146
エレキー ―― 14, 56, 58, 167
エレバグ機能 ―― 163
エレベイテッド・ラジアル
―― 174
エレメント形状 ―― 174
遠隔制御シャック ―― 206
欧文ラグチュー ―― 96
オーディオ・アンプ ―― 145
オートキーイング ―― 108
オート・ノッチ ―― 212
オーバーパワー ―― 106
オールアジア ―― 107
オナーロール ―― 29, 71
オプション・フィルタ ―― 158
錘 ―― 171
音感法 ―― 189
音響受信 ―― 53, 56
音像法 ―― 189
オンフレ ―― 35, 134

か・カ行

カーチス ―― 170
海外シャック ―― 28
海上移動通信 ―― 16
海上保安業務 ―― 16
外導体 ―― 180
カシミール ―― 182
ガス・ブローニング ―― 132
カセグレン・アンテナ
―― 16, 17
可聴音ベクトル ―― 115
担ぎ上げ ―― 103
学校クラブ局 ―― 100
加藤芳雄 ―― 14
過渡応答波形 ―― 144
紙ログ ―― 81
カメレオン・ワッチ ―― 142
感度抑圧 ―― 161
キーイング・インターフェース
―― 184
キー専業ベンチャー・メーカー
―― 166
キーボード ―― 56
機械タイプ ―― 59
技術基準適合証明 ―― 52
汚いCW ―― 144
技能 ―― 18
キャパシティハット ―― 175
キャリア・ポイント ―― 110
究極の耳 ―― 157
給電点インピーダンス ―― 174
キュービカルクワッド ―― 43
教育 ―― 107
業務通信 ―― 16
局免許申請料 ―― 52
癖のある符号 ―― 96
クラリファイヤー ―― 146
クリスタル・フィルタ ―― 156
グリッド再生検波 ―― 156
グレーライン ―― 161, 197
グレーライン・パス
―― 34, 148
グローバル化 ―― 106
クロスバンド ―― 37
クロック分周 ―― 167
群遅延特性 ―― 133
ゲスト・オペレーター ―― 150
工事設計認証 ―― 52
高周波利用設備 ―― 48
高速打鍵 ―― 108

コールバック ―― 134
国際電気通信連合（ITU）
―― 29
国内コンテスター ―― 188
コッホ法 ―― 189
固定水晶発振子 ―― 211
コモドールX ―― 191
コリンズ ―― 130
混信 ―― 76
コンディション・シミュレーション・ソフトウェア
―― 196
コンテスト ―― 14, 59, 79, 80

さ・サ行

サウンド・ブラスター ―― 191
左脳 ―― 21
左脳ワッチ ―― 84
サブオペ ―― 68
サブ受信機 ―― 133
沢千代吉 ―― 15
3軸方向 ―― 162
サンライズ ―― 161
磁界モード ―― 176
磁界ループ・アンテナ ―― 24
実行輻射電力 ―― 30
実践QSO ―― 14
実践ソフトウェア ―― 183
支点 ―― 163
自動キーイング ―― 82
自動送信 ―― 107
ジャミング ―― 192
受信専用アンテナ ―― 179
瞬間ワッチ ―― 86
ショート・コール ―― 135
シングル・エレメント系アンテナ ―― 172
シングル・パドル ―― 58
シングル・レバー ―― 120
スーパー・キーヤー ―― 170
スーパー・ステーション
―― 103
スカート特性 ―― 145, 156, 160
スクイズキー ―― 58
ストレー・キャパシティ
―― 156, 177
ストローク ―― 120, 165
スピードアップ ―― 79
スプリット・パイルアップ
―― 161
スモール・ループ ―― 179

スローパー ―― 175
正規伝搬 ―― 28
セカンド・シャック ―― 27
セカントの法則 ―― 198
接地 ―― 42
接点間隔 ―― 162
セット・ノイズ ―― 157
セミ・ブレークイン ―― 64
ゼロビート ―― 82
先端開放同軸ケーブル ―― 180
全2重方式 ―― 134
双極エレメント ―― 176
相互運用協定 ―― 61, 150, 213
操作点 ―― 163
送受復帰時間 ―― 121
送信速度 ―― 76
速記文字 ―― 59
ソフトウェア無線機 ―― 202

た・タ行

耐圧 ―― 181
帯域が広がったCW ―― 144
帯域コントロール ―― 82
ダイナミック・レンジ ―― 157
タイミング ―― 73
タイムシェアリング ―― 103
タイム・スロット ―― 134
ダイヤル操作 ―― 108
太陽黒点数 ―― 43
太陽黒点データ ―― 196
巧みの技 ―― 3
多信号IMD ―― 158
多信号受信特性 ―― 156
縦振り電鍵 ―― 54, 58
ダブル・スーパー ―― 156
ダブル・レバー ―― 163
タワー・シャント・モデル
―― 175
地表波 ―― 182
チューニング ―― 145
超狭帯域 ―― 156
銚子無線局 ―― 204
長短点メモリ ―― 64, 163, 168
超遅延エコー ―― 28
定型語尾 ―― 95
通信省 ―― 204
通信省電務局 ―― 15
手送り送信 ―― 58
デューティー ―― 171
デュープ・チェック
―― 113, 184

221

テレタイプ	192	
電圧の腹	181	
電圧の節	181	
電気通信術	53	
電磁界シミュレータ	26	
電子QSL	213	
電子ログ	115	
電信の匠と技	117	
伝統的リグ	133	
電波環境問題	50	
電波審議会	50	
電波法	30	
電波防護基準値	24	
電波法施行運用規則	30	
電波利用区分	30	
電離層伝搬	28	
電流の腹	181	
電流の節	181	
電流モード	177	
電力線搬送通信	49	
トーン	141	
ドクターDX	191	
特定小電力無線	49	
得点自動集計機能	184	
トップバンダー	156	
トップバンド	32	
トラフィック理論	75	
トリプル・フォース	157	

な・ナ行

内導体	180
ナロー・フィルタ	109
南極越冬隊員	204
南極観測船	204
日本無線協会	52
ニュー・スタイル	121
ニューマルチ	112
人間誤り訂正	148
人間科学	205
人間バンド・スコープ	108
音色受信	119
音色モールス	119
ネットワーク機能	113
ノイズ・ブランカ	200
ノイズ・レベル	157
脳神経医学	120
能動素子	156
脳内アルゴリズム	97
脳老化防止	205
ノコギリ波発振	167
ノッチ・フィルタ	144

は・ハ行

ハイウェイ・ラジオ	182
配置距離制限	206
ハイパワー部門	101
ハイフレIFフィルタ	156
パイルアップ	71
パイレーツ	136
ハイレベル多信号特性	130, 160
パイロット局	48
バグキー	54, 58
パソコン・エディタ	59
波長短縮	180
パッケージ・ソフトウェア	14
パドル	58
パブリックコメント	50
パラダイムシフト	201
パラレル受信	111
パワーID	106
パワー部門分け	101
パワー・リレー	134
バンドエッジ	81
バンド・スコープ	109
反復	67
ビーコン	192
ピーナツ・ホイッスル	132
ビープ音	191
氷川丸	203
ピコモールス	189
非常通信	16
ヒス・ノイズ	158
ビッグガン	22, 26, 130
ピッチ	141, 146
人の匠	18
ビバレージ・アンテナ	104
ピュリティ	211
比率	163
ファームウェア	114
フェージング	76
フェーズ・ノイズ	211
フェードアウト	142
複式電鍵	54, 58
輻射効率	174
付属装置	14
ブラインド・タッチ	108
プラグイン・コイル	156
フラグシップ・リグ	158
プルイン・レンジ	144
フルコール	109
フルサイズ・バーチカル	106
フルサイズ八木	44
フル・ブレークイン	64, 134, 143
プログラミング	14
プロ通信士	203
プロ通信士養成	15
ブロッキング・ダイナミック・レンジ	160
分解能感覚	121
ベアフット	32, 125
ヘテロダイン	158
ベランダ・アンテナ	32
ヘリウムガス気球	106
防衛業務	16
包括免許	52
包括免許制度	213
北条孫人	15
ボキャブラリー	97
ポリエチレン	180

ま・マ行

マーク	168
待ち行列	75
まとめてコピー	137
マルコーニ	2
マルチ	184
マルチ・ステーション・ネットワーク	184
マルチ・バイブレータ	167
マン・マシン・インタフェース	206
ミキサ	157, 211
ミックスダウン	211
密閉式ヘッドホン	114
見通し波	24
耳穴式両耳イヤホン	114
無線機保証認定料	52
無線従事者規則	53
無線従事者免許証申請料	52
無線タグ	49
無線通信規則	30
無線通信士	204
無線通信部門ITU-R	29
無線電信講習所	15
無線LAN	49
メッセージ交換	59
メッセージ・メモリ	163, 184
メモリ・キーヤー	114
メンタル競技	119
モード・スイッチ	156
モールス技能認定	202
モールス符号	14
モノバンダー	43, 104

や・ヤ行

有線通信士	203
誘電体	180
吉田春雄	14
呼び倒し	73

ら・ラ行

落成検査	150
ラグチュー	59
ラジアル	174
ラジオ・スポーツ	59, 99
ラバースタンプQSO	14, 59, 69
リアル・グラウンド	172
リアルタイム・ロギング・ソフト	183
リグ制御	113
理想グラウンド	172
リニア・アンプ	64
両耳別	114
臨界周波数	198
リンギング	140
ルーフィング・フィルタ	158
ルーレット方式	136
レート機能	184
レンタル・シャック	28, 150
漏洩同軸ケーブル	182
ローエッジ	135
ローカル・オシレータ	211
ローカル発振器	160
ローパワー部門	101
ロギングソフト	56
ロケーション	100
ロシアン・ルーレット	136
ロック・タイム	143
ロングパス	91

わ・ワ行

ワード候補アルゴリズム	97
ワード・スペース	95
和文電信愛好会	66
和文電信略語	95
和文ラグチュー	59, 94

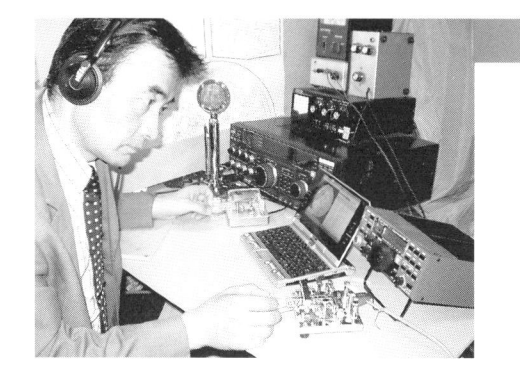

著者プロフィール

芦川 栄晃 (あしかわ・さかあき)

　小学生のとき，理科の先生との出会いがきっかけでラジオを作る．伯父からCWを習い，自作短波ラジオでSWLを始める（いわゆるラジオ少年）．

　JA1CNE 杉本 哲OMの書籍がきっかけで文通の指導を受け，1972年に電話級アマチュア無線技士を取得．50MHzのAM自作リグで開局する．

　JA1CMS 阿部 克正OMの講習会で電信級を取得し，CW運用を開始．学生時代からローバンドを中心に国内外のコンテスト・DXingにCWで参加．

　社会人となってからは都市部のアパマン・ハムとして，小型アンテナでローバンドを中心にCWでコンテストやDXにQRVしている．

　海外へもシンプルな小型リグとワイヤ・アンテナを持参し，時間を見つけてはいろいろなエンティティーからDX QSOを楽しんでいる．

　本職は電気メーカー勤務のエンジニア．

　アマチュア無線，CWを通じて，趣味と実益を兼ねた技術体験のみならず，世代と場所を越えて世界中の多くの友人に出会え，貴重な体験とすばらしい人生を過せていることに感謝している．

- 1985年，アマチュア無線の専門誌『CQ ham radio』制定 Ace of Aces ベスト・レポート賞受賞．
- 1995年/1997年，HST（高速電信）世界選手権大会出場．

【資格】
- 第1級総合無線通信士（旧第1級無線通信士）
- 第1級陸上無線技術士（旧第1級無線技術士）
- 電気通信主任技術者（第1種伝送交換，線路）
- 第1級電気施工管理技士
- アメリカFCC Amateur Extra Class (K1ZT)

【著書】
- 『モールス通信』（共著）CQ出版社 1998年刊

- 本書記載の社名，製品名について──本書に記載されている社名および製品名は，一般に開発メーカーの登録商標です．なお，本文中では ™，®，© の各表示を明記していません．

- 本書掲載記事の利用についてのご注意──本書掲載記事は著作権法により保護され，また産業財産権が確立されている場合があります．したがって，記事として掲載された技術情報をもとに製品化をするには，著作権者および産業財産権者の許可が必要です．また，掲載された技術情報を利用することにより発生した損害などに関して，CQ出版社および著作権者ならびに産業財産権者は責任を負いかねますのでご了承ください．

- 本書に関するご質問について──直接の電話でのお問い合わせには応じかねます．文章，数式などの記述上の不明点についてのご質問は，必ず往復はがきか返信用封筒を同封した封書でお願いいたします．ご質問は著者に回送し直接回答していただきますので，多少時間がかかります．また，本書の記載範囲を越えるご質問には応じられませんので，ご了承ください．

- 本書の複製等について──本書のコピー，スキャン，デジタル化等の無断複製は著作権法上での例外を除き禁じられています．本書を代行業者等の第三者に依頼してスキャンやデジタル化することは，たとえ個人や家庭内の利用でも認められておりません．

JCOPY 〈出版者著作権管理機構委託出版物〉

本書の全部または一部を無断で複写複製（コピー）することは，著作権法上での例外を除き，禁じられています．本書からの複製を希望される場合は，出版者著作権管理機構（☎03-5244-5088）にご連絡ください．

実践 ハムのモールス通信

2008年9月1日　初版発行
2022年5月1日　第9版発行

© 芦川 栄晃 2008

著　者　芦川 栄晃
発行人　小澤 拓治
発行所　CQ出版株式会社
〒112-8619 東京都文京区千石 4-29-14
編　集 ☎03-5395-2149
販　売 ☎03-5395-2141
振　替 00100-7-10665

編集担当者　櫻田 洋一
Ｄ Ｔ Ｐ　中野 健作
イラスト　大須賀 友一
印刷・製本　三晃印刷（株）

ISBN978-4-7898-1508-6
Printed in Japan

定価はカバーに表示してあります
無断転載を禁じます
乱丁，落丁本はお取り替えします